全国本科院校机械类创新型应用人才培养规划教材

# 机械系统设计

主　编　孙月华

副主编　姜　伟　徐　鹏

主　审　刘春生

U0246801

北京大学出版社

PEKING UNIVERSITY PRESS

# 内容简介

本书从系统的观点出发，以机、电、液、气结合的机械系统为对象，阐述机械系统设计的一般规律和特点，介绍机械系统设计的设计原理、设计过程和设计方法，结构和零部件的造型，系统的设计计算以及大型复杂机械系统设计的一些最新研究成果。

本书可作为高等学校机械类、机电类相关专业的本、专科生教材，也可供相关专业师生和工程技术人员参考使用。

**图书在版编目(CIP)数据**

机械系统设计/孙月华主编. —北京：北京大学出版社，2012.7
（全国本科院校机械类创新型应用人才培养规划教材）
ISBN 978-7-301-20847-2

Ⅰ. ①机⋯ Ⅱ. ①孙⋯ Ⅲ. ①机械系统—系统设计—高等学校—教材 Ⅳ. ①TH122

中国版本图书馆 CIP 数据核字（2012）第 132350 号

| | |
|---|---|
| 书　　　　名 | 机械系统设计 |
| 著作责任者 | 孙月华　主编 |
| 策划编辑 | 童君鑫　宋亚玲 |
| 责任编辑 | 宋亚玲 |
| 标准书号 | ISBN 978-7-301-20847-2/TH・0298 |
| 出　版　者 | 北京大学出版社 |
| 地　　　址 | 北京市海淀区成府路 205 号　100871 |
| 网　　　址 | http://www.pup.cn　http://www.pup6.cn |
| 电　　　话 | 邮购部 62752015　发行部 62750672　编辑部 62750667　出版部 62754962 |
| 电子邮箱 | pup_6@163.com |
| 印　刷　者 | 北京虎彩文化传播有限公司 |
| 发　行　者 | 北京大学出版社 |
| 经　销　者 | 新华书店 |
| | 787 毫米×1092 毫米　16 开本　15.5 印张　354 千字 |
| | 2012 年 7 月第 1 版　2023 年 1 月第 4 次印刷 |
| 定　　　价 | 39.00 元 |

# 前　　言

本书是根据 21 世纪机械类专业人才培养方案，参照高等学校机械类专业教学基本要求，吸取兄弟院校专业教学改革成功经验而编写的一本与专业教学改革配套的教材。

机械系统设计是高等学校机械设计制造及自动化专业的一门专业必修课，设置本课程的目的是使学生能从整机的角度和系统的观点了解机械产品设计的一般规律和特点，拓展学生的知识面，丰富机械结构设计知识，增强机械设计能力，掌握机械产品设计基本方法和技术，并注重系统的综合和评价。结合课程设计和实验等实践性教学环节，培养学生综合运用所学知识，独立分析、解决工程实际问题的能力，为今后从事设计工作打下良好的基础。

机械系统设计的内容很多，但作为一门课程不可能包罗得那么完整、全面。本书以一般机械产品设计中的共性内容为重点，并与本专业课程体系中的其他课程一起构筑专业教学框架。

为了说明一般机械产品设计的共性规律和设计方法，本书尽量从各个不同行业及机械中选择有代表性的典型实例，这也是拓宽学生知识面的需要。限于篇幅，在书中不可能列入太多的典型实例，本书与其他教材的不同之处是补充了有关矿山机械的典型实例。

本书的典型实例都列在了附录中，各章也适当地列出了一些思考题。

本书由黑龙江科技学院孙月华担任主编，黑龙江科技学院姜伟和徐鹏为副主编。具体分工为：第 1、4、5 章由姜伟编写；第 2 章由李洪涛编写；第 3、6 章由徐鹏编写；第 7～9 章及附录由孙月华编写。全书由孙月华统稿，由刘春生主审。

本书在编写过程中得到了有关单位和同仁的指导、支持和帮助，在此谨致谢意。

限于编者的水平和经验，本书难免有不足之处，恳请读者批评指正。

编　者

2012 年 3 月

# 目　　录

# 第1章
## 绪　论

本章知识要点

| 知识要点 | 掌握程度 | 相关知识 |
|---|---|---|
| 机械系统 | 掌握机械系统的概念、基本特性、组成以及功能要求 | 机械与机械系统的概念；<br>机械系统各部分之间的关系 |
| 机械系统设计 | 掌握机械系统设计的思想、特性、任务及一般程序 | 机械系统设计原则的影响因素；<br>传统设计与现代设计比较 |

中国的探月工程全面深入地运用了系统思想。探月工程包括五大系统：卫星系统、运载火箭系统、测控系统、发射场系统和地面应用系统。探月工程的实施分为三个阶段。第一阶段发射"嫦娥1号"卫星。2007年10月24日"嫦娥1号"卫星在西昌卫星发射中心发射升空（图1.0）。第二阶段2013年左右发射月球车（月面巡视探测器），完成月面软着陆探测；第三阶段，在2020年前发射小型采样返回舱，采集月球样品返回地球，进行深入研究。

图1.0 "嫦娥1号"卫星发射升空

# 1.1 机械与机械系统

## 1.1.1 机械系统的概念

机械是机构和机器的统称。在现代社会中，机械已成为人类生产和生活中的主要工具，人们运用各种机械来改善劳动条件，提高劳动生产率和产品质量。同时，在人类生产和生活中使用机械的程度，是整个社会发展水平的重要标志之一。

所谓系统，是指具有特定功能的、相互间具有有机联系的若干个要素所组成的一个整体。这里讲的要素可以是子系统，也可以是元素即系统最小单元，一般认为，由两个或两个以上的要素组成的具有一定结构和特定功能的整体都可看作是一个系统。一个大的系统可由若干个小的系统组成，这些小的系统常称为子系统。子系统又可由更小的子系统组成，系统本身也可以是别的更大系统的组成部分。在人们周围属于系统的事例很多，如一个机组、一个工厂、一项计划等。

广义上讲，机械系统是人-机-环境这个更大系统的子系统。因此，常把机械构成的系统称为内部系统，而把人和环境构成的系统称为外部系统。内部系统和外部系统之间存在一定的联系，即相互间有作用和影响，如图1.1所示。

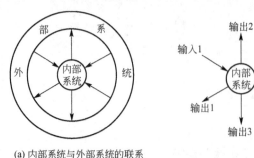

(a) 内部系统与外部系统的联系　　(b) 内部系统与外部系统的输入和输出关系

图1.1 内部系统和外部系统的输入和输出

## 1.1.2 机械系统的特性

### 1. 整体性

系统是由若干个子系统构成的统一体，虽然各子系统具有各自不同的性能，但它们在结合时必须服从整体功能的要求，相互间需协调和适应。一个系统整体功能的实现，并不是某个子系统单独作用的结果，一个系统的好坏，最终将体现在其整体功能上。因此，必须从全局出发，确定各子系统的性能和它们之间的联系，设计中并不要求所有子系统都具有完美的性能，即使某些子系统的性能并不完善，但如能与其他相关子系统得到很好的协调，往往也可使整个系统具有满意的功能。

系统是不能分割的，即不能把一个系统分割成相互独立的子系统，因为系统的整体性反映在子系统之间的有机联系上，正是这种联系，才使各子系统组成一个整体，若失去了这种联系也就不存在整个系统。由于实际系统往往很复杂，为了研究的方便，可以根据需要把一个系统分解成若干个子系统。分解系统与分割系统是完全不同的，因为在分解系统时始终没有忘记它们之间的联系，分解后的子系统都不是独立的，它们之间的联系分别用相应子系统的输入与输出表示。

### 2. 相关性

组成系统的要素是相互联系、相互作用的，这就是系统的相关性。相关性就是系统各要素之间的特定关系。其中包括系统的输入与输出的关系，各要素间的层次关系，各要素的性能与系统整体之间的特定关系等。系统的相关性还体现在某一要素的改变将影响其对相关要素的作用上，由此对整个系统产生影响。

系统的相关性是通过相互联系的方式来实现的，如有时间的联系和空间的联系。广义地讲，要素之间一切联系方式的总和，叫做系统的结构。不同的联系方式对系统的相关性有不同的影响和作用。没有按一定的结构框架组织起来的多要素集合是一种非系统。结构不能离开要素而单独存在，只有通过要素间相互作用才能体现其客观存在。要素和结构是构成系统的两个缺一不可的方面，系统是要素与结构的统一。给定要素和结构两方面，才算给定一个系统。

### 3. 目的性

系统的价值体现在其功能上，完成特定的功能是系统存在的目的。如飞机是用来运输的，机床是用来机械加工的。但不同类型飞机的应用场合及各类机床所能加工的对象又各不相同，也就是说不同种类的飞机或机床只能完成自身技术性能之内的工作，即系统的目的性必须明确。

### 4. 环境的适应性

任何一个系统都存在于一定的环境之中，当环境变化时，就会对系统产生影响，严重时会使系统的功能发生变化，甚至丧失功能。由于外部环境总是在不断地变化着，而系统本身大多数情况下也总是处于动态的工作过程之中，因此，为了使系统运行良好，并完成其特定功能，必须使系统对外部环境的各种变化和干扰有良好的适应性。

### 5. 优化原则

系统通过要素的重组、自调节活动，达到系统在一定环境下的最佳结构。

　　系统的优化离不开一定的现实环境，只是相对的优化，它是随人的认识的深化和环境条件的改变而逐步提高的。如任何产品的设计都不是一次完成的，总是在获得较满意的效果后就问世，然后再根据实践结果和新的研究加以改进。

### 1.1.3　机械系统的组成

　　机械系统的组成图如图 1.2 所示。

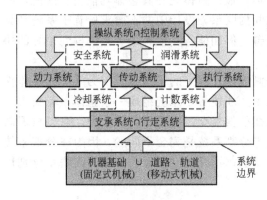

**图 1.2　机械系统的组成**

**1. 动力系统**

　　动力系统：包括动力机及其配套装置，是机械系统工作的动力源。

　　按能量转换性质的不同，动力机可分为两种。

　　一次动力机：把自然界的能源（一次能源）转变为机械能的机械，如内燃机、汽轮机、燃气轮机等。

　　二次动力机：把二次能源（如电能、液能、气能）转变成机械能的机械，如电动机、液压马达、气压马达等。

由于经济上的原因，动力机输出的运动通常为转动，而且转速较高。

　　**2. 执行系统**

　　执行系统：包括机械的执行机构和执行构件，是利用机械能改变作业对象的性质、状态、形状或位置，或对作业对象进行检测、度量等，以进行生产或达到其他预定要求的装置。

　　执行系统通常处在机械系统的末端，直接与作业对象接触，其输出是机械系统的主要输出，其功能是机械系统的主要功能。因此，执行系统也被称为机械系统的工作机。

　　**3. 传动系统**

　　传动系统：把动力机的动力和运动传递给执行系统的中间装置。

　　传动系统有下列主要功能。

　　（1）减速或增速。把动力机的速度降低或增高，适应执行系统工作的需要。

　　（2）变速。实现有级变速或无级变速，满足执行系统多种速度的要求。

　　（3）改变运动规律或形式。改变动力机的均匀连续转动，满足执行系统的运动要求。

　　（4）传递动力。供给执行系统完成预定任务所需的功率、转矩或力。

　　传动系统还应能适应动力机的机械特性，尽量简单。如果动力机的工作性能完全符合执行系统工作的要求，传动系统也可省略。

　　**4. 操纵系统和控制系统**

　　操纵系统和控制系统都是为了使动力系统、传动系统、执行系统彼此协调运行，并准确可靠地完成整机功能的装置，二者的主要区别如下。

　　操纵系统：通过人工操作以实现上述要求的装置，通常包括起动、离合、制动、变速、换向等装置。

控制系统：通过人工操作或测量元件获得的控制信号，经由控制器，使控制对象改变其工作参数或运行状态而实现上述要求的装置，如伺服机构、自动控制装置等。

5. 支承系统

它是用于安装和支承动力系统、传动系统、执行系统、操纵系统和控制系统等，是机械系统中必不可少的部分。它包括基础件(如床身、底座、立柱等)和支承件(如支架、箱体等)，又统称为机架。机械系统主要依靠支承系统来保证承载能力、各部件之间的相对位置精度、运动部件(如工作台、刀架等)的运动精度。不同的机械系统对支承系统的性能(如刚度、支承面之间的相对位置精度等)有不同的要求。

根据机械系统的功能要求，还可有润滑、冷却、计数、行走、转向、安全等系统。

图 1.3 是汽车组成示意图。这里发动机是动力系统；从发动机到 4 个车轮之间的各种齿轮、离合器、变速机构等是传动系统；4 个车轮则是执行系统(也是行走系统)；它们都固定在汽车的底盘上，同时汽车的壳体、座位也固定在底盘上，所以底盘是汽车的支承系统；而方向盘、操纵杆和加速、停车踏板则是操纵系统；另外，还有电路系统、供油系统、制动系统、冷却系统、润滑系统。现代汽车还装有防滑控制系统，由防抱死制动系统

ABS (Anti - Lock Brake System) 和驱动力控制系统 TCS (Traction Control System)组成。ABS 的作用是在汽车制动时，防止车轮抱死及在路面上滑拖。TCS 在驱动过程中(特别是在起步、加速和转弯过程中)，防止车轮滑转。ABS/TCS 提高了汽车制动和驱动过程中的方向稳定性、转向控制能力、缩短制动距离和提高加速性能。

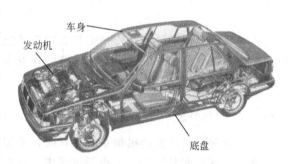

图 1.3　汽车的组成

### 1.1.4　机械系统的功能要求

现代机械产品的功能要求非常广泛，不同机械因其工作要求、追求目标和使用环境的不同，其具体功能的要求也有很大差异。例如，起重机械是一种有间歇运动的机械，主要用于物品的装卸。其主要作业过程一般是从取物地点由起升机构把物品提起，由运行机构、回转机构把物品移位，到指定地点后下降以卸下物品，然后反向运动回到原位或移动到一个新的作业地点，进行下一次作业。在两次作业之间，一般有短暂的停歇。所以，起重机械工作时，各机构和构件经常处于起动、制动及正向、反向等相互交替的有停歇的运动状态中。因此，起重机械的基本功能要求是起升重量、起升高度、起升速度、运行速度、生产率、作业范围及经济性，以及工作过程的安全性、可靠性、稳定性、操纵性、周围环境的适应性等。对于汽车起重机还要求有良好的机动性，对于大跨度龙门起重机则还要求大车运行时两侧门腿移动的同步性等。

各种机械的功能要求大体可归纳如下。

(1) 运动要求：如速度、加速度、转速、调速范围、行程、运动轨迹以及移动的精确性等。

(2) 动力要求：包括传递的功率、转矩、力等。

（3）体积和重量要求：如尺寸、重量、功率、重量比等。

（4）可靠性和寿命要求：包括机械和零部件执行功能的可靠性、零部件的耐磨性和使用寿命等。

（5）安全性要求：包括强度、刚度、热力学性能、摩擦学特性、振动稳定性、系统工作的安全性及操作人员安全性等。

（6）经济性要求：包括机械设计和制造的经济性、使用和维修的经济性等。

（7）环境保护要求：如噪声、振动、防尘、防毒、"三废"的排放和治理、周围人员和设备的安全性等。

（8）产品造型要求：如外观、色彩、与环境的协调性等。

（9）其他要求：不同机械还可有一些特殊要求，如精密机械要求长期保持精度并有良好的防振性；经常搬动的机械要求安装、拆卸、运输方便；户外型机械要求良好的防护、防腐和密封；食品和药品机械要求不污染被加工产品等。

# 1.2　机械系统设计的任务和原则

机械系统设计把机器看作是由具有特定功能的、相互间具有有机联系的组成部分所构成的一个整体。机械系统设计是从系统的观点出发，考虑整个系统的运行，而不只是关心各组成部分的工作状态和性能。

## 1.2.1　机械系统设计的特点

从系统的观点出发：机械系统设计时，采用内部系统设计与外部系统设计相结合的方法，既要重视内部系统设计，也要重视内、外系统的联系。

（1）机械系统设计特别强调系统的观点：必须考虑整个系统的运行，而不是只关心各组成部分的工作状态和性能。不应只考虑各零部件的工作状态和性能，不能追求局部的最好，而应该在满足系统整体工作状态和性能最好的前提下，确定各零部件的基本要求及它们之间的协调和统一。

（2）采用内部设计与外部设计相结合的方法。

外部设计：从全系统的概念出发来决定内部系统的要求。

内部设计：进行内部系统的设计。

一般先进行外部设计，后进行内部设计，才能产生确实好的设计。二者结合，可以使设计尽量做到周密、合理，以获得总体最优化；也可以使设计少走弯路，避免不必要的返工和浪费，以尽可能少的投资获取尽可能大的效益。其技术、经济、社会效果往往随系统复杂程度的增加而越趋明显。

（3）必须搞清外部环境对该机械的作用和影响：在调查研究的基础上，明确市场对该机械的要求（包括功能、价格、销售量、尺寸、质量、工期、外观等）和约束条件（包括资金、材料、设备、技术、人员培训、信息、使用环境、后勤供应、检修、售后服务、基础和地基、法律与政策等），这些都对内部系统设计有直接影响，不仅影响机械系统的总体方案、经济性、可靠性和使用寿命等指标，而且也影响具体零部件的性能参数、结构和技术要求，甚至可能导致设计失败。

(4) 不能忽略机械系统对外部环境的作用和影响：包括该产品运行中对环境、操作人员及周围其他人员的影响，该产品投入市场后对市场形势、竞争对手的影响，如竞争对手及潜在竞争对手的反映，该市场竞争格局的变化等。

## 1.2.2 机械系统设计的任务

机械系统设计的任务是开发新的机械产品，改造老的机械产品。机械系统设计的最终目的是为市场提供优质高效、价廉物美的机械产品，在市场竞争中取得优势，赢得用户，并取得较好的经济效益。任何好的、先进的机械产品，只有通过设计并采用当代各种先进的技术成果，才能成为现实。因此，设计体现了时代性和创造性。

机械系统设计是机械产品开发的第一道工序，产品质量和经济效益取决于设计、制造和管理的综合水平，而产品设计则是关键。没有高质量的设计，就不可能有高质量的产品。没有经济观点的设计人员，绝不可能设计出经济性好的产品。设计本身如果有问题，可能会造成灾难性的损失。据统计，产品的质量事故有 50% 是由于设计失误造成的，产品的成本 60%～70% 取决于设计。因此，第一道设计关必须把好。

## 1.2.3 机械系统设计的原则

### 1. 需求原则

一项产品的推出总是以社会需求为前提的，没有需求就没有市场，也就失去了产品存在的价值和依据。而社会需求是变化的，不同时期、不同地点、不同的社会环境就会有不同的市场行情和要求。所以，设计师必须确立市场观念，以社会需求和为用户服务作为最基本的出发点。

所谓需求，就是对功能的需求。用户购买产品实际就是购买产品的功能。

价值工程中常用价值来评价功能与成本的统一程度，即产品的价廉物美程度。根据价值工程有

$$V = F/C \qquad\qquad (1-1)$$

式中：

$V$——产品的价值；

$F$——产品的总功能；

$C$——产品的成本。

由式(1-1)可知，为了提高产品的价值，可采取如下措施：①增加 $F$，同时减小 $C$；②$F$ 不变而减少 $C$；③$C$ 不变而增加 $F$；④$C$ 增加很少而 $F$ 增加很多；⑤$F$ 略有减少而 $C$ 减少很多。

显然第一种是最理想的，但也是最困难的，这就要求我们采取一些特别的手段，如高科技手段。所以，设计师必须进行市场调查和用户访问，查清市场当前的需求和预测今后的需求，然后对产品进行功能分析，遵循保证基本功能、满足使用功能、剔除多余功能、增添新颖功能、恰到好处地利用功能的原则，力求使产品达到尽善尽美的境地。

### 2. 可靠性原则

可靠性是指产品在规定的条件下和规定的时间内完成规定功能的能力。可靠性是衡量

产品质量的一个重要指标。

（1）产品是泛指单独进行研究和试验考核的对象，可以是零件、部件、装置，也可以是整机系统。

（2）规定条件是指对产品进行可靠性考核时所规定的使用条件和环境条件，包括载荷状况、工作制度、应力水平、温度、湿度、尘砂、腐蚀等，也包括操作规程、操作技术、维修方法等，凡是影响产品功能的使用条件和环境条件均需明确规定。

（3）规定时间是指对产品可靠性考核时所规定的时间，包括运行时间、应力循环次数、汽车行驶里程等。

（4）规定功能是指对产品考核的具体功能。产品规定功能的丧失称为失效，对丧失的规定功能可修复的产品其失效也称故障。

可靠性技术是研究产品发生故障或失效的原因及预防措施的一门技术。目前，可靠性技术已开始用于机械系统设计。

1）衡量可靠性的指标

能度量产品可靠性程度的数值量都可以作为可靠性的指标，它们都是带有统计性质的概率，常用的可靠性的指标见表 1-1。

表 1-1　衡量可靠性的指标

| 指标名称 | 定　义 |
|---|---|
| 可靠度 $R(t)$ | 可靠度是指产品在规定的条件下和规定的时间内完成规定功能时不发生故障或失效的概率<br>可靠度 $R(t)$ 也称可靠度函数，$0 \leqslant R(t) \leqslant 1$ |
| 失效概率 $F(t)$ | 失效概率是指产品在规定的条件下和规定的时间内完成规定功能时发生故障或失效的概率<br>失效概率 $F(t)$ 也称不可靠度，$0 \leqslant F(t) \leqslant 1$。因为失效与不失效是对立事件，所以 $F(t) = 1 - R(t)$ |
| 失效率 $\lambda(t)$ | 失效率是指产品工作到某一时刻后，在单位时间内发生失效或故障的概率。失效率 $\lambda(t)$ 也称故障率 |
| 平均无故障工作时间 MTBF | MTBF(Mean Time Between Failures)是指产品在使用寿命期内的某段观察期间累积工作时间与故障次数之比，是用于衡量可修复产品的可靠性指标 |
| 失效前平均工作时间 MTTF | MTTF(Mean Time To Failure)是指发生故障后不能修复的产品从开始使用直至失效的平均工作时间 |
| 维修度 $M(t)$ | 维修度是指在规定条件下使用的产品，在规定时间内按照规定的程序和方法进行维修时，保持或恢复到能完成规定功能状态的概率 |
| 有效度 $A(t)$ | 有效度是可修复产品在规定的使用、维修条件下，在规定时间内，维持其功能处于正常状态的概率。有效度 $A(t)$ 也称可用率 |

2）提高机械系统可靠性的措施

提高系统可靠性的最有效方法是进行可靠性设计。进行可靠性设计时必须掌握影响可靠性的各种设计变量的分布特性和数据，建立从研究、设计、制造、试验直至管理、使用和维修以及评审的一整套可靠性计划。当缺乏这些必要的数据和统计变量时，了解影响机械系统可靠性的因素，采取下述一些措施，对提高机械系统可靠性也是有益的。

（1）分析失效，查找原因。机械系统工作时，由于各种原因难免会发生故障或失效。

如果能在研究和设计阶段对可能发生的故障或失效进行预测和分析,掌握其原因,并采取相应的措施,则系统的失效率将会减小,可靠性也随之提高。为了使失效分析做得比较全面和切合实际,应对现有系统或同类系统进行质量调查和用户访问,收集失效实例,分析失效原因,对重要的系统应建立失效档案,特别是对典型的重大失效案例召开分析会,请有关专家和人员进行详尽分析,以此积累经验和资料,作为指导和改进设计的根据。

(2) 把可靠性设计用到零部件中去。实践表明,机械系统的可靠性主要是由设计决定的,而制造、管理等其他阶段的工作只是起保证作用。如果设计时考虑不当,不能使零部件具有必要的可靠性,则无论制造得多么优质,维护得多么精心,都无法弥补设计中的缺陷。

机械系统的可靠性是由零部件的可靠性保证的,只有零部件的可靠性高,才能使系统的可靠性高。但是,并不意味着全部零部件都要有高可靠性,对系统可靠性有关键影响的零部件通常是系统的重要环节,这些零部件必须保证其必要的可靠性,设计时从整体的、系统的观点详细分析其输入、输出,尽量减少不稳定因素的干扰。

(3) 提高维修性。任何机械系统在使用过程中都会因各种原因而发生故障,随着时间的增加,故障率一般也呈上升趋势,机械系统的故障率曲线如图 1.4 中实线所示。

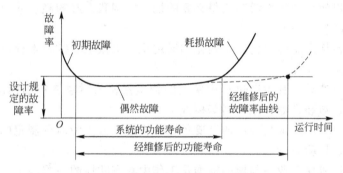

**图 1.4　机械系统的故障率曲线**

在正常运行时期,如能进行良好的维修,及时更换磨损、疲劳和老化的零部件,则系统的使用寿命可以延长,如图 1.4 中虚线所示,经过良好维修的系统其故障率明显下降。

维修性应在设计阶段进行考虑,使系统具有良好的维修性,易于检查和发现故障,便于维修。如把系统的薄弱环节(易损件)尽量做成独立部件或采用标准件,并设计成容易拆卸和更换的结构等。

3. 信息原则

设计过程实质上也是设计内部空间与外部空间进行不断反复地信息交流的过程。这些信息包括市场信息、设计所需各种科学技术信息、设计进程中各种测试信息、评审信息及研制过程中的工艺信息等。为此,设计人员必须全面、充分、正确和可靠地掌握与设计有关的信息,只有这样才有可能保证设计工作质量,杜绝不应有的差错。设计管理人员则应注意控制与信息传递有关接口的有效性。

4. 经济合理原则

经济合理原则是指所设计机械产品应该结构先进、功能好、成本低、使用维修方便,在产品的寿命周期内，用最低的成本实现产品的规定功能，即物美价廉。

机械系统的经济性表现在设计、制造、使用、维修乃至回收的全过程中。

1）提高设计和制造的经济性

产品的经济性决定于其成本，而成本是由设计和制造两方面的因素决定的。因此，设计师应该了解影响产品成本的设计因素和制造因素，在保证产品功能的前提下努力降低产品的成本。

提高设计和制造的经济性，从设计角度来说主要有以下几个方面。

（1）合理地确定可靠性要求和安全系数。可靠性要求和安全系数分别是可靠性设计及传统设计方法中描述系统工作而不失效的程度指标，但它们的含义及应用有所不同。

由于设计时使用的载荷、材料强度等数据都属于统计量，因而可靠性要求更符合客观实际。所以，采用可靠性设计可以使系统的设计更合理、更经济。系统越复杂，其优越性也就越明显，经济性和可靠性也就越统一。

在选取安全系数值时，考虑可靠性的要求。当可靠性要求高时，安全系数值可相应取大些，反之可取小些。当设计数据分布的离散程度较大时，安全系数值取大些，反之取小些。安全系数与经济性密切相关。

（2）贯彻标准化。标准化是组织现代化大生产的重要手段，它大大提高了产品的通用性和互换性，可以使生产技术活动获得必要的统一协调和良好的经济效果。实施标准化是国家的一项重要的技术法规。

标准化通常包括产品标准化、系列化和通用化。机械工业的技术标准有产品标准、方法标准、基础标准三大类。

产品标准是以产品及其生产过程中使用的物质器材为对象制定的标准，如机械设备、仪器仪表、工装、包装容器、原材料等标准。

方法标准是以生产技术活动中的重要程序、规划、方法为对象制定的标准，如设计计算、工艺、测试、检验等标准。

基础标准是以机械工业各领域的标准化工作中具有共性的一些基本要求或前提条件为对象制定的标准，如计量单位、优先数系、公差与配合、图形符号、名词术语等标准。

我国标准分国家标准、部颁标准（专业标准）、企业标准三级。

鉴于目前我国标准化工作现状和需要，积极采用国际标准和国外先进标准也是一项重要的技术经济政策。国际标准主要是指国际标准化组织（ISO）和国际电工委员会（IEC）两个国际性的标准化机构公布的标准。我国是 ISO 和 IEC 的成员国。

（3）改善零部件结构工艺性。零部件结构工艺性包括铸造工艺性、锻造工艺性、冲压工艺性、焊接工艺性、热处理工艺性、切削加工工艺性和装配工艺性等。良好的工艺性是减小劳动量、提高生产率、缩短生产周期、降低材料消耗和制造成本的前提，也是实现设计目标、减少差错、提高产品质量的基本保证。

影响结构工艺性的因素很多，如生产批量、设备和工艺条件、原材料的供应等。当生产条件改变时，零部件的结构往往也随之改变。因此，结构工艺性既有原则性和规律性，又有一定的灵活性和相对性，设计应根据具体情况进行具体分析。

改善零部件结构工艺性的具体措施、原则和规范，可参阅有关设计手册和资料。

（4）采用新技术。随着科学技术的发展，各种新技术（包括新产品、新方法、新工艺、新材料等）不断问世，在设计中采用新技术可以使产品具有更好的性能和经济性，因而具有更强的竞争力。设计人员要善于学习和掌握各种新技术，不断充实和改进产品。

（5）采用经济的技术要求。保证质量和性能要求的前提下，应尽量降低零部件的技术要求，如精度等级及公差、表面粗糙度、材料力学性能等。选用材料时应全面分析零件的载荷及应力状况、工作条件和性能要求，根据零件的强度、刚度、寿命、耐磨性、防腐等要求中的主要要求，选用经济、合适的材料及热处理要求，慎用贵重材料，并考虑供应方便及可代用材料，以降低生产成本。

2）提高使用和维修的经济性

使用和维修的经济性就是考虑使用者的经济效益，主要可从以下几个方面加以考虑。

（1）提高产品的效率。用户总是希望购买的产品效率高，能源消耗低，省电、省煤、省油等。机械设备的效率主要取决于传动系统和执行系统的效率。传动系统的效率通常与传动的结构形式、运动副的工作表面性态、摩擦润滑状况、润滑剂种类、润滑方式及工作条件等有关、执行系统的效率主要取决于执行机构的效率，它与机构类型、机构参数等有关。设计人员应在方案设计和结构设计时，充分考虑提高效率的措施。

对属于生产资料的机械设备，提高其生产率，提高原材料的利用率，降低物耗等，也是提高其效率的重要途径。

（2）合理确定经济寿命。一般说来，希望产品有长的使用寿命，但在设计中单纯追求长寿命是不恰当的。

由图 1.4 故障率曲线可知，系统正常运行的寿命是可以延长的，但必须以相应的维修为代价。使用寿命越长，系统的性能越差，效率越低，相应的使用费用（包括运行、维修保养、操作、材料及能源消耗等费用）越多，使用经济性越低，此时应考虑设备更新。

由于科学技术的进步，不断有一些技术更先进、性价比更高的新设备出现，或是由于企业生产规模的发展、产品品种的扩大或改变等，这也是应考虑更新设备的原因。

设备从开始使用至其主要功能丧失而报废所经历的时间称为功能寿命（或物资寿命）；设备从开始使用至因技术落后而被淘汰所经历的时间称为技术寿命；设备从开始使用至继续使用其经济效益变差所经历的时间称为经济寿命。搞好维修工作能延长设备的功能寿命，对设备进行适时的技术改造可延长其技术寿命，对设备进行适时的技术改造和良好的维修可延长其经济寿命。在科技高速发展的时代，设备的技术寿命、经济寿命常大大短于功能寿命。按成本最低的观点，设备更新的最佳时间应由其经济寿命确定。

（3）提高维修的经济性。维修能延长设备的使用寿命，是保持设备良好技术状况及正常运行的技术措施，但必须以付出一定的维修费为代价，以尽可能少的维修费用换取尽可能多的使用经济效益，是机械设备进行维修的原则。

目前，在机械设备中应用比较多的是定期维修方式。这种维修方式因无法准确估计影响故障的因素及故障发生的时间，因而难免出现设备失修或维修次数过多的现象。有的零件未到维修期就已经失效，而有的零件虽未失效，但因已到维修期，而不得不提前更换。因此，定期维修方式的总维修费较高。但由于能够尽量安排在非正常生产时间进行，从而使因停机停产造成的损失减少，而且便于安排维修前的准备工作，有利于缩短维修时间，保证维修质量。

随着故障诊断技术和可靠性技术的发展，维修技术也得到了相应的发展。如按需维修方式，就是采用故障诊断技术，不断地对系统中主要零部件进行特性值的测定；当发现某种故障征兆时就进行更换或修理。这种维修方式既能提高系统有效运行时间，充分利用零部件的功能潜力，又能减少维修次数，尤其是可以减少盲目维修。因此，其总的经济效益较高，但需配备可靠性高的监控和测试装置，所以只在重要的和价格昂贵的机械系统中采用。

对于不太重要的或总价值不太高的产品，有时也可以设计成免修型产品，在使用期间内不必维修，到功能寿命终止时即行报废。

5. 安全原则

机械系统的安全性包括机械系统执行预期功能的安全性和人—机—环境系统的安全性。

1) 机械系统执行预期功能的安全性

机械系统执行预期功能的安全性是指机械运行时系统本身的安全性，如满足必要的强度、刚度、稳定性、耐磨性、耐腐蚀性等要求。为此，应根据机械的工作载荷特性及机械本身的要求，按有关规范和标准进行设计和计算。为了避免机械系统由于意外原因造成故障或失效，常需配置过载保护、安全互锁等装置。

2) 人—机—环境的安全性

在人—机—环境的关系中，包括 3 个要素，即人、机与环境。这三者之间形成了 3 种子关系，即人与机关系，机与环境关系以及人与环境的关系。从机械系统设计的角度讨论安全性问题就是要考察以下这两个方面的内容：人—机安全与机对环境的影响。

(1) 人—机安全。人—机安全首先指的是人员的劳动安全。改善劳动条件，防止环境污染，保护劳动者在生产活动中的安全和健康，是工业技术发展的重要法规，也是企业管理的基本原则之一。

为了保障操作人员的安全，应特别注意机械系统运行时可能对人体造成伤害的危险区，并进行切实有效的保护。

人—机安全另一方面的内容是人对机器运行安全性的影响，即由于人的操作错误（或称人为差错）造成系统的功能失灵，甚至危及人的生命安全，这往往不被人们所认识，或不能引起人们的足够重视。实践表明，随着科学技术的发展，人所操纵或控制的各类机器也日趋复杂，对操作人员的要求越来越高，如要有准确、熟练地分析、判断、决策和对复杂情况迅速做出反应的能力。然而，人的能力是有限的，不可能随着机器的发展而无限提高。如果先进的机器对人的操作要求过高，超出人的能力范围，就容易发生操作错误，这不仅使系统性能得不到发挥，甚至使整个系统失灵或发生重大事故。如美国的 AV-8A 垂直起落飞机装备部队后，从 1973 年到 1977 年的 5 年中，发生 16 起事故，其中有 11 起是由飞行员的操作错误引起的，占 68%。因此，如何从总体设计上尽量减少系统的不安全因素，是确保"安全"性的一个非常重要的方面。

(2) 环境保护。环境保护的内容非常广泛，如工业三废（废气、废水、废渣）的治理，除尘，防毒，防暑降温，采光，采暖与通风，放射保护，噪声和振动的控制等。

# 1.3　机械系统设计的一般过程

1. 传统设计与现代设计

1) 传统设计

传统设计是指经验设计和半理论半经验设计。一般而言，经验设计只能满足基本的功能要求，在成本、性能、质量诸方面都有很大局限性。

2）现代设计

现代设计是现代广义设计和分析科学方法的统称。它是以十一论（突变论、智能论、系统论、离散论、信息论、对应论、优化论、控制论、功能论、模糊论及艺术论）方法学作为理论基础，得以迅速发展的，并且已成为一门多元综合而成的新兴交叉学科——现代设计方法学。现代设计包括一系列新兴学科分支，主要有创造性设计、系统化设计、优化设计、可靠性设计、计算机辅助设计（CAD）、模块化设计、反求工程和有限元法、工业艺术造型设计、模型试验设计、机械动态设计和价值工程等。其中不少技术已日趋成熟，并得到广泛的应用。

现代设计与传统设计的比较见表1-2。现代设计在设计指导思想、设计对象、设计方法和设计手段都有着显著特点和先进性。从设计指导思想来看，它由过去的经验、类比方法提高到逻辑的、理性的、系统的新设计方法；从设计对象上来看，它考虑了人、机、环境的相互协调关系，从而发挥产品的最大潜力或提高系统的有效性；从设计方法来看，它广泛采用CAD、优化设计、可靠性设计、工业艺术造型设计、创造性设计，使设计水平有一个质的飞跃；从设计手段上来看，它充分采用电子计算机、自动绘图和数据库管理等。这样大大提高了数据的准确性、稳定性和数据效率，并且使修改设计十分方便。

表1-2　现代设计与传统设计的比较

| 特点 | 现代设计 | | 传统设计 |
|---|---|---|---|
| | 逻辑的系统的方法 | | 经验的类比的方法。功能原理分析较少。收敛性思维。过早进入具体方案自然优化。设计—评定—再设计……，从各种设计方案中选取较好方案。优化过程凭借有限设计人员的知识、经验和判断力。受人和时间的限制，难以对多变量系统在广泛的影响因素下进行定量优化 |
| | 设计方法学（德） | 创造性设计学（美） | |
| 逻辑性 | 从抽象到具体的发散的思维方法；"功能—原理—结构"框架为模型的横向变异和纵向组合。用计算机构造设计目录，获得各种方案，优化选出最佳方案 | 在知识、手段和方法不充分的条件下，运用创造技术，充分发挥想象进行辩证思维，形成创新构思和设计 | |
| 市场性 | 市场指导设计的思想贯穿始终 | | 专业技术主管指导设计 |
| 经济性 | 从功能分析 | | 设计过程中注意技术性。设计制造完毕进行经济分析、成本核算 |
| 创造性 | 保持创造冲动，突出创新意识，强调抽象的设计构思，扩展发散的设计思维。运用创造技法，搜索多种可行的创新方案。最广泛的评价决策 | | 封闭收敛的设计思维。过早进入定型实体结构。直接的主管决策 |
| 并行性 | 从概念形成到产品报废处理的所有部门有关人员，通过计算机网络并行交叉工作 | | 设计、制造、销售、服务等部门分段顺序工作。报废产品用户自行处理 |
| 系统性 | 用系统工程方法赋予产品性能，构造产品结构，进行产品设计。分析人—技术系统—环境和技术系统内部各因素的有机联系，力求总体优化 | | 建立在经验基础上的产品开发、仿造或改型 |

（续）

| 特点 | 现代设计 | 传统设计 |
|---|---|---|
| 规范性 | 从产品规划、总体设计、技术设计、施工设计到试制改进的整个设计进程，都要全面考虑，按统一规范的计划步骤进行 | 按个人经验决定设计步骤 |
| CA 化 | 设计全过程中，计算机不但用于计算和绘图，且在信息运用、市场预测、评价决策、造型宜人、动态模拟、人工智能等方面，将全面运用计算机，建立自动设计系统 | 传统的绘图、运算工具和报告、讨论制度 |

**2. 机械系统设计的一般过程**

在机械系统设计过程中，为使设计工作更为科学合理，常把一个机械系统分解为若干个相联系的比较简单的子系统，可使设计和分析比较简便。根据需要和可能，各子系统还可再分解为更小的子系统，依次分解，直至能进行适宜的设计和分析。系统的分解可以是平面分解，也可以是分级分解，或是兼有二者的组合分解，如图 1.5 所示。

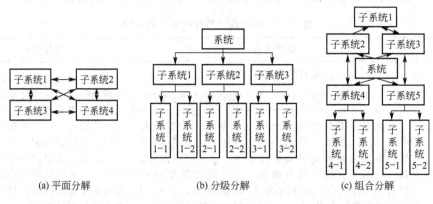

(a) 平面分解　　　　　　(b) 分级分解　　　　　　(c) 组合分解

**图 1.5　系统的分解**

系统分解时应注意以下几点。

（1）分解数和层次应适宜：分解数太少，子系统仍很复杂，不便于模型化和优化工作，分解数和层次太多又会给总体系统的综合造成困难。

（2）避免过于复杂的分界面：应尽可能选择在要素间结合枝数（联系数）较少和作用较弱的地方。

（3）保持能量流、物料流和信息流的合理流动途径：通常机械系统工作时都存在着能量、物料和信息 3 种转换，它们从系统输入到系统输出的过程中，按一定的方向和途径流动，既不可中断，也不可紊流，即使分解成各个子系统，它们的流动途径仍应明确和畅通。

（4）了解分系统分解和功能分解的关联与不同：系统分解时，每个子系统仍是一个系统，它把具有比较密切结合关系的要素结合在一起，其结构组成虽稍微简单，但其功能往往还有多项。而功能分解时，是按功能体系进行逐级分解，直至不能再分解的单元功能。

机械设计的一般过程见表 1-3。

表 1-3　机械设计的一般过程

| 阶段 | 工作进程 | 工作内容 |
|---|---|---|
| 计划 | 了解设计任务，明确设计目的和功能要求 | 根据产品发展和市场调查提出设计任务书，或由主管部门下达设计任务 |
| 外部设计 | 调查研究 | 市场调查和预测 |
| 外部设计 | 可行性研究 | 技术研究和费用预测、成本与效益研究、提出产品生产可行性报告 |
| 外部设计 | 系统计划 | 明确设计任务和要求、制定系统开发计划书 |
| 内部设计 | 初步设计 | 设计总体方案 |
| 内部设计 | 系统分解 | 将总系统分解为子系统 |
| 内部设计 | 系统分析 | 优化系统、确定系统设计最佳方案、子系统设计和总系统综合 |
| 内部设计 | 技术设计 | 子系统和总系统的主要尺寸及其他参数的确定 |
| 内部设计 | 工作图设计、鉴定和评审 | 绘制全部零部件图、系统综合指标评价和改进 |
| 制造销售 | 样机试验 | 样机试验 |
| 制造销售 | 样机鉴定和评审 | 对产量大的产品通过小批试制后，不断修改和完善设计，同时进行工艺装备的准备工作 |
| 制造销售 | 改进设计 | 产品试验后的改进 |
| 制造销售 | 小批试验 | 校核设计的工艺性等 |
| 制造销售 | 定型设计，销售 | 完善全部工作图、技术文件和工艺文件，定型生产，销售 |

# 思　考　题

1. 什么是系统？系统有何特性？
2. 什么是机械系统？机械系统由几大部分组成？
3. 在设计机械系统时，为什么特别强调和重视从系统的观点出发？
4. 什么是可靠性？常用的可靠性指标有哪些？
5. 试述提高机械产品可靠性的途径。
6. 简述机械系统设计的一般过程。

# 第2章
# 机械系统的总体设计

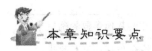 本章知识要点

| 知识要点 | 掌握程度 | 相关知识 |
|---|---|---|
| 设计任务 | 掌握设计任务拟定的一般原则；<br>熟悉机械系统设计任务的类型、来源 | 设计任务形成方式；<br>设计任务书的拟定原理及一般格式 |
| 功能分析 | 掌握功能分析与分解、功能求解与集成以及设计方案的形成的基本原理 | 产品的功能化描述；<br>功能的分解原理；<br>功能求解应用举例 |
| 方案评价 | 掌握机械系统方案的评价原则和方法 | 形态学矩阵法的功能及应用；<br>方案评价指标体系的建立；<br>模糊评价法的基本步骤及应用举例 |
| 布局设计 | 掌握机械系统总体布局设计的基本要求；<br>熟悉布局设计的主要参数以及设计文件 | 总体布局设计的基本原则及应用举例；<br>布局设计的主要参数的确定；<br>形成的主要设计文件类型 |

### 导入案例

"勇气号"火星车是距离人类生存环境最远的一个技术系统。它体现了一般系统的基本规律性。2003 年 6 月 10 日,携带"勇气号"火星车(图 2.0)的美国"火星探测流浪者"号探测器飞向太空。2004 年 1 月 4 日,"勇气号"火星车经过半年多星际旅行在火星表面成功着陆,并向地球发回三维全景彩色照片。"勇气号"共携带了 7 类科学探测仪器及设备,其中包括 2 种摄像机、3 种质谱仪、1 套岩石研磨工具及 3 个磁铁阵列等。这台火星车长 1.6m、宽 2.3m、高 1.5m,重 174kg,其探测距离可达到一个足球场的 6～10 倍。它依靠餐桌大小的太阳能电池板获得动力,一次能行进数百米。它成功实现了集通信、拍摄和计算等功能于一身。

图 2.0  "勇气号"火星车

机械系统总体设计是指从全局的角度,以系统的观点,所进行的有关整体方面的设计,它包括系统的原理方案的构思,结构方案设计,总体布局与环境设计,主要参数及技术指标的确定,总体方案的评价与决策等内容。

总体设计给具体设计规定了总的基本原理、原则和布局,指导具体设计的进行,而具体设计则是在总体设计基础上的具体化,并促成总体设计不断完善,二者相辅相成。因此,在工程设计、测试和试制的中间或后期,总体设计人员仍有大量工作要做,只有把总体和系统的观点贯穿于产品开发的过程,才能保证最后的成功。

在总体设计过程中,应逐步形成下列技术文件。

(1) 系统工作原理简图。

(2) 主要部件的工作原理图。

(3) 方案评价报告。

(4) 总体设计报告。

(5) 系统总体布置图。

## 2.1  设计任务的形成与确定

### 2.1.1  设计任务的类型

在所有的机械设计中,75% 的机械是已经设计过的,有样机可供参考,有 25% 的机械是未曾设计过的,无样机参考。从有无样机可供参考的角度,机械设计可分为 3 类:开发性设计、变型设计和仿型设计。

1. 开发性设计(New Product Design)

在工作原理、结构等完全未知的情况下,应用成熟的科学技术或经过试验证明是可行的新技术，设计过去没有过的新型机械。这是一种完全创新的设计。世界上第一台电话的设计就属于完全创新设计。

### 2．变型设计(Improving Design)

有同类产品可供参考，原理和结构完全已知。原理不变，为适应用户某些新的要求，或克服产品市场调查所反映的缺点，所进行的发展性设计。在结构设计或造型设计方面有创新，可获得实用新型专利或外观设计专利。如更换普通自行车的传动系统，并改变部分结构后开发的变速赛车；发动机作四缸、六缸、直列、V形等改型设计。

多数产品属于变型设计。随着技术水平的提高和市场需求的变化，应掌握产品生命周期的特征，适时地对老产品进行改进。

### 3．仿型设计(Selecting Design)

它是指有同类产品可供参考，原理和结构完全或部分已知。原理、结构和性能一般不变，只作工艺性变化，以适应本企业的生产特点和技术装备要求。通常采用反求设计(Reverse Design)方法。

## 2.1.2　设计任务的来源

通常设计任务主要来自下列几个方面。

### 1．指令性设计任务

从国家大的发展战略、国防等方面考虑，政府和军队等部门往往会选择一些实力比较强的企业、研究单位下达一些指令性的设计任务。研制单位则需根据计划总的要求，了解产品使用环境、条件及工艺情况，在充分进行技术经济分析的基础上，对新产品的选型和发展方式等提出建议，报请有关部门审批后执行。据此制订的新产品发展计划任务书中包括较详细的产品发展的目的，产品技术经济指标，系列化、标准化、通用化水平，需要解决的技术关键，可行性分析，经费预算，环保措施，预期经济效果等。

### 2．来自市场的设计任务

这是用户根据自己的需要提出来的。它们主要出自使用的考虑，与用户对该领域情况的掌握有极大关系。这种设计任务常包括一些使用方面的性能指标，如生产率、速度等，并常有样机作为对比目标。这类任务常是为解决某特定需求而提出并作为一般商品的开发来进行的。

### 3．考虑前瞻的预研设计任务

随着市场竞争的越来越激烈，产品更新换代的时间也越来越短。一个企业，即使在产品市场非常好的情况下，也要着手新产品的开发。企业及研究人员要始终关注市场的发展动向，从中发现市场需求变化的趋势，并根据这种趋势拟出具有前瞻性的产品和装备的预研项目。

## 2.1.3　设计任务书的拟订

作为明确设计任务阶段的成果，常以表格形式编写设计任务书(设计要求表)，它将作为设计与评价的依据。

1. 拟定的一般原则

拟定设计任务书的一般原则是：详细而明确，合理而先进。

（1）详细就是针对具体设计项目应尽可能列出全部设计要求，特别是不要遗漏重要的设计要求。

（2）明确就是对设计要求尽可能定量化，如生产能力、工作中维修保养周期等。此外，要区别主要要求和次要要求。

（3）合理就是对设计要求提得适度，实事求是。定得低，产品设计很容易达到要求，但产品实用价值和竞争力也低；定得过高，制造成本增加，或受技术水平限制而达不到要求。

（4）先进就是与国内外同类产品相比，在产品功能、技术性能、经济指标方面都有先进性。

2. 产品设计要求

产品设计要求可采用"要求明细表"或逐条叙述两种方式提出。下面列举一些通用的主要要求。

（1）产品功能要求。同一产品功能越多，价值越高。因此，在满足主要功能的情况下，还应满足用户附加功能的要求，做到功能齐全，一机多用。这一要求是设计任务书中必须要表达清楚的。

（2）适应性要求。在设计任务书中应明确指出该产品的适应范围。所谓适应性，是指工况发生变化时，产品的适应程度。工况变化包括作业对象、工作载荷、环境条件等变化。从扩大产品的应用范围角度考虑，产品适应性越广越好。

（3）性能要求。性能是指产品的技术特征，包括动力、载荷、运动参数、可靠度、寿命等。例如汽车有动力性、燃油经济性、制动性、操纵稳定性、通过性、平顺性、可靠度、维护保养等。

（4）生产能力要求。生产能力是产品的重要技术指标，它表示单位时间内创造财富的多少。高生产率是人们追求的目标之一。一般情况下，生产能力分为理论生产能力、额定生产能力和实际生产能力。在设计要求中，应对理论生产能力作出规定。

（5）制造工艺要求。产品结构要符合工艺原则，有好的工艺性，同时要尽量减少专用件，增加标准件。零件工艺性好，通用性强，会有效降低加工制造费用。

（6）可靠性要求。可靠性设计要求包括：产品固有可靠性设计、维修性设计、冗余设计、可靠度预测和使用可靠度设计。

（7）使用寿命要求。

（8）人机工程要求。

（9）安全性要求。

上述各项设计要求都是对整机而言的，而且是主要设计要求，在设计时，应针对不同产品加以具体化、定量化。

3. 设计任务书的格式

产品设计要求拟定后，以设计任务书或说明书的形式固定下来。设计任务书是设计师进行产品设计的"路标"，是产品鉴定和验收的依据，是解决设计单位和委托单位之间矛盾的准绳。目前，设计任务书没有统一的格式，它可用明细表、合同书等方式表达。表 2-1 是微电脑全自动洗衣机的设计任务书。

表 2-1　微电脑全自动洗衣机的设计任务书

| 编号 | | 名称 | 微电脑全自动洗衣机 |
|---|---|---|---|
| 设计单位 | | 起止时间 | |
| 主要设计人员 | | 设计费用 | |
| 设计要求 | | | |
| 1 | 功能 | 主要功能：洗涤脏衣物<br>辅助功能：毛衣物上的毛绒过滤 | |
| 2 | 适应性 | 洗涤对象：普通衣物；毛毯、牛仔服类重衣物；羊毛、丝绸等纤细织物<br>入口水压：0.1～0.6MPa<br>环境：远离热源、振源等，要有水源、电源 | |
| 3 | 性能 | 动力：额定输入功率 400W 左右<br>外形尺寸：小于 550mm×550mm×900mm<br>整机质量：小于 30kg | |
| 4 | 洗涤能力 | 额定洗涤、脱水容量：3.8kg(干衣) | |
| 5 | 可靠度 | 整机可靠度要求达到 99.9% 以上 | |
| 6 | 使用寿命 | 一次性使用寿命要求达到 5 年，多次性维修使用寿命要求达到 10 年以上 | |
| 7 | 经济成本 | 700 元左右(含材料、设计、制造加工、管理费用) | |
| 8 | 人机工程 | 操作方便(面板式操作、全自动控制洗涤过程，可简单编程)；显示清晰；造型美观 | |
| 9 | 安全性 | 保证人身、设备安全(漏电保护功能、洗涤过程异常时的自动报警功能等) | |

## 2.2　机械系统的功能分析

19 世纪 40 年代美国通用电气公司工程师迈尔斯首先提出功能的概念，并把它作为价值工程研究的核心问题。他认为顾客要购买的不是产品本身而是产品的功能。功能实际上是体现了顾客的某种需要。在对设计方法学的研究过程中，人们也认识到在进行产品方案的设计时，应先确定产品的工作原理，而工作原理的构思应满足产品的功能要求。因此，功能的确定是工作原理方案设计的前提。功能分析可以帮助设计者逐步深化对工作原理方案的设计。

功能分析包括功能分解和功能结构的确定。在进行功能分析之前，首先对系统的功能进行描述。

### 2.2.1　功能描述

功能是对某一产品的特定工作能力的形象化描述。

在进行功能抽象时，可以根据抽象与具体的关系，如将钻床的功能描述为：钻孔—打孔—作孔，这是一步步抽象的过程。功能抽象化有助于产生新的创造思路。

系统工程学用"黑箱"(Black Box)来描述功能，如图 2.1 所示。它表示待求机械系统的输入、输出以及与环境的关联情况。其中还未求得的机械系统用"黑箱"表示，黑箱的功用是将输入的物料、能量和信息转换为输出的物料、能量和信息。同时伴随着有一定的伴生输入和伴生输出。其中物料的转换表示如何将毛坯、半成品转换成成品。转换有时也可以是单纯地移动位置；能量的转换表示如何将其他形式能量变成机械能，或机械能变成其他形式能量以及利用机械能完成移动、物料变形等；信息的传输或转换表示物理量的测量和显示、控制信号的传递等。

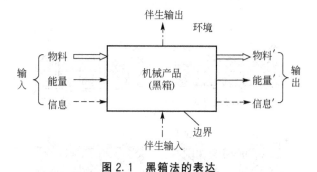

**图 2.1　黑箱法的表达**

对黑箱输入量、输出量表达得愈具体，其求解的可能性就愈大。

图 2.2 所示为滚筒式采煤机的黑箱示意图。图中左边为输入量，右边为输出量，上方为采煤机工作时对外部环境的影响，下方表示了外部环境对采煤机工作性能的各种影响因素。

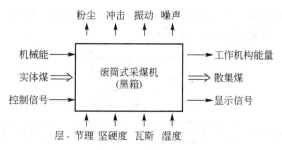

**图 2.2　滚筒式采煤机的黑箱示意图**

### 2.2.2　功能分解

为了更好地寻求机械系统工作原理方案，将机械系统的总功能分解为比较简单的分功能是一种行之有效的方法。通过功能分解可使每个分功能的输入量和输出量关系更为明确，因而可以较易求得各分功能的工作原理解。

总功能的分解方法有如下两种。

**1. 按解决问题的因果关系或手段目的关系来分解分功能**

缝纫机的总功能是"缝纫"，缝纫的意思即穿针引线把布连起来，缝纫功能的分解和运动方式的拟定均取决于针、线在布中穿行的轨迹（线迹）。线迹有单线直进式、单线进二退一式、双线互扣式、双线直进式等，如图 2.3 所示。线迹的选择，关联到被连布料接缝处的紧密程度和牢固程度，以及缝纫速度的快慢，从后者着眼，可选用双线互扣式线迹。根据线迹的要求，按针、线、布之间的相互关系进行缝纫功能的分解和拟定各功能的形态、运动特征、运动变换或操作方式。对于双线互扣式的形成过程，可分解为 5 个分功能，即刺料、底线穿线、面线挑线、送布和压布功能。每个分功能对应的运动方式为针带动面线向下刺布，针回升时因线和布之间的摩擦力较大而线留在布下方的一段形成线圈；底线穿过面线的线圈；面线拉紧而扣住底线；缝下一针时，针运动轴线不变而将布送进一个针距；最后，在进行针刺料后回升时以及拉紧面线时均要将布压住。

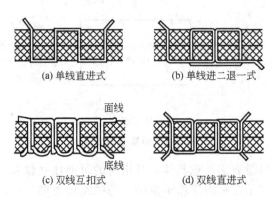

图 2.3　缝纫的线迹

为了使功能分解的结果在形式上更加简单、直观，往往采用功能树的表达形式。功能树可以清晰地表达各分功能的层次和相互关系，有利于机械系统的工作原理方案设计。缝纫机的功能分解的树状功能图如图 2.4 所示。

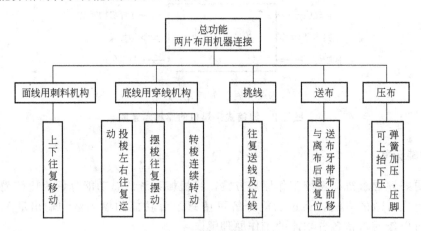

图 2.4　缝纫的树状功能图

**2. 按机械产品工艺动作过程的顺序来分解分功能**

[例 2-1]　啤酒灌装机按照生产工艺动作过程的顺序可以分解为：瓶、瓶盖、啤酒的储存与输送→啤酒灌入瓶中→加盖及封口→贴商标→瓶装啤酒的输出。

实际上，瓶、瓶盖的储存与输送 3 个分功能是并联结构；啤酒灌装、加盖和封口、贴商标和瓶装啤酒输出这 4 个分功能属于串联结构。

图 2.5 所示为啤酒灌装机的树状功能图。

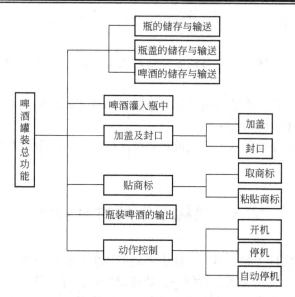

**图 2.5　啤酒灌装机的树状功能图**

### 2.2.3　功能求解

功能求解是原理方案设计中的重要的搜索阶段。可以应用科学原理进行技术原理构思，从而进行功能求解；再按技术原理组织功能结构，在一定条件下作用于加工对象，成为技术分系统，实现分功能。

同一种技术原理可以实现各种功能，而更重要的是，同一种功能可以用不同的技术原理来实现。如果再辅以工程技术人员长期积累的经验就能很好地找出各功能的实现方案。

[例 2-2]　螺纹成形的原理方案分析。

在机械加工的范围内可能形成 4 种方案，如图 2.6 所示。

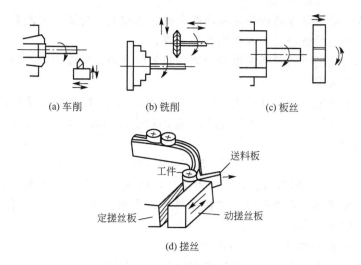

**图 2.6　螺纹成形工作原理**

螺纹成形的功能是在工件上形成螺纹。它的动作行为可以描述如下。

（1）车削：工件连续转动；成形车刀切入工件并沿工件轴线作等速移动，然后退出，如图 2.6(a)所示。

（2）铣削：工件连续转动；成形铣刀转动切入工件并沿工件轴线作等速移动，然后退出，如图 2.6(b)所示。

（3）板丝：工件固定；将板丝扳手作等速转动和等速移动切入工件，然后再反向旋转和移动退出，如图 2.6(c)所示。

（4）搓丝：将工件连续送入定搓丝板和动搓丝板内，从而连续搓出螺纹，如图 2.6(d)所示。

# 2.3　机械系统的方案设计

方案设计的过程实际上就是对分功能方案进行方案综合的过程。因为一个实际的机械系统有很多分功能系统或功能元，而每一分功能或功能元都有若干个解，它们可以形成若干个总体方案，各总体方案的优劣有很大差异，故方案综合是一项复杂的工作，一般可采用形态学矩阵的方法来解决总体方案中功能匹配的问题。

## 2.3.1　形态学矩阵

形态学矩阵法是一种系统搜索和程式化求解的分功能组合求解方法。

因素和形态是形态学矩阵法中的两个基本概念。所谓因素是指构成机械系统总功能的各个分功能。而相应的实现各分功能的执行机构和技术手段，则称为形态。例如，某机械系统的分功能为"间歇运动"，那么"棘轮机构"、"槽轮机构"、"间歇凸轮机构"等执行机构，则为相应因素的表现形态。

形态学矩阵法是对创造对象进行因素分解和形态综合的过程。在这一过程中，发散思维和收敛思维起着重要的作用。

形态学矩阵法是建立在功能分解和功能求解的基础上，为了尽可能获得多种多样的功能解，可以参考现有的解法目录和机构类型手册。

形态学矩阵法是进行机械系统组成和创新的重要途径，可以得到多种可行方案，并经筛选评价获得最佳方案。

在功能分解和功能求解的基础上，可以列出表 2-2 所列的形态学矩阵。若机械系统的分功能有 3 个，分别为 A、B、C，它们对应的功能载体数目为 3、5、4 个，则理论上可以综合出的方案数为

$$N = 3 \times 5 \times 4 = 60$$

如 $A_1—B_2—C_3$ 为一组方案。在全体方案中，既包含有意义的方案，也包含无意义的方案。必须进一步考虑相容性条件、连接条件等，有些方案并无存在的价值或价值不大，可以在初步筛选时予以去除。

［例 2-3］　新型单缸洗衣机的方案设计。

运用形态学矩阵法来构思新型单缸洗衣机的可行方案。

单缸洗衣机的总功能包括盛装衣物、分离脏物和控制洗涤 3 个分功能。

可列出形态学矩阵见表 2-3。因此，理论上可组合出 $4 \times 4 \times 3 = 48$ 种方案。

表 2-2　形态学矩阵

| 因素(分功能) | 形态(功能载体) | | | | |
|---|---|---|---|---|---|
| | 1 | 2 | 3 | 4 | 5 |
| A | $A_1$ | $A_2$ | $A_3$ | | |
| B | $B_1$ | $B_2$ | $B_3$ | $B_4$ | $B_5$ |
| C | $C_1$ | $C_2$ | $C_3$ | $C_4$ | |

表 2-3　新型单缸洗衣机的形态学矩阵

| 分功能 | | 功能载体 | | | |
|---|---|---|---|---|---|
| | | 1 | 2 | 3 | 4 |
| A | 盛装衣物 | 铝桶 | 塑料桶 | 玻璃钢桶 | 陶瓷桶 |
| B | 分离脏物 | 机械摩擦 | 电磁振荡 | 热胀 | 超声波 |
| C | 控制洗涤 | 人工手控 | 机械定时 | 电脑自动控制 | |

不同的组合可以得到不同的方案，如：

方案 Ⅰ：$A_1$—$B_1$—$C_1$ 是一种最原始的洗衣机。

方案 Ⅱ：$A_1$—$B_1$—$C_2$ 是一种最简单的普及型单缸洗衣机。这种洗衣机通过电动机和 V 带传动使洗衣桶底部的波轮旋转，产生涡流并与衣物相互摩擦，再借助洗衣粉的化学作用达到洗净衣物的作用。

方案 Ⅲ：$A_1$—$B_3$—$C_1$ 是一种结构简单的热胀增压式洗衣机。它在桶中装热水并加进洗衣粉，用手摇动使桶旋转增压，也可实现洗净衣物的作用。

方案 Ⅳ：$A_1$—$B_2$—$C_2$ 是一种利用电磁振荡原理进行分离脏物的洗衣机。这种洗衣机可以不用洗涤波轮，把水排干后还可利用电磁振荡使衣物脱水。

方案 Ⅴ：$A_1$—$B_4$—$C_2$ 是一种利用超声波产生很强的水压使衣物纤维振动，同时借助气泡上升的力使衣物运动而产生摩擦，达到洗涤去脏的目的。

图 2.7 所示为超声波洗衣机的工作原理图。洗衣时，先在桶内放入衣物，加入水和洗涤剂。启动气泵 1 后，使其产生具有一定压力的气体由管 2 经风压调节管 4 和输气管 3 送至洗涤桶下部，再经喷嘴 5 在水中产生细小气泡，气泡上升至水面上破裂将产生 $50 \sim 3000 Hz$ 的超声波，其中 $2000 Hz$ 以上的超声波可使衣物纤维产生强烈的振动，在超声波的振动和污物与脂类的乳化作用下，油脂及污物从衣物上被分离出来，气泡上升及水流对衣物摩擦，进一步强化了洗涤剂的去污效果。这种洗衣机由于没有旋转部件，工作时噪声较小，节电节水，衣物磨损小，洗净度高，是一种市场潜力很大的新型洗衣机。

[例 2-4]　挖掘机的方案设计。

运用形态学矩阵法来构思挖掘机的可行方案。

挖掘机的总功能有取物(包括取物和传动)和运物(包括传动和移位)两个分功能。

列出形态学矩阵见表 2-4 所列。因此，理论上可组合出 $6 \times 5 \times 4 \times 4 \times 3 = 1440$ 种方案。

不同的组合可以得到不同的方案，如：

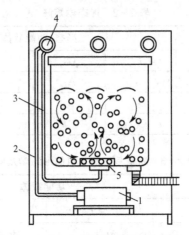

**图 2.7　超声波洗衣机的工作原理**

1—启动气泵；2—管；3—输气管；4—风压调节管；5—喷嘴

方案Ⅰ：$A_3$—$B_4$—$C_3$—$D_2$—$E_1$ 是履带式挖掘机。

方案Ⅱ：$A_5$—$B_5$—$C_2$—$D_4$—$E_2$ 是液压轮胎式挖掘机。

**表 2-4　挖掘机的形态学矩阵**

| 分功能 | 功能载体 | | | | | |
|---|---|---|---|---|---|---|
| | 1 | 2 | 3 | 4 | 5 | 6 |
| A（动力装置） | 电机 | 汽油机 | 柴油机 | 蒸汽透平 | 液动机 | 气动马达 |
| B（移位传动） | 齿轮传动 | 蜗轮传动 | 带传动 | 链传动 | 液力耦合器 | |
| C（移位） | 轨道及车轮 | 轮胎 | 履带 | 气垫 | | |
| D（取物传动） | 拉杆 | 绳传动 | 汽缸传动 | 液压缸传动 | | |
| E（取物） | 挖斗 | 抓斗 | 钳式斗 | | | |

### 2.3.2　方案评价

　　上述拟定的总体方案，可能是一个，也可能是几个，为了进行决策，必须对各种方案进行评价。

　　在进行系统评价时，应坚持客观性、可比性、合理性及全面性等原则。

　　（1）客观性原则。客观性一方面是指参加评价的人员应站在客观立场，实事求是地进行资料收集、方法选择及对评价结果作客观解释。另一方面是指评价资料应当真实可靠和正确。

　　（2）可比性原则。指被评价的方案之间在基本功能、基本属性及强度上要有可比性，指建立共同的评价指标体系。

　　（3）合理性原则。指所选择的评价指标应当正确反映预定的评价目的，要符合逻辑，有科学依据。

　　（4）全面性原则。评价指标应全面，尽量涉及技术、经济、社会、审美性的多个方面，能综合反映系统的整体指标，注意区分各指标对整体性能影响的重要程度。

1．评价指标体系的建立

对一个方案进行科学的评价，首先应确定其指标以作为评价的依据，然后再针对评价指标给予定性或定量的评价。

1）评价指标内容

作为技术方案评价依据的评价指标一般包括 4 个方面的内容。

(1) 技术性：评价方案在技术上的适用性、先进性和完善性。如工作性能指标、可靠性、安全性、宜人性、可维护性等。

(2) 经济性：评价方案的经济性。评价经济性时，应对各候选方案的投入产出比、性能价格比、成本与利润、资金占用、竞争潜力、市场潜力等方面进行比较和评定。

(3) 社会性：评价方案实施后产生的社会效益和环境影响。主要内容包括设计方案是否符合国家的有关政策、法令、法规，对经济发展、市场前景、生态环境的影响，对人们生活方式的影响，对人们身心健康的影响，对生产的安全性、环境变化的适应性、资源及能源的利用状况等方面进行比较和评定。

(4) 审美性：评价方案在工业设计上的质量，如造型风格、形态、色彩、时代性、创造性、传达性、审美价值、心理效果等。

2）确定评价指标值

定量评价时，需根据指标的重要程度确定评价指标值，即设置加权系数。

评价指标值是反映指标重要程度的量化系数，评价指标值大意味着重要程度高。为便于分析计算，取各评价指标加权系数 $g_i < 1$ 且 $\sum g_i = 1$。

评价指标值一般由经验确定或采用强制判定法（Forced Decision，FD）计算。按 FD 法操作时，将评价指标和比较指标分别列于判别表的纵、横坐标。根据评价指标的重要程度两两加以比较，并在相应格中给出评分。两指标同等重要各给 2 分；某项比另一项重要分别给 3 分和 1 分；基本项比另一项重要得多则分别给 4 分和 0 分。最后通过计算求出各评价指标值 $g_i$。

$$g_i = k_i / \sum_{i=1}^{n} k_i \qquad (2-1)$$

式中：

　　$k_i$——各评价指标的总分；

　　$n$——评价指标数。

[例 2-5] 确定洗衣机的评价指标值。

已知：洗衣机 6 个评价指标的重要程度顺序为：价格、洗净度、维修性、寿命、外观、耗水量（其中维修性与寿命同等重要）。

解：按 FD 法确定评价指标值，列出判别表并计算各评价目标值，见表 2-5。

表 2-5　评价目标值的判别表

| | 价格 | 洗净度 | 维修性 | 寿命 | 外观 | 耗水量 | $k_i$ | 评价指标值 $g_i$ |
|---|---|---|---|---|---|---|---|---|
| 价格 | × | 3 | 4 | 4 | 4 | 4 | 19 | 0.31 |
| 洗净度 | 1 | × | 3 | 3 | 4 | 4 | 15 | 0.25 |
| 维修性 | 0 | 1 | × | 2 | 3 | 4 | 10 | 0.17 |

（续）

| | 价格 | 洗净度 | 维修性 | 寿命 | 外观 | 耗水量 | $k_i$ | 评价指标值 $g_i$ |
|---|---|---|---|---|---|---|---|---|
| 寿命 | 0 | 1 | 2 | × | 3 | 4 | 10 | 0.17 |
| 外观 | 0 | 0 | 1 | 1 | × | 3 | 5 | 0.08 |
| 耗水量 | 0 | 0 | 0 | 0 | 1 | × | 1 | 0.02 |
| | | | | | | | $g_i = k_i / \sum_{i=1}^{n} k_i$ | $\sum g_i = 1$ |

3）评价指标树

指标树是分析表达评价指标的一种有效手段。用系统分析的方法对指标系统进行分解并图示，将总指标具体化为便于定性或定量评价的指标元，从而形成指标树。图 2.8 是一指标树的示意图。$z$ 为总指标，$z_1$ 为子指标，$z_{11}$、$z_{12}$ 为 $z_1$ 的二级子指标。指标树的最后分枝为总指标的各具体评价指标元。图中 $g_i$ 为评价指标值，子指标评价指标值之和为上级指标的评价指标值。

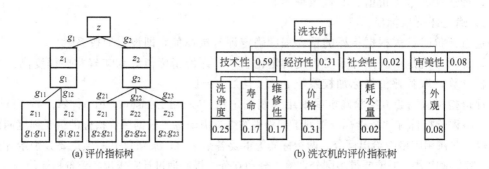

(a) 评价指标树　　　　　(b) 洗衣机的评价指标树

图 2.8　评价指标树

2. 模糊评价法

在进行系统方案评价时，由于评价指标较多，如有应用范围、可调性、承载能力、耐磨性、可靠性、制造难易、调整方便性、结构复杂性等，它们很难用定量分析来评价，属于设计者的经验范畴，只能用"很好"、"好"、"不太好"、"不好"等"模糊概念"来评价。因此，应用模糊数学的方法进行综合评价将会取得更好的实际效果。

模糊评价是利用集合与模糊数学将模糊信息数值化，以进行定量评价的方法。

1）隶属度

模糊评价是用方案对某些评价标准隶属度的高低来表达的。

隶属度表示某方案对评价标准的从属程度，用 0～1 之间的一个实数表达，数值越接近 1，说明隶属程度越高，即对评价标准的从属程度高。

确定隶属度可采用统计法或隶属函数法。

统计法收集一定量的评价信息通过统计得到隶属度，例如，需对某种洗衣机的洗净度进行评价，其评价标准为优、良、中、差，由 20 位机械设计人员进行评定，其数据见表 2-6。

表 2-6　某种洗衣机的洗净度评价统计

| 序号 | 评价标准 | 频数 | 相对频数 |
|---|---|---|---|
| 1 | 优 | 2 | 0.1 |
| 2 | 良 | 4 | 0.2 |
| 3 | 中 | 4 | 0.2 |
| 4 | 差 | 10 | 0.5 |

可得隶属度 $B=\{0.1,\ 0.2,\ 0.2,\ 0.5\}$。

隶属度也可通过隶属函数求得，模糊数学有关资料中推荐了十几种常用的隶属函数，可从中求取特定条件下的隶属度。

2）模糊评价

对于多个评价指标的方案，先分别求各评价指标的隶属度，考虑评价指标值，根据模糊矩阵的合成规律求得综合模糊评价的隶属度，再通过比较求得最佳方案。

多指标的模糊评价步骤如下。

（1）取评价指标集 $Y=\{y_1,\ y_2,\ \cdots,\ y_n\}$；

　　取评价标准集 $X=\{x_1,\ x_2,\ \cdots,\ x_m\}$。

（2）确定隶属度矩阵。

$$\boldsymbol{R}=\begin{bmatrix} R_1 \\ R_2 \\ \vdots \\ R_i \\ \vdots \\ R_n \end{bmatrix}=\begin{bmatrix} r_{11} & r_{12} & \cdots & r_{1j} & \cdots & r_{1m} \\ r_{21} & r_{22} & \cdots & r_{2j} & \cdots & r_{2m} \\ \vdots & \vdots & & \vdots & & \vdots \\ r_{i1} & r_{i2} & \cdots & r_{ij} & \cdots & r_{im} \\ \vdots & \vdots & & \vdots & & \vdots \\ r_{n1} & r_{n2} & \cdots & r_{nj} & \cdots & r_{nm} \end{bmatrix}$$

（3）确定评价指标值。

评价指标值矩阵 $\boldsymbol{A}=\begin{bmatrix} a_1 & a_2 & \cdots & a_n \end{bmatrix}$

（4）确定综合模糊评价隶属度矩阵。

$$\boldsymbol{B}=\boldsymbol{A}\cdot\boldsymbol{R}=\begin{bmatrix} b_1 & b_2 & \cdots & b_i & \cdots & b_m \end{bmatrix} \tag{2-2}$$

模糊矩阵的合成运算有多种模型形式，在模糊评价中广泛应用"乘加法"，即

$$b_j=a_1r_{1j}+a_2r_{2j}+\cdots+a_nr_{nj} \tag{2-3}$$

（5）方案选优。

方案比较时，计算每个候选方案的优先度，数值高者为优，设计方案的优先度按下式计算：

$$z=\boldsymbol{E}\boldsymbol{B}^{\mathrm{T}} \tag{2-4}$$

[例 2-6]　在某机器设计中，有两种候选方案，为了确定选择哪个方案，组织了一个由 20 位专家组成的评价小组，用模糊综合评价法对两个方案进行评价。两个候选方案的投票结果见表 2-7。

表 2-7　两个候选方案的投票结果

| 评价指标 | 评价等级（A₁ 方案） | | | | | 评价等级（A₂ 方案） | | | | |
|---|---|---|---|---|---|---|---|---|---|---|
| | 优 | 良 | 中等 | 较差 | 很差 | 优 | 良 | 中等 | 较差 | 很差 |
| $B_1$ | 10 | 4 | 4 | 2 | 0 | 8 | 6 | 4 | 2 | 0 |
| $B_2$ | 10 | 4 | 2 | 4 | 0 | 8 | 4 | 4 | 2 | 2 |
| $B_3$ | 8 | 4 | 4 | 2 | 2 | 8 | 4 | 4 | 2 | 2 |
| $B_4$ | 8 | 4 | 4 | 4 | 0 | 6 | 4 | 4 | 4 | 2 |
| $B_5$ | 8 | 6 | 4 | 2 | 0 | 6 | 4 | 4 | 6 | 0 |

（1）取评价指标集和评价标准集。

取 5 个评价指标：产品性能（$B_1$）、可靠性（$B_2$）、使用方便性（$B_3$）、制造成本（$B_4$）、使用成本（$B_5$）；同时将每个评价指标划分为优、良、中等、较差、很差 5 个等级：0.9，0.7，0.5，0.3，0.1。

$$评价标准集矩阵\ \boldsymbol{E} = \begin{bmatrix} 0.9 & 0.7 & 0.5 & 0.3 & 0.1 \end{bmatrix}$$

（2）确定隶属度矩阵。

$$\boldsymbol{R}_1 = \begin{bmatrix} 0.5 & 0.2 & 0.2 & 0.1 & 0 \\ 0.5 & 0.2 & 0.1 & 0.2 & 0 \\ 0.4 & 0.2 & 0.2 & 0.1 & 0.1 \\ 0.4 & 0.2 & 0.2 & 0.2 & 0 \\ 0.4 & 0.3 & 0.2 & 0.1 & 0 \end{bmatrix} \quad \boldsymbol{R}_2 = \begin{bmatrix} 0.4 & 0.3 & 0.2 & 0.1 & 0 \\ 0.4 & 0.2 & 0.2 & 0.1 & 0.1 \\ 0.4 & 0.2 & 0.2 & 0.1 & 0.1 \\ 0.3 & 0.2 & 0.2 & 0.2 & 0.1 \\ 0.3 & 0.2 & 0.2 & 0.3 & 0 \end{bmatrix}$$

（3）确定评价指标值。

$$评价指标值矩阵\ \boldsymbol{A} = \begin{bmatrix} 0.25 & 0.2 & 0.2 & 0.2 & 0.15 \end{bmatrix}$$

（4）确定综合模糊评价隶属度矩阵。

$$\boldsymbol{B}_1 = \boldsymbol{A} \cdot \boldsymbol{R}_1 = \begin{bmatrix} 0.445 & 0.215 & 0.18 & 0.14 & 0.02 \end{bmatrix}$$

$$\boldsymbol{B}_2 = \boldsymbol{A} \cdot \boldsymbol{R}_2 = \begin{bmatrix} 0.365 & 0.225 & 0.2 & 0.15 & 0.06 \end{bmatrix}$$

（5）方案选优。

$z_1 = \boldsymbol{E}\boldsymbol{B}_1^{\mathrm{T}} = 0.9 \times 0.445 + 0.7 \times 0.215 + 0.5 \times 0.18 + 0.3 \times 0.14 + 0.1 \times 0.02 = 0.685$

$z_2 = \boldsymbol{E}\boldsymbol{B}_2^{\mathrm{T}} = 0.9 \times 0.365 + 0.7 \times 0.225 + 0.5 \times 0.2 + 0.3 \times 0.15 + 0.1 \times 0.06 = 0.637$

从计算结果看出，对方案 A₁ 的评价比 A₂ 略高一些。

# 2.4　机械系统的总体设计

总体设计是机械系统内部设计的主要任务之一，也是进行系统技术设计的依据。总体设计对机械的性能、尺寸、外形、质量及生产成本具有重大影响。因此，总体设计时必须在保证实现已定方案的基础上，尽可能充分考虑与人—机—环境、加工装配、运行管理等外部系统的联系，使机械系统与外部系统相协调和适应，以求设计更臻完善。

总体设计的主要内容如下。

（1）总体布局设计。

（2）确定总体主要参数。

（3）绘制总体设计图样。

（4）编写总体设计报告书及技术说明书等。

### 2.4.1　总体布局设计

机器的有关零、部件在整机中相对空间位置的合理配置叫作总体布局。

总体布局设计是按工艺要求及功能结构决定机器所需的运动或动作，确定机器的组成部件，以及确定各个部件的相对位置关系，同时也要确定操纵、控制机构在机器中的配置。总体布局时一般总是先布置执行系统，然后再布置传动系统、操纵系统及支承形式等，通常都是从粗到细，从简到繁，需要反复多次才能确定。

**1. 总体布局设计的基本要求**

**1）保证工艺过程的连续性**

保证工艺过程的连续性是总体布局的最基本要求。对于工作条件恶劣和工况复杂的机械，还应考虑运动零部件惯性力、弹性变形、过载变形及热变形、磨损、制造及装配误差等因素的影响，确保前后作业工序的连续性，能量流、物料流和信息流的流动途径合理，各零部件间的相对运动不发生干涉。例如，若汽车的货厢与驾驶室之间的间隙过小，当汽车在行驶中紧急制动时，就可能引起货厢与驾驶室互相撞击和摩擦。又如一台糖果包装机要经过多道工序才能包装好糖果。故在配置工作部件的位置时，特别是对工作条件恶劣和工况复杂的机械，应考虑零部件的惯性力、弹性变形以及过载变形等的影响。

**2）注重整体的平衡性**

在总体布局时应力求降低质心高度，尽量对称布置，减小偏置。整机的质心位置将直接影响行走机械和工程机械，如汽车、拖拉机、叉车等的前后轴载荷分配、纵向稳定性、横向稳定性、操纵性及附着性等，对于固定式机械则将影响其基础的稳定性。因此，在总体布局时，必须验算各零部件和整机的质心位置，控制质心的偏移量。

有些机械在完成不同作业或工况改变时，整机质心位置可能改变，如塔式起重机，其质心位置会随着起重量的不同而改变，即必然存在着偏置问题，但若质心偏置过大，就会有倾覆的危险，因此，对这种情况，在总体布局时应留有放置配重的位置。

**3）保证精度、刚度，提高抗振性及热稳定性**

为了保证被加工工件的精度及所需的性能指标，机床、精密机械设备等机械必须具有一定的几何精度、传动精度和动态精度。为此，在总体布局时，应使运动和动力的传递尽量简捷，以简化和缩短传动链，提高机械的传动精度。

机械的刚度不足及抗振性不好，将使机械不能正常工作，或使其动态精度降低。为此在总体布局时，应重视提高机械的刚度和抗振能力，减小振动的不利影响。例如，为提高机床的刚度采用框架式结构（龙门刨、龙门铣等）的布局方案；为提高汽车车架的扭转刚度采取在纵梁上加装横梁的措施；为减小机床振动对零件加工质量的影响，采用分离驱动的办法，即把电动机与变速箱和主轴箱分开布置，将振源与工作部分隔开。

**4）结构紧凑，操作、维修方便**

结构紧凑可以节省空间，有利于安装调试，如将电动机、传动部件、操纵控制部件等安装在支承大件内部，就可以利用机械的内部空间；采用立式布置代替卧式布置可减少占地面积。

在保证系统总功能的前提下，应尽量力求操作方便、舒适，以改善操作者的劳动条件，减少操作时的体力及脑力消耗，同时还应考虑到安装、维修的方便性，如对于易损件，需经常更换，就应做到装拆方便。

5）充分考虑产品系列化和发展

设计机械产品时不仅要注意解决当前存在的问题，还应考虑今后进行产品系列化设计的可能性及产品更新换代的适应性。

机械产品设计时应尽可能提高产品的标准化因数和重复因数，以提高产品的标准化程度。产品系列化通过把产品的主要参数、尺寸、型式、基本结构等作出合理的安排与规划，形成并合理地简化产品的品种规格，实现零部件最大限度的通用化，可以在只增加少数专用零部件的情况下，即可发展变型产品或实现产品的更新换代。因此，产品系列化可以有效地提高产品标准化程度。

产品系列化设计中的重要内容，如主要参数、尺寸和型式、基本结构的标准化、规格化、模块化，都与总体布置密切相关。

6）造型合理，实用美观

为保证机械产品有较高的美学水平和整体形状的和谐性，合理造型是非常重要的环节，它运用科学原理和艺术手段，通过一定的技术和工艺来实现。造型基本原则是实用、经济、美观。

机械产品投入市场后给人们的第一个直觉印象是外观造型和色彩，它是机械的功能、结构、工艺、材料和外观形象的综合表现，是科学与艺术的结合。设计的机械产品应使其外形、色彩和表观特征符合美学原则，并适应销售地区的时尚，使产品受到用户的喜爱。为此，在总体布局时应使各零部件的组合匀称协调，符合一定的比例关系，前后左右的轻重关系要对称和谐，有稳定感和安全感。外形的轮廓最好由直线或光滑的曲线构成，有整体感。

**2．总体布局的基本形式**

按形状、大小、数量、位置、顺序 5 个基本方面进行综合，总体布局一般有如下类型。

（1）按主要工作机构的空间几何位置，可分为平面式、空间式等。

（2）按主要工作机构的相对位置，可分为前置式、中置式、后置式等。

（3）按主要工作机构的运动轨迹，可分为回转式、直线式、振动式等。

（4）按机架或机壳的形式，可分为整体式、组合式等。

**3．总体布局示例**

1）汽车的总体布局

汽车总体布局形式是指发动机、驱动轴和车身（或驾驶室）的相互位置关系及布置特点。

根据发动机与车身相对位置的不同，可分为发动机前置、中置和后置（横置、纵置）3种布置形式，如图 2.9 所示。

早期的大客车大多用货车的发动机和底盘改装。因而，多延用货车上常用的前置发动

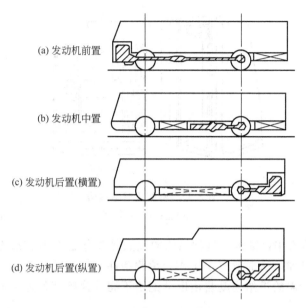

(a) 发动机前置

(b) 发动机中置

(c) 发动机后置(横置)

(d) 发动机后置(纵置)

**图 2.9 大客车的总局布置型式**

机-后轮驱动的布置形式。前置式的主要优点是：与货车通用的部件多，操纵机构简单，发动机冷却条件好，维修方便，但存在车厢内噪声较大、有油烟味和热气、车厢内面积利用较差、地板较高等缺点。

现代的大客车多采用发动机中置和后置的布置形式。这两种布置形式的共同特点是：车内噪声小，车厢内的面积利用好，尤其后置式乘坐舒适性更好一些。对于来往于城市间的长途大客车和旅游用大客车，最主要的性能要求是舒适性、安全性、视野性。但中置式由于发动机维修、保温均较困难，所以适合于公路条件和气候条件较好的场合。

根据发动机与驾驶室相对位置的不同，还可分为长头式、短头式、平头式和偏置式 4 种布置形式，如图 2.10 所示。长头式是将驾驶室布置在发动机之后；平头式是将驾驶室布置在发动机之上；短头式是将驾驶室布置在发动机之内。其中偏置式(将驾驶室偏置于发动机的一旁)是平头式和长头式的一种变型。现代大客车几乎全部采用平头式。

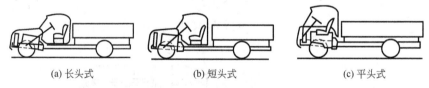

(a) 长头式 　　　　　　(b) 短头式 　　　　　　(c) 平头式

**图 2.10 货车的总体布置型式**

2) 数控机床的总体布局

合理的总体布局可以改善基础件的受力和受热状态，从而减少由切削力、切削热和构件自重引起的结构变形等。总的来说，数控机床总体结构的合理布局，常常以刚度、抗振和热稳定性指标来衡量。数控机床典型的总体布局如下。

(1) 采用框架式对称结构。主轴箱体单面悬挂容易因重力和切削力的偏置造成在立柱上附加的弯曲和扭转变形，框架式对称结构有利于合理分配结构受力，结构刚度高，热变形对称，从而在同样受力条件下，结构的变形较小，如图 2.11 所示。

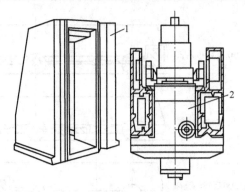

图 2.11　框架式对称结构

1—立柱；2—主轴箱

（2）采用无悬伸工作台结构。这种结构的优点是工作台在沿进给方向的全行程上都支承在床身上，没有悬伸，从而改善了工作台承载条件。与此同时，通常还通过分散进给运动自由度，将机床所需的进给运动自由度分配给不同的执行部件，从而简化机械结构，提高工作台刚度。

图 2.12(a)所示的数控机床采用 T 形床身，工作台在前床身只作 X 向进给，由立柱进给完成 Z 向运动，Y 向进给由沿立柱运动的主轴箱完成。由于工作台运动自由度减少了，因而简化了机械结构，再加上在沿进给方向的全行程上都支承在床身上，没有悬伸，因而改善了工作台承载条件。

图 2.12(b)采用 I 形床身，工作台沿床身作 Z 向进给，由主轴箱实现 X 向和 Y 向进给。由于结构简单，且全行程上都支承在床身上，因而工作台刚度和承载条件都得到了改善。为了提高机床的结构刚度，数控机床尽可能采用这种龙门式的框架结构。

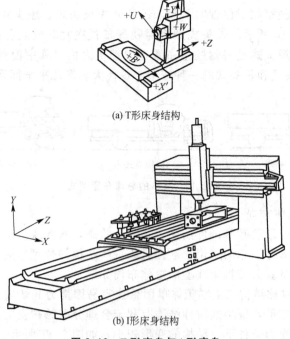

(a) T 形床身结构

(b) I 形床身结构

图 2.12　T 形床身与 I 形床身

（3）采用热源和振动源隔离布局。隔离热源和振动源可以减少结构变形和改善工作条件，常用的措施有将电动机和油箱移出床身之外等。

（4）采用双八面体全封闭框架结构。这种结构改善了 C 形机床结构的受力状态。近年出现的虚拟轴机床框架结构是这种设计思想的突破。图 2.13(a)、(b)是这种机床简化结构的俯视图和主视图，加工时工件 48 被安装在工作台 42 上，刀具 47 安装在刀台 45 上，框顶三角形和框底三角形分别由水平杆 32 和 34 组成，上下两个三角形水平错位 60°，它们的节点分别由 6 根斜杆 36 相连，构成了一个八面体结构。工作台 42 通过支承 44 被安装在由 3 根短杆 40 组成的三角形上，其顶点与底框三角形 34 的顶点之间由 6 根斜杆 38 相连，构成了一个内嵌八面体结构。

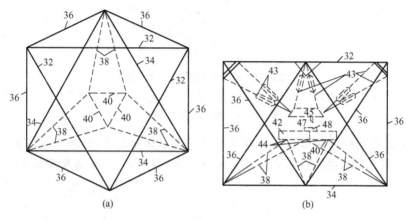

图 2.13　虚拟轴机床框架结构外型

刀台三角形的顶点通过 6 根可伸缩活动杆 43 与顶框三角形 32 的顶点相连，同时驱动这 6 根伸缩杆构成切削加工所需的运动轴。由于加工时承受切削力的所有杆件只受拉压载荷，因此此类机床结构具有很高的结构刚度。

3）食品机械的总体布局

在食品加工机械中，机械的总布置是多种多样的，属于平面水平转子式的机械有转子式灌瓶机、夹心糖的转子分装自动机等；属于立体直线式的机械有包装散状物料和牛奶的自动机。图 2.14 所示为包装散状物料的自动机，从卷筒 1 退下的包装带被圆盘刀 2 纵向剖开，切开的两条包装带翻转后分别绕过两对导辊 5，而后又汇合一起，形成纵缝，由加热器 6 焊合。通过圆管 3 向所形成的软袋内装入定量的散状物料，由电熨斗 7 焊合横缝。依靠辊子 8 牵引软袋，也就是将软带从卷筒退下。四边焊合了的装有产品的袋子由剪切装置 9 剪开，然后落入溜槽 10。借助光电装置 4 调整预先印有图案的软袋的运动，从而保证图案在袋上的中心位置。

该自动机的主要执行机构是沿加工对象自上而下的运动路线来布置的，占地空间小，工艺流程方向与物料重力方向一致。因此，采用立式布置的方式是较为合理的。

4）煤巷掘进机的总体布局

掘进机是一种能同时完成破碎煤岩、装载与转载运输，喷雾灭尘和调动行走的联合机械。按工作机构截割工作面的方式不同分为两大类，即部分断面巷道掘进机和全断面巷道掘进机。煤矿使用最多的是部分断面巷道掘进机，它主要用于煤巷和半煤岩巷掘进，可掘出梯形和矩形巷道。全断面掘进机主要用于岩巷掘进，掘出圆形断面的巷道。

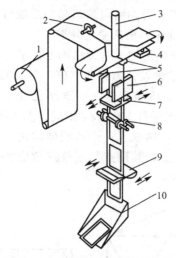

**图 2.14　包装散状物料的自动机**

1—卷筒；2—圆盘刀；3—圆管；4—光电装置；5—导辊；6—加热器；7—电熨斗；

8—辊子；9—剪切装置；10—溜槽

（1）悬臂式截割机构的布置。半煤岩巷掘进机总体布局简图如图 2.15 所示。截割头
布置在机身的前上部，呈悬臂状态。截割头是用来破碎煤岩，形成所需断面形状的巷道。

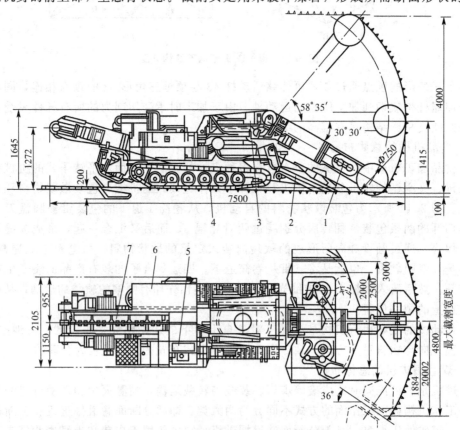

**图 2.15　半煤岩巷掘进机总体布置图**

1—切割机构；2—装运机构；3—回转台；4—行走机构；5—液压系统；6—电气系统；7—刮板输送机

其工作方式分为横轴式和纵横式两种布置方式。

　　横轴式的布置方式如图 2.16 所示，为截割头轴线与悬臂轴线垂直，靠截割臂摆动实现截割。截割头的工作反力接近沿悬臂轴线方向，所以机器的工作稳定性好，截割头还可以把破碎的煤岩抛到铲台上，装载效果较好。纵轴式的布置方式如图 2.17 所示，这种方式采用截割头的旋转轴与悬臂主轴同轴布置。该传动方式体积小，传动比大，承载能力高。掘进机悬臂水平回转及上下摆动机构，具有独特的性能。回转台连接左右履带架，支承截割臂，实现截割臂回转、升降运动。截割头在切割的过程中可能会遇到断层、强度高及磨蚀性强的岩石，截割机构的电机就会出现过负荷，所以必须采用过载保护装置。目前采用的是截割载荷自动控制装置，当截割电机的载荷电流超过调定值时，操作盘上的报警灯点亮，自动停止截割头的移动，或者是采用机械式防止过载装置。

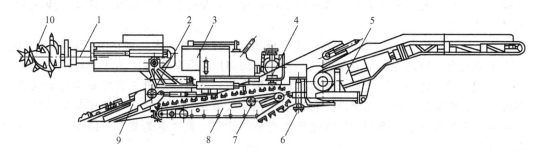

**图 2.16　煤巷掘进总体布置图**
1—滚筒工作机构；2—前支撑油缸；3—液压控制箱；4—司机座；5—胶带转载机构；
6—起重油缸；7—后支撑油缸；8—履带行走机构；9—装运机构；10—截割头

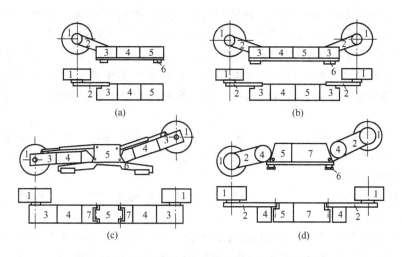

**图 2.17　采煤机的 4 种总体布置示意图**

　　（2）装载运输、转载及行走机构的布置。装载、运输及转载机构用来将截割机构破落下来的煤岩及时运走。装载机构是由蟹爪耙和铲板等组成的，与悬臂式切割头配合使用，把碎落的煤岩集中并把装到布置在机身中部的刮板输送机上。运输和转载机构分别由刮板输送机和胶带转载机将装载机构运来的煤岩输送转载到机后的运输设备上。行走机构采用履带式行走机构，用来驱动掘进机前进、后退和转弯，并能使掘进机得到很大的截入煤岩的推力。它一般布置有两台电动机或液压马达分别驱动左右履带。

（3）掘进机的驱动方式。如前所述，掘进机的驱动方式有两种形式，一种是除了掘进机的截割头采用电机经机械传动外，其余全部采用液压传动；另一种是掘进机的截割头、装载、行走和转载机构分别由电动机驱动，截割臂的上下、左右摆动，铲板起落和稳定器的伸缩都采用液压传动。一般将电控箱、液压控制箱、各操纵机构的手柄或按钮集中安装在司机操纵台的前方，液压系统中的油温表、水温表、油压表等安装在司机座的右上方。

5）采煤机的总体布置

采煤机械是机械化采煤工作面的主要设备之一，它完成落煤和装煤两个工序。整个采煤工作除上述两个工序外，还包括支护和运输等工序。现代采煤机械按其结构原理不同分为滚筒式采煤机和刨煤机两大类。应用较多的是滚筒式采煤机。下面以滚筒式采煤机为例讨论其总体布置的特点。

（1）采煤机总体布置的原则。滚筒式采煤机是一个种类繁多，结构复杂的综合机组。总体布置应适合特定的煤层地质条件，结构要坚固耐用，运转可靠。由于采煤机是综采工作面三大配套设备之一。因此要求采煤机、液压支架、刮板输送机三者之间性能参数要相互匹配：采煤机采高与液压支架高度相适应；采煤机截煤时牵引速度与液压支架的移架速度相适应；采煤机的生产率与刮板输送机生产率相适应；采煤机的截深与液压支架的推移步距相适应。

一般来说，煤层厚度决定采煤机的外型尺寸，煤层倾角决定采煤机的类型。

（2）采煤机的总体布置。采煤机总体结构如图 2.17 所示，由截割部、电动机和牵引部等基本组成部分和底托架、喷雾降尘装置及防滑装置等辅助装置组成。

图 2.17(a)所示的采煤机总体布置特点是单滚筒、摇臂可调高、单电动机、内牵引或外牵引，该机的截割部的传动装置由摇臂减速箱和固定减速箱组成；图 2.17(b)所示的采煤机，其总体布置的特点是双滚筒、摇臂调高、内牵引、单电动机或双电动机驱动；图 2.17(c)所示的采煤机，其截割部连同电动机一起绕牵引部整体摆动来实现滚筒调高；图 2.17(d)所示的采煤机采用了 3 台电动机。两个截割部各用 1 台电动机，牵引部单独使用 1 台电动机。

图 2.18 所示的采煤机为箱形积木式结构。采用积木式部件，便于实现通用化、标准化、系列化。设计时根据具体的使用条件及功能方面的要求，可排列组合成不同的以基本型为基础系列的新机型。

（3）采煤机的驱动方式。采煤机的驱动方式有单机驱动方式、分别驱动方式和联合驱动方式(图 2.17)。

目前单机驱动和分别驱动是常用的驱动布置方式，联合驱动布置方式则很少采用。通常是按单机驱动方式来设计采煤机，而只要再加 1 台功率相同的电动机，就可演变成功率增加 1 倍的大功率分别驱动采煤机。

以上所述的几种采煤机的总体布置方案可以看出，滚筒的数量、电动机的台数、滚筒的布置方式、调高方式、采煤机的牵引方式均影响着采煤机的总体布置。

## 2.4.2　总体主要参数确定

总体主要参数包括运动参数、尺寸参数、动力参数、重量参数、其他性能参数。

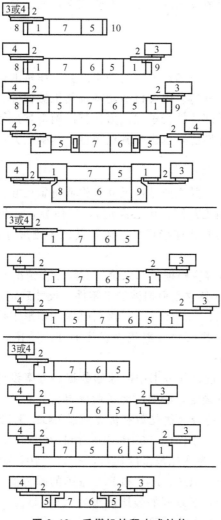

图 2.18 采煤机的积木式结构

1. 运动参数

它是指执行构件的转速 $n$（或移动速度 $v$）及变速范围（也称调速范围）$R$ 等，如机床主轴、工作台、刀架的运动速度，移动机械的行驶速度，连续作业机械的生产节拍等。

执行构件的工作速度一般应根据作业对象的工艺过程要求、工作条件及生产率等因素确定。一般而言，执行构件的工作速度越高，则生产率越高，经济效益越好，但同时也会使工作机构及系统的振动、噪声、温度、能耗等指标上升，零部件的制造安装精度及润滑、密封等要求也随之提高。适宜的工作速度应在综合考虑上述影响因素后，由分析计算或经验确定，必要时由试验确定。通常，除少数专用机械只需在某一特定速度下工作外，一般机械往往需多种工作速度。作业范围越广，通用性越强，则所需工作速度的变化范围也越大。

[例 2-7] 起重机的工作速度，包括起升（下降）速度、大车运行速度、小车运行速度、回转速度和变幅速度，主要是根据行业的经验确定：装卸作业的工作速度较高，安装

作业的工作速度宜低；运行距离长的工作速度应较高，反之应较低；起重量小工作速度可高些，反之，则宜低些。

**2. 动力参数**

它一般指技术系统的承载力和动力源的功率。如工作机的运动阻力、破碎力、成形力和挖掘力等，电动机、液压马达、内燃机的功率及其机械特性。

动力参数是机械中各零部件进行承载能力计算以确定其尺寸参数的依据。其确定恰当与否，既影响技术系统工作性能，也影响其经济性，其确定方法见第 3 章。

**3. 尺寸参数**

它是指影响机械性能的一些主要结构尺寸和作业位置尺寸。包括总体轮廓尺寸（总长、总宽、总高），特性尺寸（加工范围、中心高度），工作装置的尺寸，最大工作行程，表示主要零部件之间位置关系的安装连接尺寸，以及其他关键尺寸，如钢绳直径、曲轴半径、车轮直径等。

（1）尺寸参数的具体内容应根据技术系统的实际工作情况而定。

[例 2-8]　机床的尺寸参数是根据被加工零件的尺寸确定的。卧式车床是床身上工件的最大回转直径；龙门刨床、龙门铣床、升降台铣床和矩形工作台平面磨床的尺寸参数是指工作台工作面宽度等。这些尺寸参数代表机床的加工范围，因此，称它们为机床的主参数。

（2）尺寸参数一般依据设计任务书中的原始数据、方案设计时的总体布局图，与同类机械类比，或通过分析计算确定，必要时经试验确定。

（3）确定的尺寸参数应符合《优先数和优先数系》GB/T 321—2500 的规定。

优先数系是公比为 $10^{1/5}$、$10^{1/10}$、$10^{1/20}$、$10^{1/40}$ 和 $10^{1/80}$，且项值中含有 10 的整数幂的几何级数的常用圆整值。$Rr$ 为优先数系的代号，$r=$ 5，10，20，40，80。

优先数是符合 R5、R10、R20、R40 和 R80 系列的圆整值。R5、R10、R20 和 R40 为基本系列，R80 为补充系列，各系列的公比依次为 1.6、1.25、1.12、1.06、1.03。

优先数系的派生系列是从基本系列或补充系列中，每隔 $p$ 项取值导出的系列，以 $Rr/q$ 表示，派生系列的公比 $10^{p/r}$。例如，R10 数列中 $p=3$ 的派生系列，以 R10/3 表示，其公比为 $10^{3/10}$，数列为 1，2，4，8，… 或 1.25，2.50，5.00，10.0，… 或 1.60，3.15，6.30，12.5，…

对有互换性或系列化要求的主要尺寸（如安装连接尺寸、配合尺寸、决定产品系列的公称尺寸等）及其他结构尺寸，应符合标准尺寸的规定，优先按 R5、R10、R20、R40 的顺序选用标准尺寸。

**4. 重量参数**

它包括整机重量、各部件重量、重心位置等。自重与载重之比，或生产能力与自重之比，能够反映整机的品质。重心位置则反映整机的稳定性及其支承力分布。

**5. 其他性能参数**

技术系统的性能参数是描述其基本功能的参数，如结构的强度、发动机的输出功率等。它又称为性能指标，是评价技术系统性能优劣的主要依据，也是设计应达到的基本要求。

　　除了上述 4 类性能参数之外，不同的产品还有不同的性能参数，例如动力机的效率，轻工机械的生产率，机床的加工精度、加工范围和生产率，各类仪器的精度、灵敏度和稳定性，还有各类机械设备的成本与寿命等。

### 2.4.3　绘制总体设计图及编写设计文件

　　总体设计图一般是指单个产品的总装配图或成套设备的总体布置详图。总体设计图应对所设计机械系统的总体布置和结构作完整的描述。总体设计图是零部件技术设计的依据，不仅要严格按比例绘制，而且还要表示出重要零部件的细部结构，机构运动部件的极限位置，操作件的位置，并标注出有关尺寸，必要时应绘出联系尺寸图。此外，根据需要有时还要画出系统图（如传动系统图、液压系统图、润滑系统图等）、原理图（如电气原理图、逻辑原理图、功能原理图等）及电路接线图等。

　　总体设计的设计文件通常包括技术任务书或技术建议书、产品设计评审报告等，必要时应提交研究试验大纲及研究试验报告。

## 思　考　题

　　1. 什么是"黑箱"？黑箱在方案设计中起何作用？
　　2. 什么是形态学矩阵？有何用处？试举例说明之。
　　3. 方案评价有哪些主要内容？方案评价有哪些原则？
　　4. 试述模糊评价法的要点。
　　5. 总体设计的主要内容有哪些？
　　6. 总体布局的基本要求有哪些？
　　7. 总体设计的主要参数有哪些？

# 第3章
# 机械系统的载荷特性和动力机选择

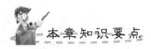 本章知识要点

| 知识要点 | 掌握程度 | 相关知识 |
|---|---|---|
| 载荷分析 | 掌握载荷的确定方法；<br>熟悉载荷的类型；<br>了解工作制的概念 | 载荷的分类方式；<br>3种载荷确定方法的特点及实施 |
| 动力机 | 掌握普通动力机的种类、特性和选用 | 4种基本动力机的分类方式及固有特性；<br>典型动力机的选用原则及适用领域 |

## 导入案例

同济大学与上海汽车集团合作，在 2003 年研制出了名为超越 1 号的燃料电池轿车，该车是以桑塔纳 2000 为基础设计的。继超越 2 号和超越 3 号之后，由同济大学联合上汽、神力、星恒等单位共同研制了第四代燃料电池汽车"超越一荣威"（图 3.0(a)），该车的最高时速达 150km/h，百千米加速时间为 15s，加一次氢气可以持续行驶 300km。图 3.0(b) 是由同济大学负责发展和运营的加氢站，壳牌提供技术咨询和部分资金。目前储氢量最大可达 800kg，一次能够连续为 6 辆大巴、20 辆小汽车加注氢气。

(a) 氢燃料电池轿车"超越一荣威"　　　　　　(b) 氢燃料电池汽车加氢站

**图 3.0　氢燃料汽车和加氢站**

# 3.1　工作机械的载荷分析

### 3.1.1　载荷类型

载荷是机械在工作中受到的外力。载荷表示的形式有：力、力矩、转矩、压力、功率、（单位质量的）加速度。由于一般的动力机输出的都是旋转运动，因此，常用工作机械的转矩 $M$ 与转速 $n$ 之间的关系来表示工作机械的负载特性。表 3-1 给出了常用工作机械的负载特性类型。

**表 3-1　常见工作机械的负载特性**

| 负载 | 恒转矩 | | 转矩是转速 $n$ 的函数 | |
|---|---|---|---|---|
| | 位能性负载 | 反抗性负载 | 直线关系 | 二次方关系 |
| $n-M$ 曲线 | | | | |
| 特性 | 转矩 $M$ 为常数 | 转矩 $M$ 大小相同，方向随转速 $n$ 的方向发生变化 | 转矩 $M$ 与转速 $n$ 之间有一定的函数关系，即 $M=f(n)$，$M$ 随 $n$ 增大而增大 | |

（续）

| 负载 | 恒转矩（Constant Torque） | | 转矩是转速 $n$ 的函数 | |
| --- | --- | --- | --- | --- |
| | 位能性负载 | 反抗性负载 | 直线关系 | 二次方关系 |
| 举例 | 起重机、提升机构、卷扬机 | 摩擦负载 | 滑动轴承试验台（润滑油的黏滞阻力矩） | 离心式风机与水泵、船舶螺旋桨（靠改变转速来改变风量或水量） |
| 负载 | 转矩是行程 $s$ 或转角 $\theta$ 的函数 | 转矩随时间 $t$ 变化无规律 | 恒转速 | 恒功率 |
| $n-M$ 曲线 | $M$ 对 $s,\theta$ 曲线 | $M$ 对 $t$ 曲线 | $M$ 对 $n$ 在 $C$ 处 | $M$ 对 $n$ 递减曲线 |
| 特性 | $M=f(s)$ 或 $M=f(\theta)$ | 转矩 $M$ 为随机变量 | 转速 $n$ 为常数，而转矩可从 0 变化到一定的数值 | 功率为常数，$M$ 增大、$n$ 减小或 $M$ 减小、$n$ 增大 |
| 举例 | 采用连杆机构的工作机：活塞式空气压缩机、曲柄压力机、轧钢厂的剪切机、升降摆动台、翻钢机 | 破碎机、球磨机 | 电厂发电机（由汽轮机或水轮机驱动） | 机床切削加工，造纸、纺织和轧钢设备中的卷取机构（牵引力恒定），工程机械 |

载荷还可以按以下方法分类。

**1. 按载荷产生的来源分**

（1）工作载荷：它是由机械工作阻力产生的载荷。如①起重机的工作载荷是克服货物重量和吊具重量所需的驱动载荷。②制动器的工作载荷是作用于被制动件的制动载荷。③汽车的工作载荷是由车轮与地面的摩擦和空气阻力等产生的阻力载荷。

（2）动力载荷：动力载荷包括惯性载荷、振动载荷和冲击载荷。①当机构运动速度的大小或方向发生变化（如启动或制动）时将产生惯性载荷。②若其运动速度的大小或方向发生急剧变化时，则产生冲击载荷。③由金属构件组成的机器是一个弹性系统，当作用于机器上的载荷骤变时，将使系统产生弹性振动，振动使载荷增加，载荷的增量称为振动载荷。

（3）自然载荷：自然载荷是指由技术系统外部环境的因素引起的载荷。自然载荷包括4种：①自重载荷是由执行机构、传动装置、电气设备、金属结构等的重量产生的。②风力载荷是流动的空气对结构物产生的压力。一般对于刚度较大的非耸立结构，设计时可只考虑风的静力作用。③水力载荷是以压力和流动阻力的形式反映出来的。水在静止状态时的压力称为静水压力。水在流动状态时的压力称为动水压力。当物体与流体（水等）有相对运动时，必然存在的阻力即流体阻力。④温度载荷是因温度变化使构件的热胀冷缩受到约束而在构件中产生的附加力。

**2. 按载荷是否随时间变化分**

(1) 静载荷：它是指大小、方向和位置都不变的载荷（如自重），或者是大小及方向变化很小的载荷。

(2) 动载荷：它是指大小、方向或位置随时间变化的载荷。它用幅值和频率来描述。工程中大多数机械所承受的都是动载荷。载荷随时间的变化曲线称为载荷—时间历程，简称载荷历程，如图 3.1 所示。

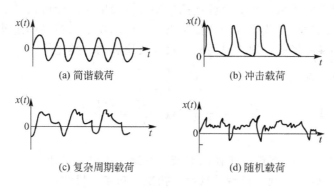

图 3.1  各种载荷历程

**3. 按动载荷的载荷历程分**

(1) 周期载荷：载荷的幅值和频率在某一时域保持不变。①简谐载荷。以正弦规律变化的载荷，这是最简单的一种周期载荷。②冲击载荷。特点是作用时间短、幅值变化较大，常按一般周期载荷来处理。③复杂周期载荷。可分解成无限个简谐载荷的叠加（即由许多正弦波组成的傅里叶级数）。

(2) 非周期载荷：载荷的幅值和频率都随时间变化。其变化有一定规律并可重复，可用一定的数学公式来表达。①准周期载荷。是由若干个频率比是有理数的正弦量合成的载荷，它仍可采用周期载荷的处理方法。②瞬变载荷。除准周期载荷之外的非周期载荷，对它常采用傅里叶变换建立载荷的时间函数和频率函数之间的一一对应关系。

(3) 随机载荷：它是一种无规律的不重复的载荷，不可能用确定的数学关系来描述。它是时间的函数，其具有不可重复性和不可预测性。但在正常的使用条件下，对某一具体机械，它又具有统计规律，如汽车、拖拉机、船舶等的工作载荷。

**4. 载荷的处理方法**

(1) 静载荷的处理：较为简单，可用静强度判据来设计计算。

(2) 动载荷的处理：为了简化计算，也采用名义载荷乘以大于 1 的动载因数的办法，将动载荷转化为静载荷进行近似的设计计算。

(3) 确定性载荷的处理：确定性载荷包括周期载荷和非周期载荷。对周期载荷进行傅里叶展开，对非周期载荷进行傅里叶变换以获得它们的变化规律，从而利用疲劳强度理论进行设计计算。

(4) 随机载荷的处理：由于随机载荷的不确定性，因而只能采用统计的方法来获得它的统计规律。

### 3.1.2　载荷的确定方法

机械设计需根据机械的功能预先确定载荷。在确定载荷时，有国家标准的应优先采用国家标准，没有国家标准的，则根据经验或参照其他设计确定。确定载荷通常有 3 种方法：类比法、计算法、实测法。对于一些复杂的难以确定的载荷，可以把这几种方法结合起来使用。

**1. 类比法**

参照同类或相近的机械，根据经验或简单的计算确定所设计机械的载荷。类比法主要应用在载荷较难确定的场合或设计的初步阶段，也可用在不需精确确定载荷的情况。应用类比法需要一定的实际经验，通常采用几何尺寸类比和动力类比等。

几何尺寸类比关系式　　　　　　$\dfrac{F_1}{F_2}=\dfrac{f(L_1)}{f(L_2)}$　　　　　　　　　　　(3-1)

动力类比关系式　　　$\dfrac{P_1}{P_2}=\dfrac{f(L_1)}{f(L_2)}$　或　$\dfrac{M_1}{M_2}=\dfrac{f(L_1)}{f(L_2)}$　　　　(3-2)

式中：

$F_1$、$M_1$、$P_1$、$L_1$——待设计机械的载荷、扭矩、功率、尺寸；

$F_2$、$M_2$、$P_2$、$L_2$——现有机械的载荷、扭矩、功率、尺寸；

$f(L)$——该类机械的尺寸 $L$ 和载荷 $F$ 间的函数关系。

计算扭矩 $M$ 和功率 $P$ 的常用公式如下。

$M=FD/2$　N·m，$P=Mn/9549$　kW，$P=Fv/1000=M\omega/1000$　kW

式中：

$F$、$M$、$P$——机械的载荷、扭矩、功率；

$D$、$n$、$v$、$\omega$——回转体的直径、转速、速度、角速度。

**2. 计算法**

计算法是根据机械的功能要求和结构特点运用各种力学原理、经验公式或图表等计算确定载荷的方法。计算法主要包括静态设计法和动态设计法两大类。

用计算法确定载荷时，必须认真地分析所设计的机械的作业特点、负载及其有关影响因素，运用静力学或动力学合理确定其工作载荷。

下面介绍近年来常用的一种方法，即 $GD^2$ 法。

$GD^2$ 是指回转体的重量 $G$ 和回转直径 $D$ 平方的乘积，也称为飞轮矩或飞轮效应。它的含义与机械运动的惯量是等价的。因此，$GD^2$ 法是一种考虑机械运动惯性的动力学计算方法，利用 $GD^2$ 法来设计机械系统和选择电动机时，可保证机械运动平稳、加减速与制动性能良好以及能量的合理利用等。这种方法既简单又实用，在机械设计、动态性能分析和伺服控制系统中都具有重要的意义。

(1) $GD^2$ 的含义及其与转动惯量 $J$ 之间的关系。

对于分布质量回转体，转动惯量为 $J=mr^2$（$m$ 为质量，$r$ 为回转半径）。

因为 $m=G/g$ 及 $r=D/2$，所以有 $J=GD^2/(4g)$ 或 $GD^2=4gJ$，即 $GD^2$ 与 $J$ 是成正比的。

对于内径为 $D_1$、外径为 $D_2$、长度为 $L$ 及比重为 $\gamma$ 的空心旋转体，绕心轴的转动惯量 $J$ 由下式计算，即

$$J=\int_{D_1/2}^{D_2/2}r^2\,\frac{\gamma}{g}2\pi rL\,\mathrm{d}r=\frac{2\pi\gamma L}{g}\int_{D_1/2}^{D_2/2}r^3\,\mathrm{d}r=\frac{G}{8g}(D_1^2+D_2^2)\qquad(3-3)$$

对于实心旋转体，用 $D_1=0$ 代入即可。

（2）$GD^2$ 与扭矩 $M$、转速 $n$（或角速度 $\omega$）、时间 $t$ 之间的关系。

由力学中的刚体转动定律知：

$$M=J\frac{\mathrm{d}\omega}{\mathrm{d}t}=\frac{GD^2}{4g}\frac{\mathrm{d}\omega}{\mathrm{d}t} \quad \text{或} \quad \frac{\mathrm{d}\omega}{\mathrm{d}t}=\frac{4g}{GD^2}M \tag{3-4}$$

$M$ 为常数时，其角速度

$$\omega=\int\frac{4g}{GD^2}M\mathrm{d}t=\frac{4g}{GD^2}Mt+C$$

令 $t=0$、$\omega=\omega_0$（初始角速度），则有

$$\omega=\frac{4g}{GD^2}Mt+\omega_0 \tag{3-5}$$

由于 $\omega=2\pi n/60$，取 $g=9.8\mathrm{m/s^2}$ 代入式（3-5）时，可得

$$n=\frac{375}{GD^2}Mt+n_0 \tag{3-6}$$

式中，加速时 $M$ 用正号；减速、制动时 $M$ 用负号。

由此可知，加、减速时所需的时间和扭矩分别为

$$t=\frac{GD^2}{375}\cdot\frac{n-n_0}{M} \quad M=\frac{GD^2}{375}\cdot\frac{n-n_0}{t}$$

式中，$t$ 的单位为 s，$M$ 的单位为 N•m。

特别地，当加速时间为 $t_a(\mathrm{s})$，速度增量为 $\Delta n(\mathrm{r/min})$ 时，得加速力矩为

$$M_a=\frac{GD^2}{375}\cdot\frac{\Delta t}{t_a}$$

另外，在工程实践中，仍大量采用工程单位制，则此时所得扭矩的单位应为 kgf•m。

（3）有效转矩（均方根转矩）。

在伺服机械传动中，为了选择控制电动机，经常采用图 3.2 所示的变扭矩、加减速控制计算模型。由于变载下的均方根转矩与电动机的发热条件相对应，因此常需计算均方根转矩，其计算公式为

$$M_m=\sqrt{\frac{M_1^2t_1+M_2^2t_2+M_3^2t_3}{t_1+t_2+t_3+t_4}} \tag{3-7}$$

式中：

$M_1$、$M_2$、$M_3$——分别为加速转矩、等速转矩及减速转矩；

$t_1$、$t_2$、$t_3$、$t_4$——分别为 $M_1$、$M_2$、$M_3$ 与所对应的时间以及停歇时间。特别地，若 $M_1=M_3=M$，$M_2=0$ 及 $t_1=t_3=t_4=t$，$t_2=0$，则有

$$M_m=\sqrt{2/3}M$$

在这种情况下，选择控制电动机时，应使 $M_R\geqslant M_m$ 或 $M_R=KM_m$。其中 $M_R$ 为伺服电动机的额定输出转矩；$M_m$ 为换算到电动机轴上的有效扭矩；$K$ 为安全系数。

以上计算对普通电动机的选用同样适用。

（4）机械系统的等效 $GD^2$ 计算。

对于整个机械系统来说，需要将 $GD^2$ 换算到某一轴（如电动机轴或执行机构所在轴）上来计算，这可用能量守恒原理及等效 $GD^2$ 的概念来计算。

设机械系统中有 $n$ 个转动轴，$k$ 个移动构件，各转动轴（包括转动轴上的构件）的转动惯量分别为 $J_i(i=1, 2, \cdots, n)$，转速分别为 $\omega_i(i=1, 2, \cdots, n)$，各移动构件的质量分

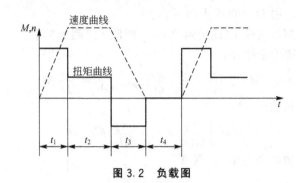

图 3.2　负载图

别为 $m_j(j=1, 2, \cdots, k)$，速度分别为 $v_j(j=1, 2, \cdots, k)$，为了选择电动机，现要求该系统相对于电动机输出轴 1 的等效 $GD^2$。

该系统的总动能为

$$E = \sum_{i=1}^{n} \frac{1}{2} J_i \omega_i^2 + \sum_{j=1}^{k} \frac{1}{2} m_j v_j^2$$

由能量守恒原理可知，等效系统与原系统的总能量应相等，设原系统相对于电动机输出轴 1 的等效转动惯量为 $J$，则应有

$$E = \frac{1}{2} J \omega_1^2 = \sum_{i=1}^{n} \frac{1}{2} J_i \omega_i^2 + \sum_{j=1}^{k} \frac{1}{2} m_j v_j^2$$

所以
$$J = \sum_{i=1}^{n} J_i \left( \frac{\omega_i}{\omega_1} \right)^2 + \sum_{j=1}^{k} m_j \left( \frac{v_j}{\omega_1} \right)^2 \qquad (3-8)$$

根据 $GD^2$ 与转动惯量 $J$ 之间的关系式(3-3)，可求出机械系统的等效 $GD^2$，再根据式(3-4)即可求得作用于电动机输出轴上的负载扭矩。

3. 实测法

用实验分析测定载荷的方法。如果所设计的产品无可借鉴和参考，且载荷的确定较重要时，则需通过模型或原型由实测法精确确定。当表征载荷的参数难以直接测量时，必须将它们转换为其他参数，对转换后的参数进行测量。

目前广泛采用的方法是将各种非电量的被测参数转化成电量参数进行测量。这种非电量的电测法具有以下优点：①可将不同的被测参数转换成相同的电量参数，因此可使用相同的测量和记录仪器。②输出的信号可以作远距离传输，有利于远距离操作和自动控制。③采用电测法可对变化中的参数进行动态测量，可测量和记录其瞬时值及变化过程。④易于同许多后续的数据处理仪器联用，从而能够对复杂的结果进行计算和处理。

### 3.1.3　工作机械的工作制

工作机械的工作制是指机械工作的持续状况，如连续、断续、短时工作等。

不同机械对工作制的表示形式有所不同，有的机械根据工艺需要或工程实践用载荷—时间特性曲线表示；标准减速器、通用机械等用每天工作小时数或每天几班制工作的形式，在使用因数(或工况因数)$K_A$ 中考虑。一般用负载持续率 $FC$ 表示

$$FC = \frac{t_w}{t_w + t_0} \times 100\% \qquad (3-9)$$

式中：

　　$t_w$——机械工作时间；

　　$t_0$——机械停歇时间。

　　载荷类型反映载荷在数值上随时间变化的特性，工作制反映负载持续状况，二者对机械零部件的承载能力和动力机的选择都有影响。

# 3.2　动力机的种类、特性及其选择

　　动力机又称原动机，是机械设备中的驱动部分。动力机的输出转矩与转速之间的关系称为动力机的机械特性或输出特性。本节主要介绍机械系统中一些常用的动力机如电动机、内燃机、液压马达、气动马达的种类、机械特性及其选择。

　　在进行机械系统设计时，选用何种形式的动力机，主要应从如下几个方面加以考虑。

　　(1) 分析工作机械的负载特性，包括其载荷性质、工作制、作业环境、结构布置等。

　　(2) 分析动力机本身的机械特性，以便选择与工作机械相匹配的动力机。

　　(3) 动力机容量计算，通常是指计算动力机功率的大小。动力机功率与其转矩、转速之间的关系为

$$P_N = \frac{M_N n_N}{9549} \tag{3-10}$$

或

$$M_N = 9549 \frac{P_N}{n_N} \tag{3-11}$$

式中：

　　$P_N$——动力机的额定功率，kW；

　　$M_N$——动力机的额定转矩，N·m；

　　$n_N$——动力机的额定转速，r/min。

　　(4) 进行经济性分析，包括能源的供应、使用和维修费用、动力机购置费用等。

　　(5) 作业环境的要求，如是户外型还是户内型、环境温度、湿度、粉尘及通风条件、有无隔爆要求、是否需经常移动还是固定不动等。

## 3.2.1　电动机

　　电动机是机械系统中最常用的动力机，与其他动力机相比，它具有较高的驱动效率，且其种类和型号较多，与工作机械连接方便，具有良好的调速、起动、制动和反向控制性能，易于实现远距离、自动化控制，工作时无环境污染，可满足大多数机械的工作要求。但是选择电动机必须具备相应的电源，对野外工作机械及移动式机械常因没有电源而不能选用。

　　1. 电动机的种类及其机械特性

　　按使用电源的不同，可分为交流电动机和直流电动机。交流电动机按电动机的转速和旋转磁场的转速是否相同，可分为同步电动机和异步电动机；直流电动机按励磁方式可分为他励、并励、串励、复励等形式。

1）三相异步电动机

异步电动机构造简单，运行可靠，维护方便，效率较高，价格低廉，所以异步电动机在工农业生产及日常生活中应用最广，中小型机床、纺织机械、起重机、各类功率不大的泵和通风机等，都使用异步电动机。其中应用最广的是使用三相交流电源的三相异步电动机，它的品种很多，主要分类如图 3.3 所示。

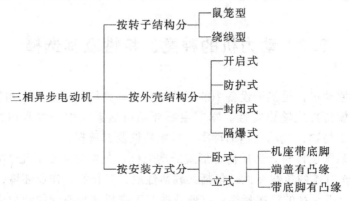

图 3.3　三相异步电动机分类

三相异步电动机在铭牌上标有额定功率 $P_N$、额定电压 $U_N$、额定电流 $I_N$、额定频率 $f$（我国为 50 Hz）和额定转速 $n_N$ 等，还标有定子相数、绕组接法及绝缘等级等。定子绕组可接成星形（Y 形）或三角形（△形）；前者额定电压为 380V，后者额定电压为 220V。

异步电动机在额定电压和额定频率下，用规定的接线方法，定子和转子电路中不串联任何电阻或电抗时的机械特性称为固有机械特性，如图 3.4 所示。

下面分析机械特性曲线上几个特殊的转矩。

（1）启动转矩 $M_S$。电动机转速 $n=0(s=1)$ 时，电动机的转矩称为启动转矩 $M_S$（对应于特性曲线上的 A 点）。只有当电动机的启动转矩大于负载转矩时，电动机才能启动，而且启动转矩越大，启动越快。反之，电动机不能启动。其中 $s$ 为电机的转差率：

$$s=\frac{n_0-n}{n_0}\times 100\% \tag{3-12}$$

式中：

$n$——三相异步电动机的转速。

$n_0=60f/p$ 为旋转磁场同步转速，其中 $f$ 为额定频率（我国为 50Hz），$p$ 为磁极对数。

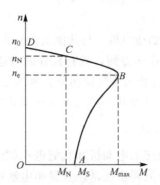

图 3.4　三相异步电动机的固有机械特性曲线

（2）最大转矩 $M_{max}$。电动机的最大转矩 $M_{max}$ 对应于特性曲线上的 B 点，这时电动机的转速称为临界转速，对应的转差率称为临界转差率 $s_e$。

当负载转矩大于最大转矩，即 $M_L > M_{max}$ 时，电动机就要停车，俗称"闷车"，此时，电动机的电流立即增至额定值的 6～7 倍，将引起电动机的严重过热甚至烧毁。如果负载转矩只是短时间接近最大转矩而使电动机过载，但由于时间很短电动机不会立即过热，这是允许的。最大转矩与额定转矩的比值 $\lambda_M$ 称为过载系数或过载能力。

选好电动机后必须校核电动机的过载能力，即根据所选电动机的过载系数算出它的最大转矩 $M_{max}$。$M_{max}$ 必须大于可能出现的最大负载转矩 $M_{Lmax}$，否则就要重选电动机。

（3）额定转矩 $M_N$。电动机在额定负载下稳定运行时的输出转矩称为额定转矩 $M_N$（对应于图 3.4 中 BD 段上各点，如 C 点）。

应该指出，在机械特性曲线的 AB 段上，电动机一般不能稳定运行，因为当电动机转矩增加时转速反而升高。BD 段是电动机的工作段，当电动机转矩增加时转速降低，电动机能稳定运行。在电动机的工作段，电动机转速随转矩的增加而略降低，这种机械特性称为硬特性。三相异步电动机的这种硬特性很适合于一般的金属切削机床。

当三相异步电动机的固有机械特性不能满足工作机械要求时，常采用改变电动机某些参数以改变其机械特性的办法，所获机械特性称为三相异步电动机的人为机械特性。

图 3.5 为转子电路并联电阻或电抗的人为机械特性，此时启动转矩 $M_{st}$ 增大，而且可得到近于恒转矩的启动特性。启动结束后，可获得与固有机械特性一样的硬特性。这种人为特性常用于绕线型异步电动机的启动，可减少启动级数，保证电动机平滑加速，又能限制启动电流。

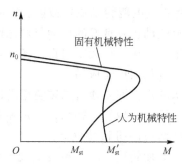

**图 3.5　转子电路并联电阻或电抗的人为机械特性**

此外，异步电动机还有在转子电路串接对称电阻、在定子电路串接对称电阻或电抗、改变定子极对数、改变电流频率、降低供电电压等的人为机械特性。

2）其他类型交流电动机

（1）单相异步电动机。单相异步电动机是由 220V 单相电流供电的小功率异步电动机，常用的系列有 BO2、CO2、DO2、YC 等，在家用电器、小型机械、工农业生产工具、医疗器械、仪器仪表等机械设备中广泛使用。这类电动机的特点是：当电动机不转时，因启动转矩 $M_S = 0$ 而不能起动，因此要借助其他办法才能起动。按起动方法不同分为分相式和罩极式两类，其中电容分相电动机因起动转矩大、起动电流小而采用较广，罩极式电动机则主要用于小台扇、电唱机、录音机中，其容量一般在几十瓦以下。

（2）同步电动机。同步电动机是一种用交流电流励磁在定子中建立旋转磁场，用直流电流励磁在转子中构成旋转磁极，依靠电磁力的作用旋转磁场牵着旋转磁极同步旋转的电动机。同步电动机的最大优点是能在功率因数 $\cos\varphi=1$ 的状态下运行，不需从电网吸收无功功率。通过改变转子励磁电流大小，可调节无功功率大小，从而改善电网的功率因数。因此，不少长期连续工作而无需变速的大型机械，如大功率离心式水泵和通风机等常采用同步电动机作为动力机。但同步电动机本身不能起动，必须采用某种方法使其起动，常用的是异步起动法，即先使电动机在异步转矩作用下转动起来，当转速接近同步转速时，再给转子励磁绕组通以直流电流以建立旋转磁极，于是定子中的旋转磁场紧紧地牵引着转子作同步旋转。此外，同步电动机的结构较异步电动机复杂，造价较高，其转速不能调节。

（3）三相交流换向器电动机。它有并磁和串磁两种形式，它可以在 $R<3$ 的调速范围内实现无级调速，能补偿功率因数，在纺织、造纸等行业中应用较多，但其结构复杂、造价较高、换向困难。

（4）无换向器电动机。它是功率电子学与旋转电机相结合改善电机特性的一种电动机，又称为无整流子调速电动机。它具有交、直流电动机的优点，具有类似于直流电动机的调速性能，调速范围可在 $R>3\sim10$ 之间，结构简单，维修方便，能在条件恶劣的场合工作，在造纸、化纤、印刷、轧钢、国防等部门有广泛应用，在高速化、大型化方面有很大的发展前途。

（5）直线异步电动机。它是能作直线运动的异步电动机，有扁平形、管形、圆盘形等形式，它在液态金属电磁泵、起重吊车、传送带、门阀、开关自动开闭装置、铁路自动扳道岔的执行器、生产自动线的机械手、高速列车上有广泛应用。

3）直流电动机

（1）分类。直流电动机能将直流电能转换成机械能。它的构造复杂，价格昂贵，效率较低，工作可靠性较差。但直流电动机有良好的启动与调速性能，因此在某些要求启动转矩大或对调速性能要求较高的生产机械，如大型起重设备、电气机车、电车、轧钢机、造纸机、龙门刨自动控制系统等场合仍旧广泛应用。

直流电动机的主磁极不用永磁铁，而是通过励磁绕组通以直流电流来建立磁场，因此直流电动机按励磁方式的不同，可分为他励、并励、串励和复励 4 类。

（2）机械特性。他励直流电动机的机械特性如图 3.6(a) 所示，是一条向下倾斜的直线，这说明加大电动机的负载，会使转速下降。特性曲线与纵轴的交点为 $M_{em}=0$ 时的转速成 $n_0$，称为理想空载转速。实际上，当电动机旋转时总存在有一定的空载转矩，所以电动机的实际空载转速 $n_0'$ 将低于 $n_0$。一般地说，他励直流电动机的机械特性都比较"硬"。

图 3.6(b)、(c)、(d) 分别为他励直流电动机改变电枢电压、电枢串接电阻和减弱电动机磁通的人为机械特性。

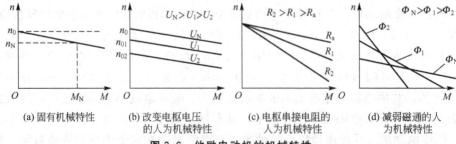

(a) 固有机械特性　　(b) 改变电枢电压　　(c) 电枢串接电阻的　　(d) 减弱磁通的人
　　　　　　　　　的人为机械特性　　　人为机械特性　　　　为机械特性

**图 3.6　他励电动机的机械特性**

串励直流电动机的机械特性为一双曲线，如图 3.7(a)所示，当负载变化时，串励电动机的转速变化很大，即特性很软，而且理想空载转速为无穷大。图 3.7(b)所示为串励电动机降压时的人为机械特性，这是一条低于固有特性且与之平行的曲线。复励电动机的机械特性介于他励和串励之间，当串励磁势起主要作用时，特性就接近于串励电动机，但这时有一定的理想空载转速。反之，机械特性就接近于他励电动机。图 3.8 所示为复励电动机的固有与人为机械特性曲线。

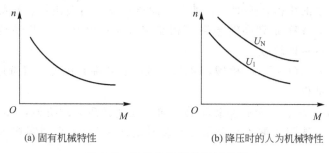

(a) 固有机械特性 　　　　　　(b) 降压时的人为机械特性

**图 3.7　串励电动机的机械特性**

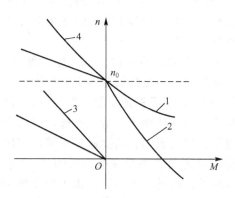

**图 3.8　复励直流电动机的机械特性**

1—固有机械特性；2—串联电阻的机械特性；3—能耗制动的机械特性；4—发电制动的机械特性

**2. 电动机的选择和计算**

电动机的选择包括类型、结构型式、额定电压、额定转速、额定功率的选择，选择过程中要考虑其使用要求及经济性。选择步骤一般是根据电动机的工作方式，按工作机负载图，预选电动机的功率，在绘制电动机负载图的基础上，进行发热、过载能力、起动能力校验。

**1) 电动机类型及结构型式的选择**

选择电动机的类型及结构型式，应综合考虑工作机械的负载特性、工作制、起动、制动及反向的频繁程度、调速性能、工作环境、安装要求等因素。

**(1) 电动机类型的选择。**

选择电动机类型的一般原则是：在满足使用要求的前提下，交流电动机优选于直流电动机，笼型电动机优选于绕线型电动机，专用电动机优选于通用电动机。

① 一般情况下，对起动、制动及调速无特殊要求的机械，如机床、水泵、鼓风机、运输机械、农业机械等，应尽量选用如 Y 系列笼型三相交流异步电动机。

② 对于恒转矩和通风机负载特性的机械，应选用机械特性硬的电动机；对于调速范

围很大($R>3\sim10$)且恒功率负载特性的机械，应选用变速直流电动机或带机械变速的交流异步电动机或无换向器电动机。

③ 对于需调速但调速平滑性无要求、可有级调速的机械，如起重机、低速电梯、某些机床，可选用如 YD 系列的变极变速三相交流异步电动机，其变速方便，有双速、三速、四速 3 种类型，调速时特性较硬，经济性也较好。

④ 对于无调速要求但需高起动转矩，或起动飞轮力矩较大、具有冲击性负载、起动制动及反向次数较多的机械，如剪床、冲床、锻压机械、冶金机械、压缩机及小型起重运输机械等，可选用如 YH 系列高转差率三相交流异步电动机，其起动转矩大、起动电流小、转差率高、机械特性较软。

如还需小范围调速($R<3$)的机械，如起重机、矿井提升机等，可选用如 YR 系列绕线型三相交流异步电动机。

⑤ 对于断续工作制、频繁起动制动及反向、起动转矩大的机械，如各种型式起重机、冶金辅助设备等，应选用起重及冶金用 YZ 系列笼型或 YZR 系列绕线型三相交流异步电动机；

⑥ 对于功率较大、负载较平稳、无调速要求且长期运行的机械，如大容量空压机、各类泵、鼓风机等，应选用如 T、TD、TDG 等系列三相交流同步电动机，可提高工厂企业电网的功率因数，经济性好。

对于功率虽然不大但转速较低的长期运行机械，如各种磨机、往复压缩机、轧机等，也可选用如 TM、TK、TZ 等系列三相交流低速同步电动机。

⑦ 对于调速范围大($R>3$)，且要求调速平滑、需准确进行位置控制的中小功率机械，如高精度数控机床、龙门刨床、可逆轧钢机、造纸机等，可选用直流他励电动机。对还要求起动转矩大的机械，如电车、电气机车、重型起重机等，宜用直流串励电动机。但直流电动机需提供直流电源，价格约为同功率交流电动机的 $2\sim3$ 倍，在高转速、高电压、大容量等方面远不如交流异步电动机优越。近年来，由于交流异步电动机的可控硅调速、变频调速等技术的发展与完善，在需大调速范围且平滑调速的机械中，应用变速交流电动机具有很大的优越性，如国产长城系列变频调速交流电动机即是其中的一种。

⑧ 对于工作环境有易爆气体及尘埃较多的机械，不能用直流电动机，应选用如 YB 系列隔爆型三相交流异步电动机或 YA 系列增安型三相交流异步电动机或 YW 系列无火花型三相异步电动机等。

⑨ 有专用电动机的机械，应用专用电动机，如 YLB 系列电动机是专用于深井水泵的三相交流异步电动机，YQS 系列电动机为专用于潜水泵的三相交流异步电动机等，此外还有船用、纺织用、木工用、电动滚筒用等专用电动机，及激振电动机、低噪声低振动电动机等特殊用途电动机。

（2）电动机结构型式的选择。

选择电动机结构型式包括确定安装方式、外壳防护形式等。

① 一般情况下多用卧式安装的电动机，只有特殊需要才用立式安装的电动机，如立式深井泵，为简化传动装置立式钻床也用立式安装电动机；② 根据工作环境选择开启式、防护式、封闭式或隔爆式的外壳防护形式，对湿热地带或船用电动机还应有特殊的防护要求；③ 在特殊情况下电动机可制成两端轴伸，以供安装测速发电机或同时拖动两台工作机械。

2）电动机额定转速的选择

额定功率相同的电动机，其额定转速越高，则电动机的体积、质量和价格越低，电动机的转动惯量 $J$ 一般也越小，因此，电动机在起动制动及反转时的过渡过程越快，能量损耗越少。可见就电动机而言选用高速电动机较为经济。

但当机械执行系统的工作速度较低时，选用高速电动机将使传动系统的总传动比加大，传动链增长，增加传动系统的复杂性，影响传动系统性能和机械部分的经济性。

因此，电动机额定转速的选择应兼顾电动机与机械部分的经济性，综合考虑机械的工作制、起动制动及反向的频繁程度、机械对过渡过程的要求等因素。

3）电动机额定电压的选择

电动机额定电压应与电网供电电压一致。一般生产车间电网为 380V 低电压，因而中小型交流异步电动机可采用 220/380V（△/Y 接法）及 380/660V（△/Y 接法）两种额定电压。大型交流异步电动机可选用 3000 V 以上的高压电源。

直流电动机由单独直流发电机供电时，额定电压常为 220V 或 110V，大功率直流电动机可用 600～870V。

4）电动机工作制的选择

国家标准规定三相异步电动机的工作制共分 9 类：$S_1$（连续工作制）、$S_2$（短时工作制）、$S_3$（断续周期工作制）、$S_4$（包括起动的断续周期工作制）、$S_5$（包括电制动的断续周期工作制）、$S_6$（连续周期工作制）、$S_7$（包括电制动的连续周期工作制）、$S_8$（包括负载和转矩相应变化的连续周期工作制）、$S_9$（负载和转速非周期变化的工作制）。不同工作制对电动机使用过程中的发热程度有不同影响，因而影响电动机的实际承载能力。

连续工作制电动机的工作时间较长，温升可达稳定值，其负载功率 $P$ 和温升 $T$ 随时间 $t$ 的变化曲线如图 3.9（a）所示；短时工作制电动机的工作时间 $t_w$ 较短，而间歇时间 $t_0$ 相对较长，其负载功率和温升曲线如图 3.9（b）所示，我国制造的这类电动机的工作时间规定为 15min、30min、60min 和 90min 四种，对于某一电动机对应不同的工作时间其功率是 $P_{15} > P_{30} > P_{60} > P_{90}$，当电动机的实际工作时间符合上述标准时，可按对应的工作时间和功率选择电动机，其他情况可折算选取；断续周期性工作制是电动机的工作时间和间歇时间轮流交换，且都较短，其负载功率和温升曲线如图 3.9（c）所示，这类电动机的工作特点用负载持续率 $FC = t_w/(t_w + t_0) \times 100\%$ 表示，标准负载持续率有 15%、25%、40%、60% 四种，且重复周期为 $t_w + t_0 < 10min$。同一型号电动机，在不同 FC 值时的额定功率不同，$P_{15} > P_{25} > P_{40} > P_{60}$。

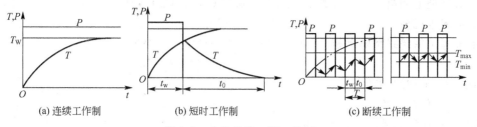

(a) 连续工作制　　　　　(b) 短时工作制　　　　　(c) 断续工作制

**图 3.9　电动机的 3 种工作制**

因此，应尽可能选择与工作机械相同或相近工作制的电动机，并通过发热计算。

5）电动机功率的选择与计算

电动机的功率是决定电力拖动系统能否经济和可靠运行的主要因素，如果功率太小，长期处于高负荷运行，会造成电动机绝缘过早的损坏；如果功率太大，不仅造成设备上的浪费，而且运行效率低，对电能的利用很不经济。

（1）决定电动机功率的因素。决定电动机功率主要应考虑电动机的发热、允许的过载能力和起动能力 3 个因素，其中发热问题最为重要。

电动机的发热是指电动机的内部产生损耗并变成热能，使电动机的温度升高。在电动机中耐热最差的是绕组的绝缘材料，其绝缘材料的最高允许温度，是电动机带负载能力的限度，而电动机的额定功率就是这一限度的代表参数。

对于瞬时最大负载需要进行过载能力的校验。各种电动机的瞬时过载能力都是有限的，交流电动机受临界转矩的限制，直流电动机受换向器火花的限制。交流电动机的过载能力以允许转矩的过载倍数 $\lambda_M$ 来衡量，直流电动机以电流过载倍数 $\lambda_I$ 来衡量。电动机过载能力的计算公式为：

直流电动机 $\hspace{3cm} I_{Lmax} \leqslant K\lambda_I I_N \hspace{2cm}$ （3 - 13）

异步电动机 $\hspace{3cm} M_{Lmax} \leqslant KK_U^2\lambda_M M_N \hspace{1.5cm}$ （3 - 14）

同步电动机 $\hspace{3cm} M_{Lmax} \leqslant K\lambda_M M_N \hspace{2cm}$ （3 - 15）

式中：

$L_{Lmax}$——瞬时最大负载电流，A；

$M_{Lmax}$——瞬时最大负载转矩，N·m；

$I_N$——额定电流，A；

$M_N$——额定转矩，N·m；

$K_U$——电压波动系数，一般取 $K_U = 0.85$；

$K$——余量因数，交流电动机 $K = 0.9$，直流电动机 $K = 0.9 \sim 0.5$。

$\lambda_I$、$\lambda_M$ 的值可由电动机手册中查到。

笼型异步电动机和同步电动机采用异步起动时，起动过程中的机械特性 $M = f(n)$ 是非线性的，因此平均起动转矩要根据电动机的机械特性来计算。一般情况下，由下列各式进行估计计算。

直流电动机 $\hspace{3cm} M_{sa} = (1.3 \sim 1.4)M_N \hspace{1.5cm}$ （3 - 16）

同步电动机

当 $M_{st} \geqslant M_{pi}$ 时 $\hspace{2cm} M_{sa} = 0.5(M_{st} + M_{pi}) \hspace{1.5cm}$ （3 - 17）

当 $M_{st} \leqslant M_{pi}$ 时 $\hspace{2cm} M_{sa} = (1.0 \sim 1.1)M_{st} \hspace{1.5cm}$ （3 - 18）

一般笼型电动机 $\hspace{2cm} M_{sa} = (0.45 \sim 0.5)(M_{st} + M_m) \hspace{0.8cm}$ （3 - 19）

冶金起重机械 $\hspace{2.5cm} M_{sa} = 0.9M_{st} \hspace{2cm}$ （3 - 20）

冶金起重用绕线型电动机 $\hspace{1cm} M_{st} = (1.0 \sim 2.0)M_{N,25} \hspace{1cm}$ （3 - 21）

式中：

$M_{sa}$——平均起动转矩；

$M_N$——额定转矩；

$M_{st}$——初始起动转矩（$s = 1$ 时）；

$M_{pi}$——牵入转矩；

$M_m$——电动机的最大转矩；

$M_{N,25}$——$FC = 25\%$ 时的额定转矩。

对于快速起动用的电动机，上述各值取最大值。

一般规定，异步电动机的功率低于 7.5kW 时允许直接起动，此时可按下式校验其起动能力

$$k_{U}^{2}k_{\min}M_{N}\geqslant k_{s}M_{rs} \tag{3-22}$$

式中：

　　$M_{N}$——电动机额定转矩；

　　$M_{rs}$——起动时电动机轴上的静阻转矩；

　　$k_{U}$——最小起动电压与额定电压之比，一般取 $k_{U}=0.85$；

　　$k_{\min}$——电动机最小起动转矩与额定转矩之比；

　　$k_{s}$——起动加速因数，一般取 $k_{s}=1.2\sim1.5$。

（2）电动机负载图。电动机负载图是根据工作机的负载变化绘制的电动机转矩、功率或电流与时间的关系曲线，它是校验电动机的容量和过载能力，以及校验电动机发热的依据。图 3.10 是根据起重机起升机构的工作循环图绘制的电动机转矩负载图示例，图中 $M_{L}$ 为起升机构的负载转矩，$M$ 为电动机的负载转矩。

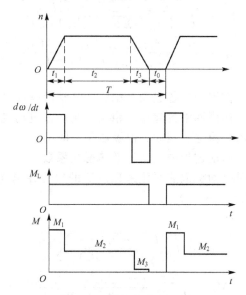

图 3.10　动机负载图示例

（3）电动机的发热计算。

电动机的发热计算是针对变负载情况的，最常用的方法是等效法，又称均方根法。该法根据不同的负载状态计算出等效电流 $I_{dx}$、等效转矩 $M_{dx}$ 或等效功率 $P_{dx}$。只要它们小于相应的额定值 $I_{N}$、$M_{N}$ 和 $P_{N}$，发热就认为是允许的。对于不同负载状态下的各等效值可按下列各式计算。

① 周期性变化负载长期运行。

等效电流

$$I_{dx}=\sqrt{\frac{I_{1}^{2}t_{1}+I_{2}^{2}t_{2}+\cdots+I_{n}^{2}t_{n}}{t_{1}+t_{2}+\cdots+t_{n}}} \tag{3-23}$$

等效转矩

$$M_{dx}=\sqrt{\frac{M_{1}^{2}t_{1}+M_{2}^{2}t_{2}+\cdots+M_{n}^{2}t_{n}}{t_{1}+t_{2}+\cdots+t_{n}}} \tag{3-24}$$

等效功率

$$P_{dx}=\sqrt{\frac{P_1^2t_1+P_2^2t_2+\cdots+P_n^2t_n}{t_1+t_2+\cdots+t_n}} \tag{3-25}$$

式中：

$I_1$，$I_2$，$\cdots$，$I_n$——电动机一个周期负载电流曲线近似直线段的各个分段电流值；

$M_1$，$M_2$，$\cdots$，$M_n$——各分段转矩值；

$P_1$，$P_2$，$\cdots$，$P_n$——各分段功率值；

$t_1$，$t_2$，$\cdots$，$t_n$——各分段持续时间。

等效电流法适用于各类电动机的发热校验；等效转矩法适用于转矩与电流成比例的场合，弱磁情况下需要修正，串励电动机不能应用此法；等效功率法在近于额定电压和额定转速下，功率与电流成正比例时应用。

②周期性变化负载断续运行。

若采用长期工作制电动机

$$I_{dx}=\sqrt{\frac{\sum I_{st}^2t_{st}+\sum I_s^2t_s+\sum I_b^2t_b}{C_\alpha(\sum t_{st}+\sum t_b)+\sum t_s+C_\beta\sum t_0}} \tag{3-26}$$

$$M_{dx}=\sqrt{\frac{\sum M_{st}^2t_{st}+\sum M_s^2t_s+\sum M_b^2t_b}{C_\alpha(\sum t_{st}+\sum t_b)+\sum t_s+C_\beta\sum t_0}} \tag{3-27}$$

式中：

$I_{st}$、$I_s$、$I_b$——一个工作周期中各起动、稳定、制动段电动机的相应电流；

$M_{st}$、$M_s$、$M_b$——一个工作周期中各起动、稳定、制动段电动机的相应转矩；

$t_{st}$、$t_s$、$t_b$、$t_0$——各起动、稳定、制动、停歇段相应时间；

$C_\alpha$——起动、制动过程中电动机散热恶化系数；

$C_\beta$——停转时电动机散热恶化系数。$C_\beta$的值可在电动机手册中根据电动机类型和冷却方式查到，而$C_\alpha=(1+C_\beta)/2$。

若采用断续工作制电动机

$$I_{dx}=\sqrt{\frac{\sum I_{st}^2t_{st}+\sum I_s^2t_s+\sum I_b^2t_b}{C_\alpha(\sum t_{st}+\sum t_b)+\sum t_s}} \tag{3-28}$$

$$M_{dx}=\sqrt{\frac{\sum M_{st}^2t_{st}+\sum M_s^2t_s+\sum M_b^2t_b}{C_\alpha(\sum t_{st}+\sum t_b)+\sum t_s}} \tag{3-29}$$

式中各符号同前。式(3-28)和式(3-29)计算结果除必须满足$I_{dx}\leqslant I_{NFC}$或$M_{dx}\leqslant M_{NFC}$外，还要求$FC_r=FC_N$。$I_{NFC}$和$M_{NFC}$分别为电动机在规定的负载持续率$FC$下的额定电流和额定转矩。$FC_r$为实际的负载持续率，其值为

$$FC_r=\frac{\sum t_{st}+\sum t_s+\sum t_b}{\sum t_{st}+\sum t_s+\sum t_b+\sum t_0} \tag{3-30}$$

当$FC_r$与$FC_N$不等时，则选择与实际负载持续率相近的电动机，并要求

$$I_{dxN}\leqslant I_{NFC} \quad 或 \quad M_{dxN}\leqslant M_{NFC}$$

其中

$$I_{dxN}=I_{dx}\sqrt{\frac{FC_r}{FC_N}} \tag{3-31}$$

$$M_{dxN}=M_{dx}\sqrt{\frac{FC_r}{FC_N}} \tag{3-32}$$

式中：

$I_{\text{dxN}}$、$M_{\text{dxN}}$——折算到额定负载下的等效电流、等效转矩。

（4）电动机的选择与计算举例。

[**例 3 - 1**]　大型车床刀架快速移动机构重量 $W$ 为 5300N，移动速度 $v$ 为 15m/min，传动比 $i$ 为 100，动摩擦因数 $\mu$ 为 0.1，静摩擦因数 $\mu_s$ 为 0.2，传动效率 $\eta$ 为 0.1，试选驱动电动机的容量。

**解**：由题意知此电动机为短时运行。对于短时工作制电动机的选择，可用连续工作制，也可用短时工作制的电动机，本题按前者选择电动机的容量。

① 计算刀架移动时。电动机的负载功率 $P_L$

$$P_L = \frac{\mu W v}{60 \times 1000 \times \eta} = \frac{0.1 \times 5300 \times 15}{60 \times 1000 \times 0.1} = 1.33 (\text{kW})$$

② 按允许过载能力选择电动机。取交流异步电动机的过载倍数 $\lambda_M = 2$，电压波动系数 $K_U = 0.9$，余量系数 $K = 0.9$，则有电动机的额定功率为

$$P_N \geqslant \frac{P_L}{K K_U^2 \lambda_M} = \frac{1.33}{0.9 \times 0.9^2 \times 2} = 0.91 (\text{kW})$$

额定转速近似为 $n_N \approx iv \approx 100 \times 15 \text{r/min} \approx 1500 \text{r/min}$

初选电动机为 Y90L - 4 笼型异步电动机，其数据为：$P_N = 1.5\text{kW}$，$n_N = 1400\text{r/min}$，$\lambda_{\text{st}} = 2.3$。

③ 校验起动能力。由于静摩擦因数为动摩擦因数的两倍，所以有

起动负载功率为 $P_{\text{Lst}} = 2P_L = 2 \times 1.33\text{kW} = 2.66\text{kW}$

电动机起动功率为 $P_{\text{st}} = \lambda_{\text{st}} P_N = 2.3 \times 1.5\text{kW} = 3.45\text{kW}$

因 $P_{\text{st}} > P_{\text{Lst}}$，故起动能力通过。若 $P_{\text{st}} \leqslant P_{\text{Lst}}$，或 $P_{\text{st}}$ 仅比 $P_{\text{Lst}}$ 稍大一点，则应重选容量再大一些的电动机，以提高起动的可靠性。

对于短时工作制下电动机容量选择的专门方法，这里从略。

[**例 3 - 2**]　图 3.11 为一矿井提升机传动示意图。电动机带动摩擦轮同速旋转，靠摩擦力使钢绳和运载矿石的罐笼提升或放下。提升机用双电动机驱动，试选择电动机的容量。

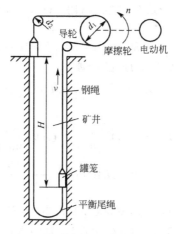

**图 3.11　矿井提升机传动示意图**

已知数据为：井深 $H$ 为 915m，钢绳和平衡绳总长 $L$ 为 $(2H+90)$m，运载重量 $G_1$ 为 58800N，空罐笼重量 $G_2$ 为 77150N，钢绳每米重量 $G_3$ 为 106N/m，摩擦轮直径 $d_1$ 为 6.44m，摩擦轮飞轮矩 $GD_1^2$ 为 2730000N·m，导轮直径 $d_2 = 5$m，导轮飞轮矩 $GD_2^2$ 为

584000N·m²，额定提升速度 $v_e$ 为 16m/s，提升加速度 $a_1$ 为 0.89m/s²，提升减速度 $a_3$ 为 1m/s²，工作周期 $t_z$ 为 89.2s，罐笼及导轨的摩擦阻力使负载增大 20%。

**解**：由题意知负载为周期性断续运行，应按周期性断续工作制选择电动机的容量。

① 计算工作机的负载。

由于两个罐笼和钢绳的重量是相互平衡的，计算时，只须考虑运载的重量和摩擦力即可。负载力和负载功率分别为

$$G=(1+20\%)G_1=1.2\times58800=70560(\text{N})$$

$$P_x=\frac{GV_e}{1000}=\frac{70560\times16}{1000}=1129(\text{kW})$$

② 初选电动机。

取电动机额定功率 $P_e=1.2P_x=1.2\times1129=1355\text{kW}$，每台电动机额定功率为 700kW，额定转速为 47.5r/min，飞轮矩 $GD_D^2=1065000\text{N}\cdot\text{m}^2$。

③ 绘制电动机负载图。

ⓐ 各段运行时间计算。

加速时间和加速阶段罐笼运行高度分别为

$$t_1=\frac{v_e}{a_1}=\frac{16}{0.89}=18(\text{s})\qquad h_1=\frac{1}{2}a_1t_1^2=\frac{1}{2}\times0.89\times18^2=144.2(\text{m})$$

减速时间和减速阶段罐笼运行高度分别为

$$t_3=\frac{v_e}{a_3}=\frac{16}{1}=16\qquad h_3=\frac{1}{2}a_3t_3^2=\frac{1}{2}\times1\times16^2=128(\text{m})$$

稳速时间罐笼运行高度和稳速时间分别为

$$h_2=H-h_1-h_3=915-144.2-128=642.8(\text{m})\qquad t_2=\frac{h_2}{v_e}=\frac{642.8}{16}=40.2(\text{s})$$

停歇时间为 $t_0=t_z-t_1-t_2-t_3=89.2-18-40.2-16=15(\text{s})$

ⓑ 折算到电动机轴上的飞轮矩 $GD^2$ 的计算。

转动部分的飞轮矩为 $GD_a^2=2GD_D^2+GD_1^2+2(GD_2^2)'$，其中两层轮折算到电动机轴上的飞轮距为

$$2(GD_2^2)'=2GD_2^2\left(\frac{n_2}{n_e}\right)^2=GD_2^2\left(\frac{60v_e}{\pi d_2 n_e}\right)^2$$
$$=2\times584000\times\left(\frac{60\times16}{3.14\times5\times47.5}\right)^2=1936000(\text{N}\cdot\text{m}^2)$$

则　　　　$GD_a^2=2\times1065000+2730000+1936000=6796000(\text{N}\cdot\text{m}^2)$

直线运动部分的飞轮矩为 $GD_b^2=365G'v_e^2/n_e^2$，其中直线运动部分总重量为

$$G'=G_1+2G_2+G_3(2h+90)=416620(\text{N})$$

则　　　　$GD_b^2=365\times416620\times16^2/47.5^2=17254000(\text{N}\cdot\text{m}^2)$

最后得折算到电动机轴上的飞轮矩为

$$GD^2 = GD_a^2 + GD_b^2 = 6796000 + 17254000 = 2405000 (\text{N} \cdot \text{m}^2)$$

ⓒ 转矩的计算。

加速转矩　$M_{a1} = \dfrac{GD^2}{375} \times \dfrac{n_1}{t_1} = \dfrac{24050000}{375} \times \dfrac{47.5}{18} = 169240 (\text{N} \cdot \text{m})$

减速转矩　$M_{a3} = -\dfrac{GD^2}{375} \times \dfrac{n_e}{t_3} = -\dfrac{24050000}{375} \times \dfrac{47.5}{16} = -190400 (\text{N} \cdot \text{m})$

稳速转矩　$M_z = 1.2G \dfrac{d_1}{2} = 1.2 \times 58800 \times \dfrac{6.44}{2} = 227200 (\text{N} \cdot \text{m})$

负载图上各段转矩分别为 $M_1 = M_z + M_{a1}$，$M_2 = M_z$，$M_3 = M_z + M_{a3}$，代入上述数据给出电动机负载图如图 3.12 所示。

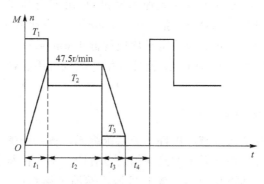

图 3.12　电动机负载图

④ 电动机发热校验。

由负载图知，等效转矩为(取散热恶化系数 $C_\alpha = 0.75$，$C_\beta = 0.5$)

$$M_{dx} = \sqrt{\frac{M_1^2 t_1 + M_2^2 t_2 + M_3^2 t_3}{C_\alpha t_1 + t_2 + C_\alpha t_3 + C_\beta t_0}} = \sqrt{\frac{396440^2 \times 18 + 227200^2 \times 40.2 + 36800^2 \times 16}{0.75 \times 18 + 40.2 + 0.75 \times 16 + 0.5 \times 15}}$$
$$= 260000 (\text{N} \cdot \text{m})$$

电动机的额定转矩为

$$M_e = \frac{9550 P_e}{n_e} = \frac{9550 \times 2 \times 700}{47.5} = 281470 (\text{N} \cdot \text{m}) > M_{dx}，\text{所以，电动机温升通过。}$$

⑤ 过载能力校验。

取余量系数 $K = 0.9$，电压波动系数 $K_U = 0.85$，允许转矩过载倍数 $\lambda_M = 2.5$，则有

$$K \cdot K_U^2 \lambda_T M_e = 0.9 \times 0.85^2 \times 2.5 M_e = 1.625 M_e > M_1 = 1.41 M_e$$

所以，过载能力也通过，说明所选电动机容量合适。

### 3.2.2　内燃机

1. 内燃机的种类

将热能转换为机械能的动力机称为热机，热机有内燃机与外燃机之分。内燃机是指燃料在汽缸内部进行燃烧，直接将产生的气体所含的热能变为机械能的机械。在热机中内燃机的应用最为广泛。内燃机按其主要运动机构的不同，分为往复活塞式内燃机和旋转活塞式内燃机两大类。

目前普遍应用的是往复活塞式内燃机，其分类如下。

（1）按燃料种类可分为柴油机、汽油机、煤气机。

（2）按一个工作循环的冲程数可分为四冲程内燃机、二冲程内燃机。

（3）按燃料点火方式可分为压燃式内燃机、点燃式内燃机。

（4）按冷却方式可分为水冷式内燃机、风冷式内燃机。

（5）按进气方式可分为自燃吸气式内燃机、增压式内燃机。

（6）按汽缸数目可分为单缸内燃机、多缸内燃机。

（7）按汽缸排列方式可分为直列式内燃机、V形排列式内燃机、卧式内燃机、对置汽缸内燃机。

（8）按转速或活塞平均速度可分为高速内燃机（标定转速高于 1000r/min 或活塞平均速度高于 9m/s）、中速内燃机（标定转速 600～1000r/min 或活塞平均速度 6～9m/s）、低速内燃机（标定转速低于 600r/min 或活塞平均速度低于 6m/s）。

（9）按用途可分为农用、汽车用、工程机械用、拖拉机用、铁路用、船用及发电用等内燃机。

**2．内燃机的基本结构和工作原理**

内燃机是一种较为复杂的机械，由许多分系统组成，各类内燃机的组成和结构不尽相同，即使同一类型内燃机，各分系统的具体构造也有所差别，但从各类内燃机的总体构造而言，主要包括机体、曲柄滑块机构、配气机构、燃油供给系统、点火系统、润滑系统、冷却系统及启动装置等部分。对于柴油机，为提高其功率常采用增压器，以提高进入汽缸的空气压力，增加空气密度，使汽缸内可以燃烧较多的柴油。因此，对增压式柴油机还需有增压系统。

1）四行程内燃机的工作原理

图 3.13 为四冲程柴油机的工作过程，图 3.13(a)、(b)、(c)、(d)分别表示柴油机的进气冲程、压缩冲程、做功冲程和排气冲程。四冲程汽油机的工作原理与四冲程柴油机类似。所不同的是，柴油机点火方式为压燃，而汽油机多用火花塞点燃。四冲程内燃机每个工作循环曲轴要转两周。

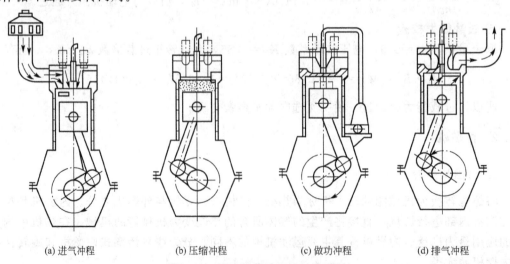

(a) 进气冲程　　　　(b) 压缩冲程　　　　(c) 做功冲程　　　　(d) 排气冲程

**图 3.13　四冲程柴油机的工作过程**

2) 二冲程内燃机的工作原理

二冲程内燃机的工作循环，是在两个活塞冲程即曲轴转动一周内完成的。

图 3.14 所示为一种最简单的曲轴箱扫气式二冲程内燃机结构简图。它没有专门的排气机构，但在缸壁上有排气口 3、扫气口 4 和进气口 2，靠活塞上下运动来开闭这 3 个口，从而实现配气。

第一行程(图 3.14(a))，活塞在上止点附近时可燃气体燃烧以后，推动活塞向下运动。当行至约 1/3 行程时，进气口 2 关闭，由于扫气口 4 也是关闭的，则曲轴箱被封闭，箱内的气体被压缩。当活塞下行约 2/3 行程时，排气口 3 打开，汽缸内的废气开始排出，紧接着扫气口 4 也打开，于是曲轴箱内的压缩空气经扫气道 5 和扫气口 4 进入汽缸，同时帮助驱赶废气，即所谓扫气。这个过程一直要延续到活塞再次上行而将扫气口和排气口关闭时为止。

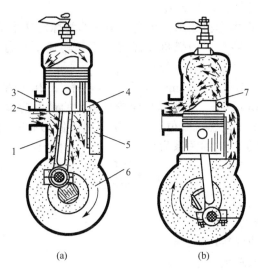

图 3.14　二冲程内燃机结构简图
1—汽缸；2—进气口；3—排气口；4—扫气口；5—扫气道；
6—曲轴箱；7—活塞导流凸顶

第二行程(图 3.14(b))，活塞由下止点向上止点运动，首先关闭扫气口，接着关闭排气口，开始压缩汽缸内的气体。与此同时，曲轴箱内的容积不断增大，气压降至低于大气压，当活塞行至约 2/3 行程时，进气口 2 打开，新鲜空气被吸进曲轴箱，这个过程一直要延续到活塞再次下行将进气口 2 关闭为止。当活塞上行接近上止点时，点燃可燃性气体，活塞越过上止点后又开始新的循环。带有扫气泵的二冲程柴油机工作循环与上述二行程内燃机相类似，所不同的是进入汽缸的是纯空气。这种柴油机设有进气口和排气口。新鲜空气由扫气泵提高压力后，经汽缸壁外部的空气室，从汽缸周围的许多进气口进入汽缸，这些进气口的开闭由往复运动的活塞控制。扫气泵可提高换气效果。

3. 内燃机的主要性能指标

内燃机有两类性能指标：一类是有效性能指标，它是以实际输出的有效功率为计算基准的性能指标；另一类是指示性能指标，它是以汽缸内工作介质对活塞做功所发出的指示功率为计算标准的性能指标。通常在机械设计时，主要应用内燃机的有效性能指标，包括以下一些主要性能指标。

（1）有效功率 $P_e$。内燃机的实际输出功率称为有效功率 $P_e$

$$P_e = P_i - P_m \tag{3-33}$$

式中：

$P_i$——指示功率；

$P_m$——总的机械损失功率。

指示功率是指工质在汽缸中发出的功率。内燃机的有效功率 $P_e$（单位为 kW）可由下式计算

$$P_e = \frac{M_e n}{9549} \tag{3-34}$$

式中：

$M_e$——内燃机的输出转矩，N·m；

$n$——内燃机曲轴的转速，r/min。

（2）标定功率 $P_{eb}$。在内燃机铭牌上规定的功率即为标定功率 $P_{eb}$，与此同时相应地规定了标定转速 $n_{eb}$。制造厂将保证内燃机在标定功率和转速下运行时，具有规定的技术经济指标和可靠性。

国家标准规定的标定功率有：15min 功率、1h 功率、12h 功率和持续功率，分别表示内燃机保证持续运行 15min、1h、12h 和长期持续运行的最大功率。

（3）平均有效压力 $p_e$。内燃机单位汽缸工作容积所做的有效功称为平均有效压力 $p_e$，单位为 MPa。它和有效功率 $P_e$ 的关系为

$$p_e = \frac{30 P_e \tau}{n i V_h} \tag{3-35}$$

式中：

$P_e$——有效功率，kW；

$\tau$——每一循环的冲程数；

$i$——内燃机的汽缸总数；

$V_h$——汽缸的工作容积，m³；

$n$——内燃机曲轴的转速，r/min。

（4）升功率 $P_l$。每升汽缸工作容积所发出的有效功率称为升功率 $P_l$，单位为 kW/L。

$$P_l = \frac{p_e n}{30 \tau} \tag{3-36}$$

（5）有效燃油消耗率 $g_e$。单位有效功率每小时的耗油量称为有效燃油消耗率 $g_e$，单位为 g/(kW·h)

$$g_e = \frac{m_f}{P_e} \times 10^3 \tag{3-37}$$

式中：

$m_f$——每小时耗油量，kg/h。

（6）机械效率 $\eta_m$。有效功率与指示功率之比称为机械效率 $\eta_m$

$$\eta_m = \frac{P_e}{P_i} \tag{3-38}$$

4．内燃机的机械特性

由于柴油机是使用最为广泛的一种内燃机，因此，下面就主要介绍一下柴油机的有关

特性，并与汽油机作简单比较。

柴油机的使用特性通常分 3 种：速度特性、负荷特性及通用特性（又称万有特性）。这些特性曲线是在柴油机试验台上测得的。

1）速度特性

当喷油泵调节杆在标定功率循环供油量位置时，其性能参数随转速变化的关系叫全负荷速度特性（也叫外特性），如图 3.15 所示。图 3.16 所示为汽油机的外特性。对比后可看出，柴油机扭矩曲线变化过程要比汽油机平坦些。这是因为，柴油机进气系统阻力较小，在转速提高时充气系数降低较慢，而循环供油量却随转速提高又有些增加，结果随转速增加，转矩曲线降低很小。转矩变化曲线可以表明内燃机在不同转速下克服外界阻力的能力，常以扭矩储备系数 $\mu_M$ 来评定。

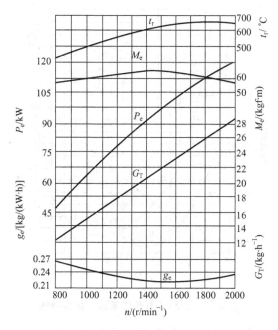

图 3.15　6120Q 型车用柴油机全负荷速度特性（外特性）

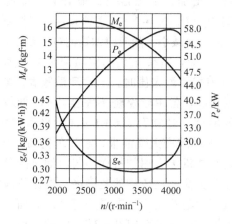

图 3.16　BJ492 型车用汽油机的外特性

$$\mu_{\mathrm{M}}=\frac{M_{\mathrm{emax}}-M_{\mathrm{e}}}{M_{\mathrm{e}}}\times100\% \tag{3-39}$$

式中：

$M_{\mathrm{emax}}$——标定工况下速度特性曲线上的最大转矩值；

　$M_{\mathrm{e}}$——标定工况下的转矩值。

一般车用汽油机扭矩储备系数在 $10\%\sim30\%$。不带校正器的柴油机扭矩储备系数一般在 $5\%\sim10\%$，带校正器的柴油机扭矩储备系数可提高到 $10\%\sim25\%$。

2）负荷特性

转速不变的情况下，柴油机性能参数（每小时的耗油量 $G_{\mathrm{T}}$，有效燃油消耗率 $g_{\mathrm{e}}$ 和排气温度 $t_{\mathrm{r}}$）随负荷 $P_{\mathrm{e}}(p_{\mathrm{e}}，M_{\mathrm{e}})$ 变化的关系称为负荷特性，如图 3.17 所示。

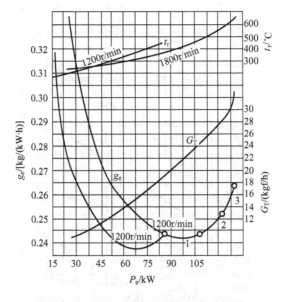

图 3.17　6135Q 型车用柴油机负荷特性

转速一定时，柴油机每小时燃料消耗量 $G_{\mathrm{T}}$ 主要决定于每循环供油量 $\Delta g$。因此，负荷（$P_{\mathrm{e}}$ 或 $M_{\mathrm{e}}$）增加时，$\Delta g$ 随之增加，$G_{\mathrm{T}}$ 就成正比地增加。有效燃油消耗率 $g_{\mathrm{e}}$ 同样也决定于 $\eta_{\mathrm{m}}$ 与 $\eta_{\mathrm{i}}$ 之乘积。在空转时 $P_{\mathrm{e}}=0$，$N_{\mathrm{f}}=N_{\mathrm{m}}$，这时 $\eta_{\mathrm{m}}=0$，即总效率等于 0，故 $g_{\mathrm{e}}\to\infty$。逐渐增大负荷，由于 $\eta_{\mathrm{m}}$ 增加，$g_{\mathrm{e}}$ 迅速减小。随着喷油量的进一步增加，使 $\eta_{\mathrm{i}}$ 略有降低，但是 $\eta_{\mathrm{m}}$ 由于随功率的增加而有明显的增加，结果 $g_{\mathrm{e}}$ 仍随着喷油量的增加而降低。当喷油量增加到点 1 的位置，即对应 $\eta_{\mathrm{m}}$ 与 $\eta_{\mathrm{i}}$ 乘积为最大值时，$g_{\mathrm{e}}$ 达到最低值。如再增加喷油量，因为空气利用程度的提高，功率继续提高，但由于燃烧不完全，$\eta_{\mathrm{i}}$ 降低较多，$g_{\mathrm{e}}$ 开始上升。当喷油量超过点 2 时，排气中出现黑烟。对应于该点的喷油量称为"冒烟界限"。喷油再增加到点 3 时，功率 $P_{\mathrm{e}}$ 达最大值。如继续增大喷油量，$g_{\mathrm{e}}$ 显著提高，$P_{\mathrm{e}}$ 反而下降。

负荷特性也是对固定式柴油机最有用的特性。与汽油机的负荷特性比较，柴油机 $g_{\mathrm{e}}$ 曲线随负荷的变化较平坦，即在负荷变化较广的范围内，能保持较好的燃料经济性。这对负荷变化很大的汽车、拖拉机等运输式发动机来讲是有利的方面。

说明书上提供的负荷特性一般都是对应额定转速时的负荷特性。各种转速下根据负荷特性也可绘制柴油机的速度特性和通用特性，故负荷特性是最基本的特性。

### 3）通用特性（万有特性）

上述特性曲线都只能表达两大参数之间的关系，如负荷特性只能在 $n=c$（常数）时表示 $g_e=f(P_e)$ 或 $G_T=f(P_e)$ 等；速度特性只能在 $\Delta g=c$（常数）时表示 $M_e=f(n)$、$P_e=f(n)$ 等。故常用速度特性来判断发动机的动力性，用负荷特性来判断发动机在某一转速下运行的经济性。但每种特性都不能全面地表示发动机性能。而万有特性，即所谓多参数特性，能表示 3 个或 3 个以上参数之间的关系。

一般以 $n$ 为横坐标，以 $p_e$（或 $M_e$）为纵坐标，作出若干条等有效燃油消耗率 $g_e$ 曲线和等有效功率 $P_e$ 曲线等所构成的曲线族称为万有特性。它可表示各种转速、各种负荷下的燃料经济性，以及最经济的负荷和转速，如图 3.18(a) 所示。很容易看出，最内层的等有效燃油消耗率 $g_e$ 曲线相当于最经济区。

对于运输式发动机来说，最经济区最好在万有特性的中间位置，即在小于额定功率及小于额定转速较多的情况下运行时，仍有较好的经济性。实际上，汽油机的最经济区更偏上，而柴油机比较适中，即柴油机低油耗区的范围较宽，可对比图 3.18(a)、(b) 来看。

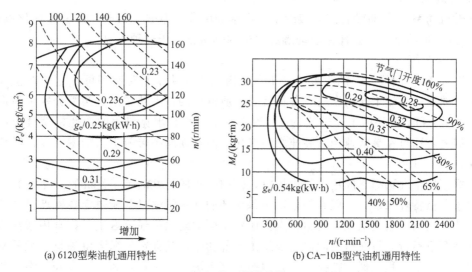

(a) 6120 型柴油机通用特性　　　　　　(b) CA-10B 型汽油机通用特性

**图 3.18　通用特性**

此外，等有效燃油消耗率曲线的形状及其分布情况，对发动机的实际使用经济性也有重要影响。如果等有效燃油消耗率曲线在横向上较长，则表示发动机在负荷变化不大而转速变化较大的情况下工作时，燃料消耗率变化比较小。如在纵向上较长，则表示发动机在负荷变化比较大而转速变化不大的情况下工作时，燃料消耗率变化较小。

### 5. 内燃机的选择

在选择内燃机时必须了解内燃机的运行工况和特性，使它能很好地与被驱动工作机的负载特性相适应。因用途不同内燃机可有不同工况，主要有固定式工况、螺旋桨工况及车用工况。

### 1）固定式工况

内燃机的转速由变速器保证而基本不变，功率则随工作机的负载大小可由小变大，如图 3.19 中曲线 1 所示。驱动发电机、压气机、水泵等工作机的内燃机就属于这种工况。

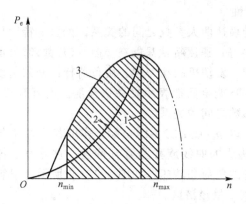

**图 3.19　内燃机各种工况的功率**
1—固定式工况；2—螺旋桨工况；3—车用工况

2）螺旋桨工况

内燃机功率 $P_e$ 与曲轴转速 $n$ 接近呈三次幂的函数，即 $P_e = Kn^3$，其中 $K$ 为比例常数，如图 3.19 中曲线 2 所示。船用驱动螺旋桨的内燃机就属于这种工况。

3）车用工况

如图 3.19 中曲线 3 下的阴影部分所示，内燃机的功率和转速都可独立地在很大范围内变化。曲线 3 为该工况内燃机在各种转速下所输出的最大功率线，两端分别为最低稳定工作转速 $n_{min}$ 和最大许用工作转速 $n_{max}$。汽车、拖拉机、坦克等用的内燃机就属于这种工况，它们的转速可在最低速和最高速之间变化，而且在同一转速下，功率可以在零和全负荷内变化。

根据不同工况选择不同用途的内燃机，使内燃机的特性满足工作机的工况要求。

对于负荷特性来说，一般希望柴油机每循环的标定供油量都能限定在冒烟界限和最低燃油消耗点之间，这是最经济的运行点。但对不同的柴油机还有区别，如车用柴油机经常在部分负荷下运行，只在短时间内需要发出全部功率，其标定的循环供油量一般限制在冒烟界限处；对于工程机械、拖拉机等，因经常接近满负荷工作，为了提高经济性，柴油机的有效燃油消耗率 $g_e$ 曲线随负荷的变化要求比较平坦，即在负荷变化较大的范围内，能保持较好的燃油经济性。

在速度特性中转矩储备系数 $\mu_M$ 是一个很重要的参数。工程机械工作时，经常遇到外界阻力突然增大的情况，为了克服短期超负荷，要求转矩随转速下降而增加较大。选择的柴油机 $\mu_M$ 值越大，表明柴油机克服短期超负荷能力越强。

根据内燃机的万有特性，可以更全面地评价所选内燃机运行的动力特性和经济性的好坏。从万有特性曲线上很容易找出柴油机最经济的负荷和转速范围。对于车用柴油机，希望最经济区能在万有特性的中间位置上，使常用的中等载荷、转速落在最经济区内，要求等燃油消耗率曲线沿横坐标方向长些，能在中等转速范围较大的工况下获得较好的经济性。

对于汽油机的选择也可从上述特性考虑，汽油机的 $\mu_M$ 值比柴油机的大，说明其克服短期超负荷的能力较强，工作也比柴油机稳定，但汽油机的最低燃油消耗率点比柴油机高，$g_e$ 的变化曲线也不如柴油机平坦，在负载变化范围较大时，其经济性比柴油机差，所以工程机械和载重汽车一般都不选用汽油机。

### 3.2.3　液压马达的种类、机械特性及其选择

液压马达是将液压能转换为机械能的能量转换装置。它在液压系统中作执行元件。

1. 液压马达的种类

液压马达按速度可分为低速和高速两大类。一般认为转速低于 500r/min 的为低速，高于 500r/min 的为高速。低速液压马达的基本型式是径向柱塞式，如单作用曲轴连杆式、静平衡式和多作用内曲线式。此外，轴向柱塞式、叶片式和齿轮式中也有低速的型式。低速马达的主要特点是排量大、体积大、转速低，可直接与工作机械相连，不需要减速装置，使传动机构大大简化，通常它又被称为低速大转矩液压马达。高速液压马达的基本型式有齿轮式、螺杆式、叶片式和轴向柱塞式等，它又被称为高速小转矩液压马达。

2. 液压马达的主要性能参数

（1）转速 $n$：液压马达的额定转速是指输出额定功率（或转矩）的情况下，正常持久的使用转速。液压马达的转速一般是可变的，它取决于输入流量和本身排量的变化，其最小值受最低稳定转速的限制，最高值受机械效率和使用寿命的限制。

（2）压力 $p$：压力 $p$ 表示单位体积油液压所具有的能量。液压马达的实际工作压力取决于负载的大小，它的额定压力是指输入规定油量和输出规定转速的情况下，运行到规定寿命时所能达到的最高输入压力。

（3）体积流量 $q_v$ 和排量 $q$：体积流量 $q_v$ 是指单位时间内输入液压马达的油液体积，理论流量为没有泄漏的情况下的体积流量。实际流量小于理论流量。排量 $q$ 为在没有泄漏的情况下，液压马达每一转输入油液的体积。理论流量等于排量和转速的乘积。

（4）转矩 $M$：液压马达输出转矩 $M$ 按下式计算

$$M = pq\eta_m / (2\pi) \qquad (3-40)$$

式中：

$M$——液压马达的输出转矩，N·m；

$p$——液压马达的工作压力，MPa；

$q$——液压马达的排量，mL/r；

$\eta_m$——液压马达的机械效率。

（5）总效率 $\eta$：液压马达的总效率。

$$\eta = \eta_m \eta_v \qquad (3-41)$$

式中：

$\eta_v$——为液压马达的容积效率；

$\eta_m$——为机械效率。

（6）功率 $P$：液压马达的实际功率 $P$ 按下式计算。

$$P = pq_v \eta / 60 \qquad (3-42)$$

式中：

$P$——液压马达的实际功率，kW；

$p$——液压马达的工作压力，MPa；

$q_v$——液压马达的实际流量，L/min；

$\eta$——液压马达的总效率。

对于各种液压马达的机械特性是不相同的，详见液压传动有关资料。

3. 液压马达的性能比较和应用范围

齿轮式、叶片式、轴向柱塞式等高速小转矩马达的共同特点是结构尺寸和转动惯量小、换向灵敏度高，适用于转矩小、转速高和换向频繁的场合。根据矿山、工程机械的负载特点和使用要求，目前低速大转矩马达应用较普遍。一般来说，对于低速且稳定性要求不高、外形尺寸不受限制的场合，可以采用结构简单的单作用径向柱塞液压马达。对于要求转速范围较宽、径向尺寸较小、轴向尺寸稍大的场合，可以采用轴向柱塞液压马达。对于要求传递转矩大、低速稳定性好的场合，常采用内曲线多作用径向柱塞液压马达。3 种低速大转矩液压马达的主要性能比较见表 3-2。

表 3-2 3 种低速大转矩液压马达的主要性能

| 性能 | 双斜盘轴向柱塞式 | 单作用径向柱塞式 | 内曲线多作用式径向柱塞式 |
|---|---|---|---|
| 常用工作压力/MPa | 16～32 | 12～20 | 16～32 |
| 流量/L·min⁻¹ | 0.25～25 | 0.1～10 | 0.25～50 |
| 最低转速/(r·min⁻¹) | 2～4 | 5～10 | 可达0.5 |
| 容积效率 | 0.90～0.98 | 0.85～0.95 | 0.90～0.96 |
| 总效率 | 高 | 较高 | 较低 |
| 重量与转矩之比 | 较大 | 较小 | 小 |
| 起动转矩 | 较大 | 曲轴连杆式，较小；静力平衡式，较大 | 大 |
| 滑移量 | 小 | 较大 | 大 |
| 转速范围/(r·min⁻¹) | 3～1200 | 5～600 | 1～200 |
| 外形尺寸 | 较小 | 较大 | 小 |
| 工艺性 | 结构简单，易加工 | 一般 | 结构复杂，难加工 |

### 3.2.4 气动马达的种类、机械特性及其选择

1. 气动马达的种类

气动马达是以压缩空气为动力的输出转矩，驱动执行机构作旋转运动的动力装置。气动马达按工作原理分为容积式和透平式两大类。容积式气动马达可分为叶片式、活塞式、齿轮式等，最常用的是叶片式和活塞式。透平式气动马达很少用。

2. 叶片式气动马达的特性曲线

叶片式气动马达的特性曲线是在一定压力下获得的，如图 3.20 所示。当工作压力不变时，其转速 $n$、耗气量 $q_V$、功率 $P$ 均随负载转矩 $M_L$ 而变。当 $M_L=0$ 即空转时，转速达

最大值 $n_{max}$，此时输出功率也为零。当负载转矩 $M_L$ 等于最大转矩 $M_{max}$ 时，转速为零，输出功率也为零。当 $M_L = 0.5M_{max}$ 时，其转速为 $n = 0.5n_{max}$。此时气动马达的功率达最大值，通常这就是所要求的气动马达的额定功率。

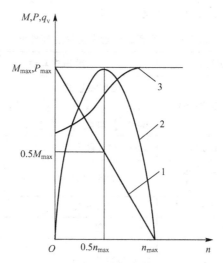

**图 3.20　叶片式气动马达特性曲线**
1—转矩特性曲线；2—功率特性曲线；3—耗气量特性曲线

**3. 活塞式气动马达的特性曲线**

活塞式气动马达的特性曲线与叶片式马达的类同(图 3.21)。当工作压力增高时，马达的输出功率 $P$、转矩 $M$ 和转速 $n$ 均有增加。当工作压力不变时，其功率、转矩和转速均随外加负载的变化而变化。

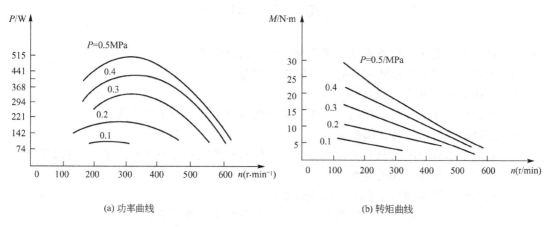

(a) 功率曲线　　　　　　　　　　　　　　　(b) 转矩曲线

**图 3.21　活塞式气动马达特性曲线**

**4. 气动马达的选择**

选择气动马达要从负载特性考虑。在变负载场合使用时，主要考虑速度范围及满足所需的负载转矩。在稳定负载下使用时，工作速度则是一个重要的因素。叶片式气动马达比活塞式气动马达转速高、结构简单，但起动转矩小，在低速工作时耗气量大。当工作速度低于空载速度的 25% 时，最好选用活塞式气动马达。

气动马达的选择计算比较简单。首先根据所需的转速和最大转矩计算出所需的最大功率，然后选择相应功率的气动马达。

几种容积式气动马达的主要性能比较见表 3-3。

表 3-3　容积式气动马达的主要性能

| 类别 | 齿轮式马达 | | 活塞式马达 | | | | 叶片式马达 | | |
|---|---|---|---|---|---|---|---|---|---|
| | 双齿轮式 | 多齿轮式 | 径向活塞式 | | | 轴向活塞式 | 单向回转式 | 双向回转式 | 双作用双向回转式 |
| | | | 有连杆式 | 无连杆式 | 滑杆式 | | | | |
| 转速/(r/min) | 1000～10000 | | 100～1300(最大至 6000) | | | <3000 | 500～50000 | | |
| 转矩 | 较小 | 较双齿轮式大 | 0.85～0.95 | | | 较径向活塞式大 | 小 | | |
| 功率 $P$/kW | 0.7～3.6 | | 0.7～18 | | | <3.6 | 0.15～18 | | |
| 效率 | 低 | | 较高 | | | 高 | 较低 | | |
| 耗气量 $q_V$ /(m³/kW) | >1.6 | | 大型马达约为 0.9～1.4 小型马达约为 1.9～2.3 | | | 1.0 左右 | 大型马达约为 1.4 小型马达约为 1.7～2.3 | | |
| 单位功率的机重 | 较轻 | 较双齿轮式轻 | 重 | | | 较重 | 轻 | | |
| 结构特点 | 结构简单、噪声大、振动大、人字齿轮式马达换向困难 | | 结构复杂 | | | 结构紧凑，但很复杂 | 结构简单，容易维修 | | |

# 思　考　题

1. 常见工作机械的负载特性有哪几种？试举例说明之。

2. 工程上一般如何描述周期载荷及非周期载荷？

3. 载荷的确定方法有哪几种？

4. 什么是工作机械的工作制？三相异步电动机的工作制分为哪几类？

5. 选择动力机时应考虑哪些问题？

6. 简述三相异步电动机和他励直流电动机的固有机械特性及其常用的人为机械特性。

7. 如何合理选择电动机的类型？

8. 选择电动机功率时主要考虑哪些因素？

9. 什么情况下应进行电动机的发热计算？常用什么方法计算？

10. 内燃机的主要性能指标有哪些？

11. 柴油机常用的机械特性有哪几种？它们反映了柴油机的什么性能？

# 第4章
# 执行系统

 本章知识要点

| 知识要点 | 掌握程度 | 相关知识 |
|---|---|---|
| 执行系统 | 掌握执行系统的组成及功能；熟悉执行系统的分类以及执行构件的运动形式 | 执行系统5种功能的定义及应用举例；执行系统的分类特点及应用举例；执行构件的常见运动形式及主要运动参数 |
| 执行系统设计 | 掌握执行系统设计的基本要求及设计步骤 | 执行系统的基本设计要求；五步法的设计步骤 |

导入案例

　　图 4.0 表示了破碎机构的增力原理。偏心轮绕固定点 B 转动时，带动动颚板 AE 摆动，产生增力作用。但动颚板仅作绕轴心 A 的简单摆动，动颚板和静颚板的靠近量下大而上小，因此，上部不能获得较大的破碎功。这种机构的动颚板装于连杆上，当偏心轮绕固定点 A 转动时，动颚板作平面复合运动。两颚板的靠近量上大而下小，这样能在破碎机的上部获得很大的破碎功，破碎效果好，而下部因行程小，能得到较细较均匀的矿块。偏心距 e 越小，破碎力越大，但过小的偏心距将降低效率。

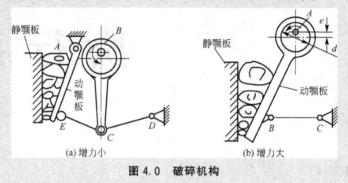

**图 4.0　破碎机构**

# 4.1　执行系统的组成、功能及分类

**1. 执行系统的组成**

　　执行系统是机械系统中的一个重要组成部分，是直接完成系统预期工作任务的部分，也称工作机或工作装置。

　　执行系统由执行构件和与之相连的执行机构组成。

　　执行构件是执行系统中直接完成工作任务的零部件，它或是与作业对象直接接触并携带它完成一定的动作（如铣床的分度装置），或是在作业对象上完成一定的动作（例如曲柄压力机的滑块即工作头）。

　　执行构件往往是执行机构中的一个构件，它的动作由与之相连的执行机构带动，其结构、强度、刚度、运动形式、精度、可靠性与使用寿命等不仅取决于整个机械系统的工作要求，而且也与执行机构的类型及其工作特性有关。

**2. 执行系统的功能**

　　执行机构的作用是传递和变换运动与动力，即把传动系统传递过来的运动与动力进行必要的变换，以满足执行构件的要求。

　　执行系统是在执行构件和执行机构协调工作的情况下完成任务的。执行系统的功能是多种多样的，但归纳起来主要有以下几种。

　　1）夹持

　　夹持是指夹住工件的动作。在加工或搬运工件时，夹持动作是必不可少的。夹持机构

主要包括机械式、液压式、气压式和吸附式 4 种。"手指"是一种常见的夹持机构。

图 4.1～图 4.4 为几种常见的夹持器。

图 4.1 所示为弹簧杠杆式机械手。当机械手向下运动,手指 6 接触到工件 7 时,依靠手指 6 上开口处的斜面和机械手向下运动的动作,将手指 6 撑开,使工件 7 进入手指之间,在弹簧力作用下将工件 7 夹紧。当工件被送到需要的位置时,手指 6 不会自动松开工件 7,必须先由其他装置先夹紧工件 7,然后机械手向上运动,才会使手指 6 克服弹簧力撑开手指 6 而松开工件。这种机械手只适用于抓取和夹持小型零件和较轻的物体。

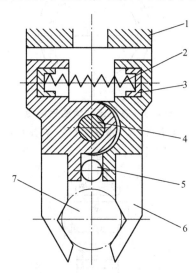

**图 4.1 弹簧杠杆式机械手**
1—手腕;2—弹簧;3—垫圈;4—回转轴;5—挡块;6—手指;7—工件

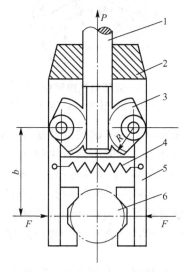

**图 4.2 齿轮齿条式机械手**
1—滑柱;2—手腕;3—扇形齿轮;4—弹簧;5—手指;6—工件

图 4.2 所示为齿轮齿条式机械手。在滑柱 1 上装有齿条,当滑柱 1 上下移动时,齿条带动扇形齿轮 3 来回摆动,由于手指 5 和扇形齿轮固定在一起,因而,在齿条及齿轮的带

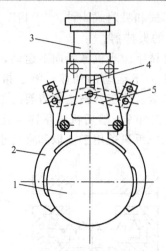

**图 4.3　液压连杆传动夹持器**
1—工件；2—手指；3—液压缸；4—活塞杆；5—连杆

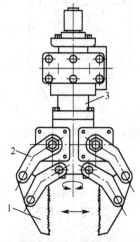

**图 4.4　液压电气控制夹持器**
1—手指；2—转臂；3—液压油缸

动下，手指可以张开、合拢，完成对工件 6 的夹紧及松开动作。弹簧 4 的作用是使齿轮和齿条运动时更加平稳，且使手指在张、合时不易发生抖动。

图 4.3 所示为液压连杆传动夹持器，工作时液压缸 3 进油推动活塞杆 4，通过连杆 5 使手指 2 绕固定销轴转动夹紧工件 1。这种夹持器的手指内侧呈圆弧形，主要用于夹持圆形工件。

图 4.4 所示为液压电气控制夹持器，当液压油带动转臂 2 转动时，手指 1 开合，由于采用了平行四杆机构，使手指作平动，适合于夹持方形或棱形工件，同时，整个夹持器还可绕其主轴线转动。

图 4.5 所示为罐笼防坠器的抓捕器。上壁板 1、下壁板 2、背楔 6 和下挡板 5 通过螺栓固定在罐笼上，罐笼正常提升工作时，滑楔 3 与制动绳 7 不接触。当提升钢丝绳一旦断裂，防坠器抓捕器中的弹簧（开动机构）将启动防坠器，通过抓捕器的两个滑楔 3 向上运动，从而"夹死"在制动绳上，避免罐笼坠入井底，滚子 4 的作用是易于释放恢复正常，在这种抓捕器中两个滑楔 3 是执行构件。

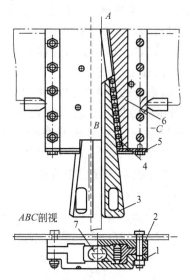

**图 4.5　抓捕器结构图**

1—上壁板；2—下壁板；3—滑楔；4—滚子；5—下挡板；6—背楔；7—制动钢丝绳

图 4.6 所示为 JK 系列提升机广泛使用的油压盘闸制动器工作原理图。油压盘闸成对使用，对称地布置在制动盘两边，固定在地基上，图中省略了一只盘闸。制动时，司机操作手柄降低油压 $p$，弹簧 4 通过活塞 3 和闸瓦 2 向旋转的制动盘 1 施力，闸瓦 2 与制动盘 1 间产生摩擦制动力。油压 $p$ 越低，产生的制动力越大，油压 $p$ 为零时，产生的制动力最大；反之油压 $p$ 最高时，制动力最小为零，即为松闸状态。

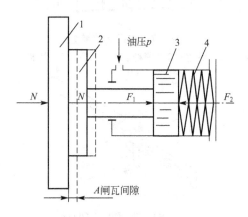

**图 4.6　盘闸工作原理图**

1—制动盘；2—闸瓦；3—活塞；4—弹簧

2）搬运与输送

搬运是指能把工件从一个位置移送到另一个位置，但并不限定移送路线的动作，常见于生产自动线或自动机中。

搬运是指将工件按给定的路线，从一个位置运送到下一个位置。按输送路线的不同可分为：直线输送、环形输送和空间输送。按输送方式的不同又可分为：连续输送和间歇输送。

图 4.7 所示为车门启闭装置。图中实线表示车门处于关闭位置，当气缸 1 充气推动活塞 2 右移时，摆杆 3 绕 A 点转动，带动滑块 6 在滑槽 5 中移动，使车门 4 被推到开启位置。

图 4.8 所示为一种简单的搬运装置，适用于搬运扁平工件。图 4.8(a)表示工件在搬运前的位置，图 4.8(b)表示搬运后的位置。其工作过程如下：当真空吸头 10 吸住工件 11 后，气缸 7 充气，使连接于气缸活塞杆的齿条 5 向前移动，带动小齿轮 6 及与之相固联的曲柄 8 转摆 180°，至图 4.8(b)所示的位置，然后真空吸头 10 充气，将工件置放于所需位置。为了防止真空吸头翻转，将搬运头 9 空套在曲柄的销轴上，使它能在销轴上自由转动，而滑块 1 空套在导销 2 上，滑块与搬运头以刚性连杆 3 相连，在曲柄 8 转摆时，搬运头 9 始终保持垂直位置，导销 2 在导板 4 的导槽中滑动。

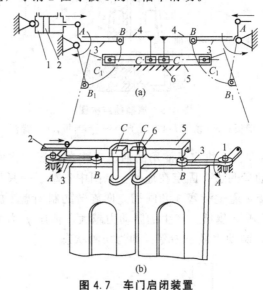

**图 4.7　车门启闭装置**

1—气缸；2—活塞；3—摆杆；4—车门；5—滑槽；6—滑块

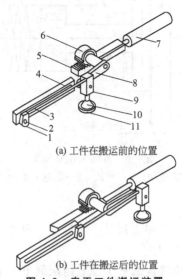

(a) 工件在搬运前的位置

(b) 工件在搬运后的位置

**图 4.8　扁平工件搬运装置**

1—滑块；2—导销；3—刚性连杆；4—导板；5—齿条；6—小齿轮；7—气缸；
8—曲柄；9—搬运头；10—真空吸头；11—工件

图 4.9 和图 4.10 为两种常见的输送装置。

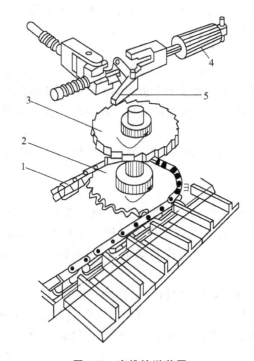

**图 4.9　直线输送装置**
1—链条；2—链轮；3—棘轮；4—气缸；5—棘爪

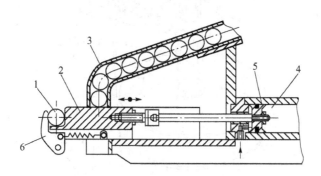

**图 4.10　间歇式自动输送装置**
1—工件；2—输送机构；3—料道；4—气缸；5—活塞；6—夹持器

图 4.9 所示为一种间歇式直线输送装置。气缸 4 推动棘爪 5 前进，棘爪 5 驱动棘轮 3 转动，与棘轮同轴固联的链轮 2 带动特制链条 1，使装配输送带沿直线作间歇位移。如将上述装置的链轮与连续旋转的构件相连，则输送带沿直线连续物送。

图 4.10 所示为一种间歇式自动输送装置。输送机构 2 在气缸 4 的控制下作往复直线运动时，料道 3 中的工件 1 在自重作用下落入输送机构的夹持器 6 里，当活塞 5 向左运动时输送机构将工件 1 送往工作地点。

许多煤矿副井的井底和井口安装有矿车推车机，其作用是将矿车推入罐笼内，主要种类有液压缸式、气动式、直线电机式和机械式等，其执行构件均是作往复运动。例如液压缸式推车机，工作时活塞杆伸出，推动矿车向前运行进入罐笼内后，活塞杆收缩，完成一次工作循环，液压缸是执行机构。

液压支架中的推溜和移架装置，是综合机械化采煤工作面刮板输送机和液压支架随着工作面的前进而不可缺少的移动装置，推移千斤顶连接在刮板输送机的中部槽侧帮上。工作过程是液压支架首先降顶梁，推溜千斤顶收缩，支架被前移到位后，支架立柱升起顶紧顶板，推溜千斤顶伸出。将中部槽推进，完成一次循环。推溜时液压支架为固定点，移架时，中部槽为固定点。

另外 Z - 20B 型铲斗式装载机的执行机构、汽车吊、车间跑车等许多设备均具有搬运功能。

3) 分度与转位

分度是指对工件或者是工作台的角度进行精确的等分，如在插齿加工中要按给定的齿数等分齿轮。转位则是指将工件或工作台旋转一个给定的角度，如六角车床的刀架转位换刀等。机床中，分度与转位机构都装有定位装置，以保证分度与转位的准确和可靠。

图 4.11 所示为由棘轮机构带动的回转工作台，当要分度时，气缸 5 带动定位栓 6 从分度盘 1 的切口退出，气缸 4 推动棘轮转位，使工作台转过一分度角，然后气缸 5 伸出，使定位栓进入分度盘 1 的下一切口实现定位，同时，气缸 4 退回到起始位置。

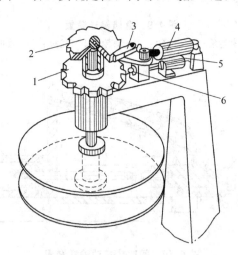

**图 4.11　棘轮机构带动的回转工作台**
1—分度盘；2—棘轮；3—棘爪；4—分度气缸；5—定位气缸；6—定位栓

图 4.12 所示为由凸轮机构带动的回转工作台。工作时，凸轮机构(图中未画出)带动连杆 5 和驱动板 4 往复摆动，通过驱动销 2 使分度盘 3 回转分度。定位栓 1 则使分度盘 3 定位。图 4.13 表示了该工作台的分度转位过程。

4) 检测

检测是指检验和测量工件的尺寸、形状及性能。此时，执行构件通常是一个检测探头，当它接触到被检测工件时，通过机、电或其他方式，把检测结果传递给执行机构，以分离出"合格"与"不合格"工件。

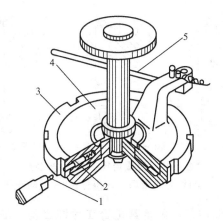

**图 4.12 凸轮机构带动的回转工作台**

1—定位栓；2—驱动销；3—分度盘；4—驱动板；5—连杆

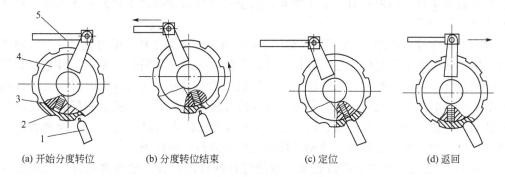

(a) 开始分度转位    (b) 分度转位结束    (c) 定位    (d) 返回

**图 4.13 回转工作台的分度转位过程**

1—定位栓；2—驱动销；3—分度盘；4—驱动板；5—连杆

图 4.14 和图 4.15 为两种检测装置。

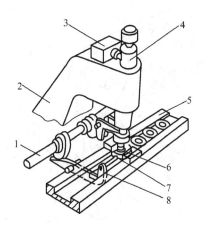

**图 4.14 自动检测垫圈内径装置**

1—凸轮轴；2—支架；3—微动开关；4—压杆；5—进给滑道；

6—检测探头；7—工件(垫圈)；8—止动臂

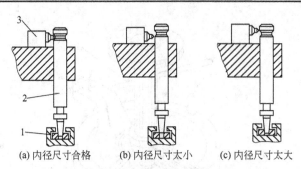

(a) 内径尺寸合格　　　(b) 内径尺寸太小　　　(c) 内径尺寸太大

**图 4.15　垫圈内径检测工作过程**

1—工件；2—带探头的压杆；3—微动开关

　　图 4.14 所示为检测垫圈内径，确定其是否在允许公差范围之内的检测装置。被检测的工件沿一条倾斜的进给滑道 5 连续送进，直到最前边的工件被止动臂 8 上的止动销挡住而停止。凸轮轴 1 上装有两只盘形凸轮，分别控制压杆 4 的升降和止动臂 8 的摆动。当检测探头 6 进入工件 7 的内孔时，止动臂 8 连同止动销在凸轮推动下离开进给滑道，以便让工件 7 浮动。

　　检测的动作过程如图 4.15 所示。图 4.15(a) 所示为被测工件 1 的内径尺寸在公差范围之内，这时微动开关 3 的触头进入压杆 2 的环形槽，微动开关断开，发出信号给控制系统（图中未表示出），在压杆离开工件后，把工件送入合格品槽。图 4.15(b) 所示为工件内径尺寸小于合格的最小直径时，压杆的探头进入内孔深度不够，微动开关仍闭合，发出信号给控制系统，使工件进入废品槽。图 4.15(c) 所示为工件内径尺寸大于允许的最大直径时的情况，这时微动开关也闭合，控制系统把工件送入另一废品槽。

　　图 4.16 所示为一种检测螺钉长度、剔除过长螺钉的装置。被检测螺钉以它的头部为支承，呈单列形式沿图示支承导轨送进，螺钉的送进是依靠驱动皮带 5 与螺钉头表面间的摩擦实现的。长度过长的螺钉会触及检测杆 2，使微动开关 1 发出指令，气缸 6 推动偏转板 9，将不合格品送入废品槽。

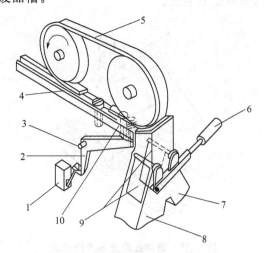

**图 4.16　度量螺钉长度的检测装置**

1—微动开关；2—检测杆；3—销轴；4—支承导轨；5—驱动皮带；
6—气缸；7—废品槽；8—合格品槽；9—偏转板；10—工件

图 4.17 为常用的偏转板分选装置示意图。根据检测指令，偏转板有不同偏转角度，使合格品和不合格品分选出来。如有必要还可把不合格品分选为可返修品和废品。

(a) 合格品被送入合格品槽 　　　 (b) 不合格品被送入废品槽

**图 4.17　偏转板分选装置示意图**

5）加载

加载是指机械要求执行系统对工作对象施加力或力矩以达到完成生产任务的目的。例如材料压力加工与试验、重物起吊与搬运、矿石粉碎等机械都要求其执行系统具有加载功能。

综合机械化采煤过程中，广泛使用液压支架，图 4.18 所示为支撑掩护式液压支架，它主要作用是支护顶板。在采煤过程中为了保证煤层顶板不垮落，支架顶梁 1 必须对顶板产生一定的向上支撑力，这个力由液压立柱 3 提供。支撑力的大小，直接反映出液压支架性能的好坏。

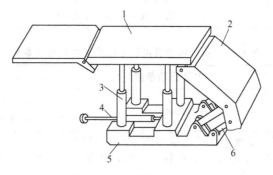

**图 4.18　支撑掩护式支架**

1—顶梁；2—掩护梁；3—支柱；4—推移千斤顶；

5—底座；6—连杆

根据机械系统工作要求，往往一个执行系统需具备多种功能要求，例如插齿机中带动插齿刀的执行系统就同时具备分度和加载两种功能。

3. 执行系统的分类

执行系统可按其对运动和动力的不同要求分为动作型、动力型及动作—动力型。系统中执行机构数及其相互间的联系情况分为单一型、相互独立型及相互联系型。

各类执行系统的特点和应用举例见表 4-1。

4. 执行构件的运动形式

执行构件的运动形式取决于执行系统所要完成的工作任务，由于工作任务的多样性，所以执行构件的运动形式也各种各样，表 4-2 列出了执行构件常见运动形式及主要运动参数。

表 4-1　执行系统的特点和应用举例

| 类别 | | 特点 | 应用举例 |
|---|---|---|---|
| 按执行系统对运动和动力的要求 | 动作型 | 要求执行系统实现预期精度的动作（位移、速度、加速度等），而对执行系统中各构件的强度、刚度无特殊要求 | 缝纫机、包糖机、印刷机等 |
| | 动力型 | 要求执行系统能克服较大的生产阻力，做一定的功，因此对执行系统中各构件的强度、刚度有严格要求，但对运动精度无特殊要求 | 曲柄压力机、冲床、推土机、挖掘机、碎石机等 |
| | 动作—动力型 | 要求执行系统既能实现预期精度的动作，又要克服较大的生产阻力，做一定的功 | 滚齿机、插齿机等 |
| 按执行系统中执行机构的相互联系情况 | 单一型 | 在执行系统中，只有一个执行机构工作 | 搅拌机、碎石机、皮带输送机等 |
| | 相互独立型 | 在执行系统中有多个执行机构工作，但它们之间相互独立、没有运动的联系和制约 | 外圆磨床的磨削进给与砂轮转动，起重机的起吊与行走动作等 |
| | 相互联系型 | 在执行系统中有多个执行机构，且它们之间有运动上的联系和制约 | 印刷机、包装机、缝纫机、纺织机等 |

表 4-2　执行构件常见运动形式及主要运动参数

| 运动形式 | | | 主要运动参数 | 应用举例 |
|---|---|---|---|---|
| 平面运动 | 转动 | 连续转动 | 角速度 $\omega$ 或转速 $n$ | 齿轮机构、凸轮机构、双曲柄机构、步进电动机、伺服电动机等 |
| | | 间歇转动 | 运动时间 $t$，停歇时间 $t_0$，运动周期 $T=t+t_0$，运动系数 $\tau=t/T$，转角 $\varphi$，角加速度 $\alpha$ | 槽轮机构、棘轮机构等 |
| | | 往复摆动 | 摆角 $\varphi$，角加速度 $\alpha$，行程速比系数 $K$ | 曲柄摇杆机构、摆动导杆机构、曲柄摇杆机构、摆动推杆凸轮机构、组合机构等 |
| | 移动 | 连续移动 | 速度 $v$ | 齿轮齿条机构、带传动机构中输送带的移动 |
| | | 间歇移动 | 运动时间 $t$，停歇时间 $t_0$，运动周期 $T=t+t_0$，运动系数 $\tau=t/T$，位移 $s$，加速度 $a$ | 不完全齿轮齿条机构、曲柄摇杆机构＋棘条机构、槽轮机构＋齿轮齿条机构、其他组合机构等 |
| | | 往复移动 | 位移 $s$，加速度 $a$，行程速比系数 $K$ | 曲柄滑块机构中滑块的运动 |
| 空间运动 | 一般空间运动 | | 绕三个相互垂直轴线的转角 $\varphi_x$、$\varphi_y$、$\varphi_z$，角速度 $\omega_x$、$\omega_y$、$\omega_z$，角加速度 $\alpha_x$、$\alpha_y$、$\alpha_z$，绕 3 个相互垂直轴线的位移 $s_x$、$s_y$、$s_z$，速度 $v_x$、$v_y$、$v_z$，加速度 $a_x$、$a_y$、$a_z$ | 空间连杆机构等。用来传递相交两轴间转动的万向联轴器；装配线上常见的机械手；谷物收获机的割刀 |

# 4.2　执行系统设计

**1. 执行系统的设计要求**

设计系统时，通常要满足下列要求。

1）实现预期精度的运动或动作

不仅要满足运动或动作形式的要求，而且要确保一定的精度。盲目提高运动精度，无疑会导致成本提高，增加制造和安装调整的难度，所以设计时应根据实际需要，定出适当的精度。

2）有足够的强度、刚度

强度不够会导致零部件损坏，造成工作中断，甚至人身事故。刚度不够所产生的过大弹性变形，也会使系统不能正常工作。强度、刚度计算并非对任何执行系统都是必要的，例如某些动作型执行系统（如包糖机），主要功能是实现预期的动作，而受力很小，在这种场合，零部件尺寸通常由工作和结构的需要确定。

3）各执行机构间动作要协调配合

对于有相互联系的多个执行机构的执行系统，设计时要确保各执行机构间的运动协调与配合，以防止由于运动不协调而造成机件相互干涉或工序倒置等事故。为此，设计时需绘制工作循环图，将各个执行机构中执行构件运动的先后顺序、起止时间和运动范围等都画在工作循环图上，以保证其运动的协调与配合。

4）结构合理、造型美观、便于制造与安装

要从材料选择、确定制造过程和方法着手，以期达到能以最少的加工费用制造出合格的产品。也不应忽视设计造型的美观。

5）工作安全可靠，有足够的使用寿命

在给定的使用期限内和预定环境下，执行系统能正常地进行工作，不出故障。通常以最主要、最关键零部件的使用寿命来确定系统的寿命。要适应工作环境，防锈、防腐、耐高温。外露的执行机构常需设置安全防护装置。

**2. 执行系统的设计步骤**

进行执行系统设计时，不存在固定的设计步骤，因为它和设计内容多少、难易程度及设计者的经验有关，但通常要经过以下一些步骤。

1）拟定运动方案

确定实现工作任务的工艺原理，需要几个执行构件及其运动形式。实现同一种功能或工作任务，可以采用不同的工艺原理、选择不同的运动方案。

例如，加工齿轮，可以采用仿形法和范成法两种不同的切齿原理。采用不同的工艺原理，执行系统的结构、执行机构的类型及执行构件的形状与运动形式等都将不同。所以，拟定运动方案是设计的首要任务，设计者可先提出几个初步方案，进行充分分析比较，听取各方面意见，进行反复修改，然后确定最合适的方案。

2）合理选择执行机构类型

执行系统方案确定以后，接着是合理选择执行机构的类型及其组合。已如前述，执行机构的作用是传递和变换运动，实现某种运动的变换，可选择的机构并非唯一的，因而需要进行分析比较与合理选择。例如，为了把旋转运动变换成移动，可供选择的机构有连杆、凸轮、齿轮齿条及螺旋等几类，但这几类机构又各具特点。在选择机构时，首先要根据执行构件的运动或动作、受力大小、速度快慢等条件，并结合机构的工作特点进行综合分析，一般的选择原则是在满足运动要求的前提下，尽可能缩短运动链，使机构和零部件数减少，从而提高机械效率，降低成本。同时，应优先选用结构简单、工作可靠，便于制造和效率高的机构。

3）绘制工作循环图

在设计多个执行机构同时工作的机械时，要绘制工作循环图，以表达和校核各执行机构间的协调和配合。

工作循环图反映机械系统中各执行机构在一个运动循环周期内以怎样的次序对产品进行加工，正确的循环图设计可以保证生产设备具有较高的生产率和较低的能耗。

执行机构的运动循环周期包括工作行程、空回行程（回程）和停歇所需时间的总和。

图 4.19 所示为自动压痕机的结构形式，其压痕机冲头的上下运动是通过凸轮来实现的。冲头的运动循环由 3 部分组成：冲压行程所需时间 $t_k$，压痕冲头的保压停留时间 $t_{ok}$ 以及回程所需时间 $t_d$。因此，压痕冲头一个循环所需时间为

$$T_p = t_k + t_{ok} + t_d \qquad\qquad (4-1)$$

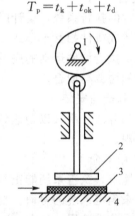

**图 4.19　自动压痕机的结构形式**
1—凸轮；2—压痕冲头；3—压印件；4—下压痕模

常用的机械运动循环图有直线式、圆形式和直角坐标式 3 种形式，如图 4.20 所示。

（1）直线式运动循环图。如图 4.20(a)所示，直线式运动循环图是以一定比例的直线段表示运动循环各运动区段的时间。直线式运动循环图的特点是：表示方法最简单，但直观性很差（如压痕冲头在每一瞬时的位置无法从图上看出），且不能清楚地表示与其他机构动作间的相互关系。

（2）圆形式运动循环图。如图 4.20(b)所示，圆形运动循环图是将运动循环的各运动区段的时间及顺序按比例绘于圆形坐标上。圆形运动循环图的特点是：直观性强，尤其对于分配轴每转一周为一个机械运动循环者，有很多方便之处。但是，当执行机构太多时，需将所有执行机构的运动循环图分别用不同直径的同心圆环来表示，则看起来不很方便。

（3）直角坐标式运动循环图。如图 4.20(c)所示，直角坐标式运动循环图是将各执行构件的各运动区段的时间和顺序按比例绘制在直角坐标系里得到的。用横坐标表示分配轴

或主要执行机构主动件的转角，用纵坐标表示各执行构件的角位移。为了简化，各区段之间均用直线连接。直角坐标式运动循环图的特点是：不仅能清楚地表示各执行构件动作的先后顺序，而且能表示出各执行机构在各区段的运动规律，便于指导各执行机构的设计。

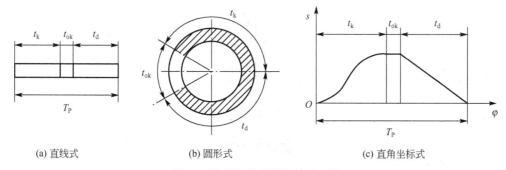

(a) 直线式　　　　　　　　(b) 圆形式　　　　　　　　(c) 直角坐标式

**图 4.20　执行构件的运动循环图**

直角坐标式运动循环图直观性最强，比上述其他两种运动循环图更能反映执行机构运动循环的运动特征。所以在设计机器的运动循环图时，最好采用直角坐标运动循环图的表达方式。

机械工作循环图的设计要点如下。

（1）以工艺过程开始点作为机器工作循环的起始点，并确定开始工作的那个执行机构在工作循环图上的机构运动循环图，其他执行机构则按工艺动作顺序先后列出。

（2）不在分配轴上的控制构件（一般是凸轮），应将其动作所对应的中心角，换算成分配轴相应的转角。

（3）尽量使各执行机构的动作重合，以便缩短机器工作循环的周期，提高生产率。

（4）按顺序先后进行工作的执行构件，要求它们前一执行构件的工作行程结束之时，与后一执行构件的工作行程开始之时，应有一定的时间间隔和空间裕量，以防止两机构在动作衔接处发生干涉。

（5）在不影响工艺动作要求和生产率的条件下，应尽可能使各执行机构工作行程所对应的中心角增大些，以便减小速度和冲击等。

执行机构的运动循环图是整个机械系统运动循环的组成部分，要在拟定了机械系统的功能原理图的基础上进行设计与计算，其步骤如下。

（1）确定执行机构的运动循环。

（2）确定运动循环的组成区段。

（3）确定运动循环内各区段的时间（或分配轴转角）。

（4）绘制执行机构的运动循环图。

[例 4-1]　打印机构的工作原理如图 4.21 所示。

打印头 1 在控制系统的控制下，完成对产品 2 的打印。下面就上列 4 个步骤分别进行阐述。

**解：**

（1）确定打印头的运动循环。

若给定打印机构的生产纲领为 4500 件/班，理论生产率为

$$Q_{\mathrm{T}} = \frac{4500}{8 \times 60} = 9.4 \text{ 件/min}$$

可取件 $Q_T = 10$ 件/min

则打印机构的工作循环时间为

$$T_p = 1/10\text{min} = 6\text{s}$$

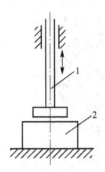

**图 4.21 打印机构**

1—打印头；2—产品

（2）确定运动循环的组成区段。

根据打印的工艺功能要求，打印头的运动循环由下列 4 段组成：

$$T_p = T_k + T_s + T_d + T_0$$

式中：

$T_k$——打印头向下接近产品；

$T_s$——打印头打印产品时的停留；

$T_d$——打印头的向上返回运动；

$T_0$——打印头在初始位置上的停留。

（3）确定运动循环内各区段的时间及分配轴转角。

根据工艺要求，打印头应在产品上停留的时间为

$$T_s = 2\text{s}$$

相应的 $T_k$ 和 $T_d$ 可根据执行机构的可能运动规律初步确定为

$$T_k = 2\text{s}, \quad T_d = 1\text{s}$$

则得 $T_0 = 1\text{s}$

（4）绘制执行机构的运动循环图。

将以上的计算结果绘成直角坐标式循环图，如图 4.22 所示。

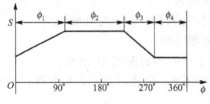

**图 4.22 打印机的循环图**

当系统中有多个执行构件时，将它们的运动循环画在同一个图中，就构成了系统的运动循环图。

图 4.23 所示为电阻压帽机的机构简图，当分配轴 1 转动时，带动凸轮机构 2、3、4

及 7 一起运动,其中凸轮机构 3 将电阻坯件 6 送到作业工位上,凸轮 4 将电阻坯件 6 夹紧,凸轮 2 及 7 将两端电阻帽压在电阻坯件上。然后,各凸轮机构先后进入返回行程,将压好电阻帽的电阻卸下,并换上新的电阻坯件和电阻帽,再进入下一个作业循环。据此,可画出该机器的工作循环图,如图 4.24 所示。

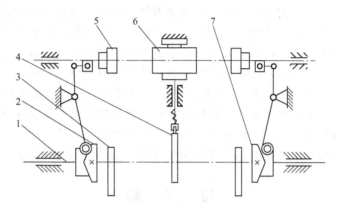

图 4.23 电阻压帽机

1—分配轴;2—压帽机构凸轮;3—电阻送料机构凸轮;4—夹紧机构凸轮;
5—电阻帽;6—电阻坯件;7—压帽机构凸轮

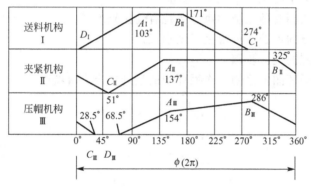

图 4.24 电阻压帽机工作循环图

4) 运动分析

运动分析的目的是求出执行系统中各构件指定点的位置、速度和加速度,必要时还应确定执行构件上指定点的轨迹。运动分析的方法有图解法和解析法。图解法简单,但精确度不高。解析法运算精确,能求得机构各运动参数、机构尺寸间的解析关系及获得任意点的轨迹,而且还便于作动力学分析、优化设计及动态演示。目前电算软件日趋完善,解析法的应用日渐广泛。

对精确度要求较高的执行系统作运动分析时,应考虑机构误差的影响,即进行机构精确度分析与计算。影响机构精确度的主要因素有:①机构的原理误差;②构件的制造和装配误差;③构件因受外力与惯性力变形及热变形引起的构件尺度变化;④因磨损引起运动副间隙增大或构件工作面轮廓失真而导致机构运动的不确定及精确度下降等。

提高机构精确度的措施有:①设计时应尽量选用精确机构,慎用原理误差较大的近似机构;②适度提高构件制造和装配精度,减小构件尺度误差,合理控制运动副最大间隙;

③合理选择摩擦副材料组合和热处理硬度，正确选择润滑方式和润滑剂，以减小运动副的磨损。

5）动力学分析与承载能力计算

动力学分析包括强度、刚度、耐磨性、振动稳定性等，在高温下工作时，还应考虑材料的热疲劳和蠕变强度。对于受力较小的动作型执行系统，通常不作承载能力计算。在作承载能力计算时，需仔细进行受力分析，在分析其失效形式的基础上建立相应的强度条件。如果执行系统工作速度较高，或其惯性参量较大，构件除受外载外还将受到较大的惯性载荷。为了减小惯性载荷，往往设计时为减小质量而将构件的尺寸减小，从而使构件的刚度也减小，致使构件在工作时产生较大的弹性变形，引起机构动态误差，降低系统精度，甚至产生弹性振动而影响系统工作的稳定性。运动副间隙不仅会降低执行系统的精确度，还会使构件运动时产生冲击和噪声，引起动载荷和振动，降低效率。因此，对高速运行的执行系统进行动力学分析时，需考虑构件弹性变形及运动副间隙的影响。

# 思 考 题

1. 执行系统由哪几部分组成？执行系统的基本功能有哪些？
2. 执行系统设计应满足哪些基本要求？
3. 动作型与动力型的执行系统有何区别？
4. 相互联系型与相互独立型的执行系统有何区别？
5. 举例说明执行构件的 6 种常见运动形式。
6. 简述执行系统的设计步骤。
7. 什么是工作循环图？绘制工作循环图的设计要点有哪些？

# 第5章
# 传动系统

 本章知识要点

| 知识要点 | 掌握程度 | 相关知识 |
| --- | --- | --- |
| 传动系统 | 掌握传动系统的组成、作用及选用依据；<br>熟悉传动系统的类型；<br>了解典型传动系统的结构特点和工作原理 | 传动系统的作用及分类方式；<br>传动系统的 4 个基本组成部分的作用及选用原则；<br>典型传动系统的结构和工作原理介绍 |
| 有级变速传动系统设计 | 掌握有级变速传动系统设计的一般步骤 | 转速图的基本概念；<br>多轴变速传动的运动设计 |

**导入案例**

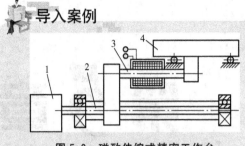

图5.0 磁致伸缩式精密工作台

1—传动箱；2—丝杠；

3—磁致伸缩棒；4—工作台

磁致伸缩微动装置适用于精确位移调整、切削刀具磨损后的补偿、温度变形补偿及自动调节。图5.0为采用磁致伸缩微动装置的精密工作台的示意图。粗位移由传动箱1经丝杠2和螺母传动完成粗位移，而微量位移则由装在螺母和工作台4之间的磁致伸缩棒3来实现。我们可把该运动系统中的1和2视为传动系统。

# 5.1 传动系统的作用和类型

**1. 传动系统的作用**

传动系统是将动力机的运动和动力传递给执行机构或执行构件的中间装置。

动力机的性能一般不能直接满足执行机构的要求如下。

（1）动力机的输出轴一般只作等速回转运动，而执行机构往往需要多种多样的运动形式，如等速或变速、旋转或非旋转、连续或间歇等。

（2）执行机构所要求的速度、转矩或力，通常与动力机不一致，用调节动力机的速度和动力来满足执行机构的要求往往是不经济的，甚至是不可能的。

（3）一个动力机有时要带动若干个运动形式和速度都不同的执行机构。

如果动力机的工作性能完全符合执行机构的作业要求，传动系统可省略，将动力机与执行机构直接连接。

**2. 传动系统的类型**

传动类型可按传动比变化情况、工作原理、输出速度变化情况、能量流动路线等分类。也可根据功率大小、速度高低、轴线相对位置及传动用途等进行分类。

1）按传动比变化情况分类

（1）固定传动比的传动系统。对于执行机构或执行构件在某一确定的转速或速度下工作的机械，为了解决动力机与执行机构或执行构件之间转速不一致，常需增速或减速，其传动系统只需固定传动比即可。图5.1所示为起重机的传动系统，电动机3通过减速器1带动卷筒4转动，将钢丝绳5卷绕在卷筒4上使吊钩6上升以提升物料。当电动机反转时，钢丝绳5从卷筒4上放下使物料下降。制动器2用来控制电动机在改变转向前尽快停止转动，或使起吊物料可靠地停止在所需的高度。

（2）可调传动比的传动系统。很多机械需要根据工作条件选择最经济的工作速度。例如机床在切削金属时，需要根据工件材料、硬度、刀具性能等选择适当的切削速度；又如在驾驶汽车时，需要根据道路情况、坡度大小等选择适当的行驶速度。能调节速度常是通用机械的特征之一。

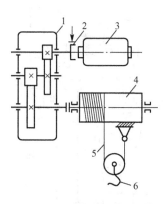

**图 5.1　起重机传动系统简图**

1—减速器；2—制动器；3—电动机；4—卷筒；5—钢丝绳；6—吊钩

变传动比传动可分为下列 3 种情况。

① 有级变速传动。有级变速传动只能在一定转速范围内输出有限的几种转速。当变速级数较少或变速不频繁时，可采用交换带轮或交换齿轮传动；当变速级数较多或变速频繁时，常采用多级变速齿轮传动，如汽车常有五挡变速速度。

② 无级变速传动。当执行机构或执行构件的转速需要在一定范围内连续变化时，可采用无级变速传动，如采用各种机械无级变速器、液力耦合器与变矩器等。

③ 周期性变速传动。有些机械的工作速度需按周期性规律变化，其输出角速度是输入角速度的周期性函数，用来实现函数传动及改善机构的运动或动力特性，这在轻工自动机械、仪表和解算装置中应用较多，常用非圆齿轮、凸轮、连杆机构或组合机构等实现周期性变速传动。如在纺织机械中用非圆齿轮周期地改变经纱和纬纱的密度而获得具有一定花纹的纺织品；在滚筒式平板印刷机的自动送纸机构中采用非圆齿轮调节送纸速度；将非圆齿轮与连杆机构、槽轮机构组合以改善运动特性及减小冲击等。

2）按驱动形式分类

（1）独立驱动的传动系统。在下列情况下，常采用由一个动力机单独驱动一个执行机构的方案。

① 只有一个执行机构的传动系统。图 5.2 所示的曲柄压力机只有一个执行机构，即曲柄滑块机构。由电动机 9 通过一对齿轮 8、7 及离合器 6 带动曲轴 4 旋转，再通过连杆 3 使滑块 2 在机身 10 的导轨中作往复运动。操纵杠杆 1 使离合器接合或脱开，即可控制曲柄滑块机构运动或停止。制动器 5 与离合器 6 的动作要协调配合，工作前，制动器先放松，离合器后接合；停车时，离合器先脱开，制动器后接合。

② 有运动不相关的多个执行机构的传动系统。图 5.3 所示的龙门起重机有 3 个主要运动：大车行走、小车行走和物料升降，这 3 个运动互不相关，都是独立的，因此，它们的执行机构分别由各自的电动机单独驱动。

独立驱动的传动系统适用于结构尺寸和传递动力较大，以及各个独立的执行机构使用都比较频繁的机械。其优点是传动链可简化，有利于减少传动件数目和减轻机械的重量，传动装置的布局、安装、调装、维修等均较方便。

③ 数字控制机械的传动系统。各种数控机械如数控缠绕机、数控冲剪机以及各种数控机床等，一般都有多个执行机构。在实现复杂的运动组合或加工复杂的型面时，各个执

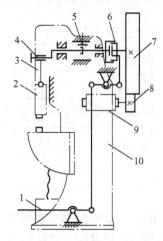

**图 5.2　曲柄压力机传动操纵简图**

1—杠杆；2—滑块；3—连杆；4—曲轴；5—制动器；
6—离合器；7、8—齿轮；9—电动机；10—机身

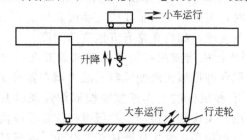

**图 5.3　龙门起重机的主要运动简图**

行机构的运动必须保证严格的动作顺序和协调。由于采用数字指令进行自动控制，故每个执行机构都是由各自的动力机单独驱动。

（2）集中驱动的传动系统。在下列情况下，常采用由一个动力机集中驱动多个执行机构的传动方案。

① 执行机构或执行构件之间有一定的传动比要求。图 5.4 所示为 SG8630 高精度丝杠车床的传动系统图。加工高精度螺纹时，要求主轴与刀具的相对运动保持十分准确的传动比关系，即主轴每转一转，刀架的移动距离为工件的螺旋导程 $L_w$，这是由进给传动链保证的，进给传动链的关系式为

$$1 \times \frac{z_A}{z_B} \times \frac{z_C}{z_D} \times L = L_w$$

式中：

$L$——丝杠的导程。

当工件导程 $L_w$ 改变时，需调整交换挂轮。

机床主轴和刀架由一个无级变速电动机集中驱动。电动机经带传动和蜗杆传动驱动主轴。主轴经交换挂轮 A、B、C、D 及丝杠螺母驱动刀架。

为了保证加工螺纹的精度，进给传动链中不允许采用传动比不稳定的传动（如带传动、摩擦离合器等）。

② 执行机构或执行构件之间有动作顺序要求。在机械控制的自动机上，各个执行机

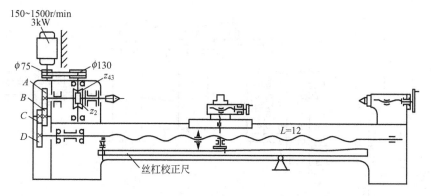

**图 5.4　SG8630 高精度丝杠车床传动系统图**

构或执行构件的动作之间都有严格的时间和空间联系。通常用安装在分配轴上的凸轮来操纵和控制各个执行机构或执行构件的运动，分配轴每转一转完成一个作业循环，各个执行机构或执行构件的动作顺序均由各自的凸轮曲线保证。因此，自动机的执行机构虽然较多，但常采用一个动力机集中驱动。

图 5.5 所示为电阻压帽自动机的传动系统图。该机为单工位自动机，其作业过程如下：电动机 1 经带式无级变速机构 2 及蜗杆 11 驱动分配轴 3，使凸轮机构 4、5、6 及 9 一起运动，其中凸轮 5 将电阻坯件 8 送到作业工位，6 将电阻坯件 8 夹紧，凸轮 4 及 9 分别将两端电阻帽 7 压在电阻坯件 8 上。然后各凸轮机构先后进入返回行程，将压好电阻帽的电阻卸下，并换上新的电阻坯料和电阻帽，再进入下一个作业循环。调速手轮 12 可使分配轴 3 的转速在一定范围内连续改变，以获得最佳的生产节拍。

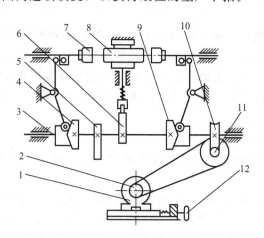

**图 5.5　电阻压帽自动机传动系统图**

1—电动机；2—带式无级变速机构；3—分配轴；4、9—压帽机构凸轮；

5—电阻送料机构凸轮；6—夹紧机构凸轮；7—电阻帽；

8—电阻坯件；10—蜗轮；11—蜗杆；12—调速手轮

③ 各执行机构或执行构件的运动相互独立。图 5.6 所示为 SPJ - 300 地质钻机的传动系统图，这种钻机常用于建筑工地的钻孔作业。

它的工作原理是利用旋转工作装置如钻杆、钻头切下土壤，随之通过泥浆泵 2 将水自

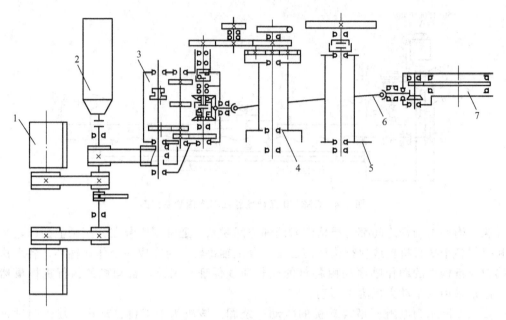

**图 5.6　SPJ-300 钻机传动系统图**
1—柴油机(或电动机)；2—泥浆泵；3—变速箱；
4—主卷扬机；5—副卷扬机；6—万向联轴器；7—转盘

钻杆、钻头注入孔底，与孔内钻渣混为泥浆后顺孔壁漂浮起来直达孔口而溢出。主卷扬机
4 主要用于控制钻杆钻进压力和升降钻具，副卷扬机 5 主要用于拖拉钻具、机架和其他辅
助吊装工作。

　　该机共有 4 个执行机构，由一个动力机(柴油机或电动机)集中驱动，通过 4 条传动路
线分别驱动泥浆泵，钻杆和主、副卷扬机，其传动路线如下：第 1 条，由动力机 1 经 V 带
驱动泥浆泵 2 工作；第 2 条，由动力机 1 经 V 带、变速箱 3 和万向联轴器 6 驱动转盘 7(转
盘可正反转)以驱动钻杆工作；第 3、4 条，由动力机 1 经 V 带、变速箱的箱外齿轮和惰轮
分别驱动主、副卷扬机 4、5 工作。

　　4 个执行机构的转速没有严格的传动比联系，采用一个动力机驱动，可以减少动力机
数量，节省能源，对于野外作业机械具有显著的优点。对于中小型机械，可以简化传动
系统。

　　(3) 联合驱动的传动系统。由两个或多个动力机经各自的传动链联合驱动一个执行机
构的传动系统，主要用于低速、重载、大功率、执行机构少而惯性大的机械。图 5.7 所示
的双输入轴圆弧齿轮减速器为用于功率大于 1000kW 的矿井提升机的主减速器，系由两个
电动机联合驱动。

　　联合驱动的优点是可以使机械的工作负载由多台动力机分担，每台动力机的负载减
小，因而使传动件的尺寸减小，整机的重量减轻。

　　3) 按工作原理分类

　　按工作原理传动分为机械传动、流体传动、电力传动和磁力传动 4 类。表 5-1 所列
为按工作原理的传动分类及特点。

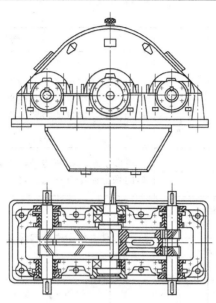

图 5.7　双输入轴圆弧齿轮减速器结构图

表 5-1　按工作原理的传动分类及特点

| 传动类型 | | | 传动特点 |
|---|---|---|---|
| 摩擦传动 | | 摩擦轮传动 | 靠接触面间的正压力产生摩擦力进行传动，外廓尺寸较大，由于弹性滑动的原因，其传动比不能保持恒定。但结构简单，制造容易，运行平稳，无噪声，借助打滑能起安全保护作用 |
| | | 挠性件摩擦传动 | |
| | | 摩擦式无级变速传动 | |
| 机械传动 | 啮合传动 | 齿轮传动 | 定轴齿轮传动 | 靠轮齿的啮合来传递运动和动力，外廓尺寸小，传动比恒定或按照一定函数关系作周期性变化，功率范围广，传动效率高，制造精度要求高，否则冲击和噪声大 |
| | | 动轴轮系（渐开线轮系、摆线针轮传动、谐波传动） | |
| | | 非圆齿轮传动 | |
| | | 蜗杆传动 | 圆柱蜗杆传动 | 传递交错轴间运动，工作平稳，噪声小，传动比大，但传动效率低，单头蜗杆传动可以实现自锁 |
| | | 环面蜗杆传动 | |
| | | 锥蜗杆传动 | |
| | | 挠性啮合传动（链传动、同步齿形带传动） | 具有啮合传动的一些特点，可实现远距离传动 |
| | | 螺旋传动（滑动螺旋传动、滚动螺旋传动、静压螺旋传动） | 主要用于变回转运动为直线运动，同时传递能量和力，单头螺旋传动效率低，可自锁 |
| | 机构传动 | 连杆传动 | 输入等速转动，输出往复运动或摆动刚体导引或点的轨迹，可传递平面与空间运动。结构简单，制造方便 |
| | | 凸轮传动 | 可以高速启动，动作准确可靠，从动件可按拟定的规律运动。传递动力不能过大，精确分析与设计比较困难 |
| | | 组合机构 | 可由凸轮、连杆、齿轮等机构组合而成，能实现多种形式的运动规律，且具有各机构的综合优点，但结构较复杂，设计较困难，常在要求实现复杂动作的场合应用 |

（续）

| 传动类型 | | 传动特点 |
|---|---|---|
| 流体传动 | 气压传动 | 速度、转矩均可无级调节，具有隔振、减振和过载保护措施，操纵简单，易实现自动控制，效率较低，需要一些辅助设备，如过滤装置。密封要求高，维护要求高 |
| | 液压传动 | |
| | 液力传动 | |
| | 液体黏性传动 | |
| 电力传动 | 交流电力传动 | 可以实现远距离传动，易控制。在大功率、低速、大转矩的场合使用有一定困难 |
| | 直流电力传动 | |
| 磁力传动 | 可穿透隔离物传动（磁吸引式、涡流式制动器） | 利用磁力作用来传递运动和机械能的传动方式 |
| | 不可穿透隔离物传动（磁滞式、磁粉离合器） | |

4）按能量流的路线分类

传动系统按能量流的路线分类情况见表 5-2。

表 5-2　按能量流的路线分类

| 传动类型 | | 简图 | 说明 | 传动举例 |
|---|---|---|---|---|
| 单流传动 | | 动力机 → 传动1 → 传动2 --→ 执行机构 | 有单级、多级之分，全部能量均流过每一个传动元件，一般为单自由度传动 | 侧轴式减速器，边缘单流传动的水泥磨机传动 |
| 多流传动 | 分流 | 动力机 → 传动1 --→ 执行机构1 / 传动2 → 执行机构2 / 传动3 --→ 执行机构3 | 用于多执行机构的机器，传动效率与能量分配有关 | 汽车起重机起重作业部分的传动，农业机械作业部分的传动，多轴钻 |
| | 汇流 | 动力机1 → 传动1 / 动力机2 → 传动2 → 执行机构 / 动力机3 → 传动3 | 用于低速、重载、大功率、执行机构少而执行构件惯性大的机器，传动效率与能量分配有关 | 多电机多流中心或边缘传动的水泥磨机传动，提升机，转炉倾动机构 |
| | 混流 | 动力机 → 传动 → 传动1 → 执行机构1 / 传动2 → 执行机构2 | 是分流与汇流传动的复合传动 | 同轴式减速器，齿轮加工机床工件与刀具的传动，车辆的行走与转向部分的传动 |

3. 传动类型的选择

在选择传动类型时，应综合考虑的因素如下。

（1）工作机或执行机构的工况。

（2）动力机的机械特性和调速性能。

（3）对传动的尺寸、质量和布置方面的要求。

（4）工作环境条件，如在工作温度较高、潮湿、多粉尘、易燃、易爆的场合，宜采用链传动、闭式齿轮传动、蜗杆传动，不能采用摩擦传动。

（5）经济性，如工作寿命，传动效率，初始费用、运转费用和维修费用等。

（6）操作和控制方式。

（7）其他要求，如现场的技术条件（能源、制造能力等）、标准件的选用及环境保护等。

# 5.2　传动系统的组成

传动系统主要是由变速装置、起停与换向装置、制动装置以及安全保护装置组成的。确定传动系统的组成及其结构是传动系统设计的重要任务。

## 5.2.1　变速装置

变速装置是传动系统中最重要的组成部分，其作用是改变动力机的输出转速和转矩，以适应执行机构的需要。若执行机构不需要变速时，可采用具有固定传动比的传动系统或采用标准的减速器实现降速传动或增速传动。

有许多机械要求执行机构的运动速度或转速能够改变，如采煤机在不同工作条件和煤层厚度时应能改变牵引速度；推土机在不同的工况条件下工作时，应能改变行驶速度；通用金属切削机床由于工艺范围较大，要求主运动和进给运动都能在较大范围内变动，以适应加工不同直径和材料、不同工序对精度和表面粗糙度的要求。

对变速装置的基本要求是：传递足够的功率和转矩，并具有较高的传动效率；满足变速范围和变速级数要求，且体积小、重量轻，噪声在允许的范围内；结构简单；制造、装配和维修的工艺性好；润滑和密封良好，防止出现三漏（漏油、漏气、漏水）现象。

传动件的尺寸取决于它们所传递的转矩。当传递功率一定时，传动件的转速越高，其传递的转矩越小，传动件的结构尺寸就可越小些。因此，变速装置应位于传动链的高速部位。

如果执行机构的转速较低，则应使变速装置在前（接近动力机处），降速传动机构在后（接近执行机构处）。但是变速装置的转速也不宜过高，以免增大噪声。

变速装置分为有级变速装置和无级变速装置，无级变速装置多利用摩擦传动，因此一般传递的功率相对较小。在机械系统设计时，如果执行机构要求的变速范围较大、变速的平滑性好，即可采用有级变速和无级变速相结合的设计方案。这时，应将无级变速装置放在传动链的高速端。

当有些动力机变速方便时，也可用动力机单独变速或动力机与传动系统相结合的变速方案。但多数的动力机在变速时效率都较低，因此适用于短时间的变速运行。

1. 有级变速装置

有级变速装置输出的是几种有限的转速，常用的有级变速装置有以下几种。

1）交换齿轮变速装置

图5.8所示为交换齿轮变速机构。电机安装在变速箱体上，通过一对定传动比的齿轮$z_{22}$和$z_{44}$将动力由轴Ⅰ传到轴Ⅱ，在轴Ⅱ和轴Ⅲ的外轴端上安装一对交换齿轮A和B，改变齿轮A和B的齿数，轴Ⅲ可得到不同的转速，再经两对定传动比齿轮$z_{23}$、$z_{36}$及$z_{20}$、$z_{65}$传动空心轴Ⅴ，空心轴Ⅴ的内孔是花键孔，可以和输出轴连接，将运动传给执行机构。

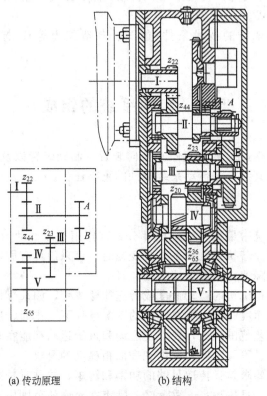

(a) 传动原理　　　　　　(b) 结构

**图5.8　交换齿轮变速机构**

交换齿轮变速机构的特点是：结构简单，不需要变速操纵机构；轴向尺寸小，变速箱的结构紧凑；与滑移齿轮变速相比，实现同样的变速级数所用的齿轮数量少。但是，更换齿轮时费时费力，交换齿轮悬臂安装、刚性和润滑条件较差。因此只适用于不需要经常变速的机械，如各种自动和半自动机械。

2）滑移齿轮变速

图5.9所示为六级变速箱结构。有凸缘端盖的电机安装在变速箱体上，通过一对定传动比齿轮$z_1$和$z_2$传动至轴Ⅰ，轴Ⅰ和轴Ⅲ上各装有一个组合式三联和双联滑移齿轮，通过改变滑移齿轮的啮合位置，轴Ⅲ可得到六级转速。图5.10为六级变速箱的传动系统示意图。

滑移齿轮变速机构的特点是：能传递较大的转矩和较高的转速，变速较方便，串联多个变速组便可实现较多的变速级数，没有常啮合的空转齿轮，因而空载功率损失较小。但是滑移齿轮不能在运转中变速，为便于滑移啮合，多用直齿齿轮传动，因而传动不够平稳，轴向尺寸比较大。

滑移齿轮的结构有整体式和组合式两类，如图5.11所示，高于7级精度的淬火齿轮，一般需经剃齿、珩齿或磨齿加工才能达到精度。整体式多联齿轮在插齿、剃齿、珩齿时，两个轮间应留有足够宽的空刀槽，磨齿时则要更大些，这将导致齿轮的轴向尺寸加大。若采用组合式结构，轴向尺寸就较为紧凑，但增加了齿轮的切削加工量。

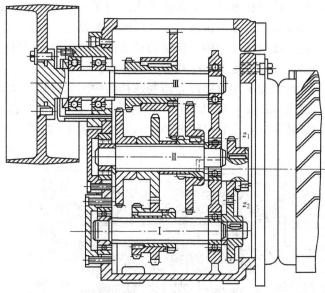

图 5.9　六级变速箱结构图

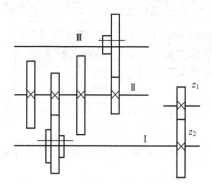

图 5.10　六级变速传动系统示意图

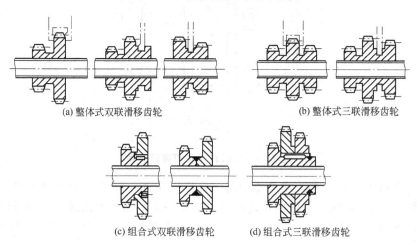

(a) 整体式双联滑移齿轮　　　　　　　(b) 整体式三联滑移齿轮

(c) 组合式双联滑移齿轮　　　(d) 组合式三联滑移齿轮

图 5.11　滑移齿轮的结构图

3）离合器变速机构

离合器变速机构有牙嵌式离合器、齿轮式离合器、摩擦片式离合器等。牙嵌式和齿轮式离合器属于刚性传动，传动比准确，可传递较大的转矩，但不能在运动中变速。

摩擦式离合器的操纵方式可以是机械的、液压的和电磁的，可以在运转中变速，结合平稳、无冲击，并可起到过载保护作用。但结构较复杂，传递较大的转矩时体积较大，传动比不准确。此外，摩擦离合器也是一个热源和噪声源。

图 5.12 和图 5.13 所示为采用电磁离合器变速箱结构图和原理。动力机的动力由左端的 V 带输入，经一对齿轮 $z_{18}$ 和 $z_{54}$ 驱动轴 IV，在轴 IV 上有 3 个空套的齿轮，它们与轴 V 上的齿轮啮合可得到四级转速。对应各级转速的传动路线见表 5-3。

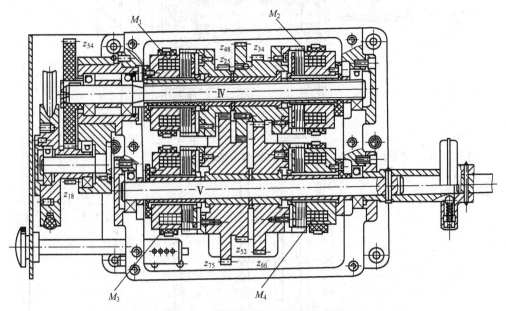

图 5.12　采用电磁离合器变速机构的变速箱结构图

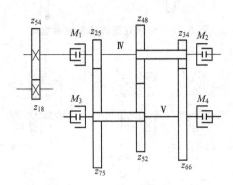

图 5.13　电磁离合器变速箱原理

由表 5-3 可见，有 3 种转速的传动路线为正向传动，即从 IV 轴传到 V 轴，而有一种转速为 IV 轴—V 轴—IV 轴—V 轴的传动路线，这是一条折回传动路线，称为折回机构。

由图 5.12 可见，在 $M_1$、$M_2$、$M_3$、$M_4$ 四个离合器中，只能同时有两个不同轴的离合器接合，而另外两个必须断开。

表 5-3　离合器变速机构传动路线

| 变速箱传动比 | 离合器状态 |
| --- | --- |
| $i_1 = \dfrac{54}{18} \times \dfrac{52}{48}$ | $M_2$ 和 $M_3$ 结合，$M_1$ 和 $M_4$ 脱开 |
| $i_2 = \dfrac{54}{18} \times \dfrac{66}{34}$ | $M_2$ 和 $M_4$ 结合，$M_1$ 和 $M_3$ 脱开 |
| $i_2 = \dfrac{54}{18} \times \dfrac{75}{25}$ | $M_1$ 和 $M_3$ 结合，$M_2$ 和 $M_4$ 脱开 |
| $i_2 = \dfrac{54}{18} \times \dfrac{75}{25} \times \dfrac{48}{52} \times \dfrac{66}{34}$ | $M_1$ 和 $M_4$ 结合，$M_2$ 和 $M_3$ 脱开 |

4）啮合器变速机构

啮合器分普通啮合器和同步啮合器两种，广泛用于汽车、拖拉机、叉车、挖掘机等行走机械的变速箱中。这些机械要求运转平稳，多采用常啮合斜齿传动，又要求在运转中变速和传递较大转矩，啮合器变速机构能满足上述要求。

普通啮合器的工作原理如图 5.14 所示。齿轮 2、4 均空套在传动轴 1 上，齿环 3、5 分别与齿轮 2、4 固联，中间齿轮 6 与传动轴 1 固联，中间齿轮 6 与齿环 3、5 的几何尺寸均相同。啮合套 7 是一个有内齿轮的滑移套，其内齿轮的几何尺寸与中间齿轮 6、齿环 3 及 5 相同。啮合套 7 处在中间位置时，如图 5.14(a)所示，轴 1 与齿轮 2 及 4 不接合，齿轮 2 及 4 均在轴 1 上空转，二者不传递运动和动力；当啮合套 7 向左滑移时，如图 5.14(b)所示，通过啮合套 7 将中间齿轮 6 与齿环 3 接合，使齿轮 2 与轴 1 相连接而传递运动和动力。当啮合套 7 向右滑移时，可使齿轮 4 与轴 1 连接而传递运动和动力，从而达到变速的目的。

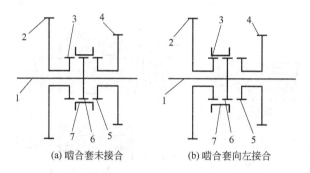

(a) 啮合套未接合　　　　　　　(b) 啮合套向左接合

图 5.14　普通啮合器的工作原理图

1—传动轴；2，4—空套齿轮；3、5—齿环；6—中间齿轮；7—啮合套

由于变速时啮合套的转速与齿环的转速不同，啮合套的整圈轮齿不易嵌入齿环的齿槽。为了改善啮合过程中的顶齿现象，可以在结构上采取一些措施，如图 5.15 所示，将两侧齿环 1 的齿都间隔地缩短一个长度 $a$，这样就便于轮齿插入齿槽，当啮合套与齿环 2 的转速一致后，整个齿长便推入齿槽。通常 $a$ 值为 2mm 左右。

为防止啮合套因振动和非操纵轴向力作用下的自动脱档，可采用加宽式结构，如图 5.16(a)所示。加宽式就是把啮合套的齿宽加大，使其在变速结束后，啮合套的齿端超出齿环 2～3mm，由于载荷集中于啮合套中部，减小了轮齿的扭转变形和非操纵轴向分力，有利于防止自动脱档，但这种结构措施不十分可靠。

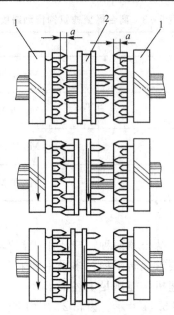

**图 5.15　具有间隔短齿是啮合器结构**
1—齿环；2—啮合套

　　另一种是切槽式结构，如图 5.16(b)所示。在啮合套 2 的齿环中部切一环槽，在中间齿轮 3 的齿环上切两条槽，轮齿在轴向就分成 3 段，中间段的齿厚比两边齿厚一般减薄 0.4～0.6mm，变速结束后使厚齿段位于啮合套 2 的环槽位置。这样就使啮合套在工作过程中厚齿段形成每边 0.2～0.3mm 的挡肩，可有效地防止啮合套自动脱档。

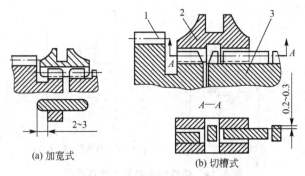

**图 5.16　防止啮合套自动脱档的结构措施**
1—齿环；2—啮合套；3—中间齿轮

　　普通啮合器的结构简单，但轴向尺寸稍大，变速过程中顶齿现象不可避免，故换挡不轻便，且噪声较大。为改善变速性能，目前在中小型汽车和许多变速较频繁的机械中多采用同步啮合器变速。

　　同步啮合器的工作原理是变速过程中先使将要进入啮合的一对齿轮的圆周速度相等，然后才使它们进入啮合，即先同步后变速，可减轻轮齿在变速时产生冲击，使变速过程平稳。

　　图 5.17 所示为锥形常压式同步啮合器的结构，套筒 6 具有内花键孔和外花键齿，它可在花键轴 8 上移动，其外花键齿与啮合套 4 的内花键啮合，套筒 6 的左右侧各镶有减摩

材料制造的衬套 2 和 5。啮合套 4 通过定位销 3 带动套筒 6 一起左右移动。图示为啮合套处于空挡位置。

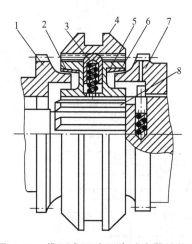

**图 5.17 锥形常压式同步啮合器结构图**
1—左齿环；2、5—内锥面减摩衬套；3—定位销；4—啮合套；
6—套筒；7—右齿环；8—花键轴

当啮合套向左移动时，通过定位销带动中间套筒 6 一起向左移动，使左侧衬套 2 的内锥面与左齿环 1 上的外锥面接触，作用在啮合套上的操纵力使两个锥面互相压紧，由此产生的摩擦力使空套的左齿环 1 与套筒 6、啮合套 4 同步旋转。适当加大操纵力，使啮合套 4 克服弹簧力将定位销 3 压下后继续向左移动，使啮合套 4 与空套的左齿环 1 相啮合，变速过程结束。啮合套向右移动时，变速过程与上述相同。

图 5.18 所示为 T180 履带推土机的传动系统图，变速箱采用啮合器变速机构，输出轴可实现前进五挡、倒退四挡的变速。发动机 6 的动力经主离合器 5 和联轴器 4 传给变速箱 3，再经锥齿轮 $z_{17}$、$z_{18}$，转向离合器 2，定比传动齿轮 $z_{19}$、$z_{20}$、$z_{21}$、$z_{22}$ 传给驱动链轮 $z_{23}$，从而带动履带使推土机行驶。

变速箱中采用常啮合斜齿轮结构，啮合器变速机构变速，各挡转速的传动路线见表 5－4 所示。

**表 5－4 T180 履带推土机变速箱各挡转速传动路线**

| 方向 | 挡位 | 传动路线 | |
|------|------|------|------|
| 前进 | 1 挡(a 空挡、b 上移、d 下移)<br>2 挡(a 空挡、b 上移、d 上移)<br>3 挡(a 空挡、b 上移、c 下移)<br>4 挡(a 空挡、b 上移、c 上移) | $z_1$—$z_2$—$z_3$—$z_4$ | $z_9$—$z_{10}$<br>$z_8$—$z_{11}$<br>$z_7$—$z_{12}$<br>$z_6$—$z_{14}$ |
| | 5 挡(a 上移、b、c、d 空挡) | $z_{15}$—$z_{13}$ | |
| 倒退 | 1 挡(a 空挡、b 下移、d 下移)<br>2 挡(a 空挡、b 下移、d 上移)<br>3 挡(a 空挡、b 下移、c 下移)<br>4 挡(a 空挡、b 下移、c 上移) | $z_{16}$—$z_5$ | $z_9$—$z_{10}$<br>$z_8$—$z_{11}$<br>$z_7$—$z_{12}$<br>$z_6$—$z_{14}$ |

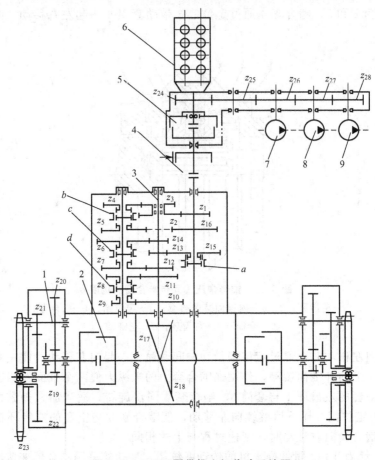

**图 5.18 T 180 履带推土机传动系统图**

1—轮边减速器；2—转向离合器；3—变速箱；4—联轴器；5—主离合器；6—发动机；

7—转向油泵；8—主离合器助力液压泵；9—工作装置液压泵；a、b、c、d—啮合套

转向油泵 7、主离合器的助力液压泵 8 和工作装置液压泵 9 的动力，均直接由发动机出轴齿轮 $z_{24}$（兼作飞轮）处接出，因此，这些液压泵的工作不受变速箱换挡和松开主离合器 5 的影响。

**2. 无级变速装置**

无级变速传动是指在某种控制作用下，机械的输出转速可在两个极值范围内连续变化的传动方式。它主要应用于下列场合。

（1）要求转速在工作中连续变化。如机床、卷绕机、车辆和搅拌机等。

（2）探求机械的最佳工作速度。如试验机、自动线等。

（3）需要协调几台机器或一台机器的几个部分运转，如塑料制袋机。

（4）缓速启动以合理利用动力，通过调速以快速超过共振区。如大功率风机和水泵。

（5）车辆变速箱，可节约燃料约 9%，缩短加速时间，简化操纵。

无级变速器的类型很多，主要有机械的、流体的和电力的三大类。

1）机械无级变速器

机械无级变速器目前按结构可分为 5 类：固定轴刚性式、行星式、带式、链式和脉

动式。

典型的机械无级变速器的类型、机械特性和性能特点见表 5-5。

表 5-5　典型的机械无级变速器分类、特性和用途举例

| 名称 | 简图 | 机械特性 | 主要传动特性和应用示例 |
|---|---|---|---|
| **Ⅰ 固定轴刚性无级变速器** | | | |
| 锥盘环盘式<br>(Prym-SH) | | | $i_s = 0.25 \sim 1.25$；$R_{bs} \leqslant 5$；$P_1 \leqslant 11\text{kW}$，$\eta = 0.5 \sim 0.92$<br>平行轴或相交轴，降速型，可在停车时间调速；用于食品机械、机床、变速电机等 |
| 弧锥环盘式<br>(To-roidal) | | | $i_s = 0.22 \sim 2.2$；$R_{bs} = 6 \sim 10$；$P_1 = 0.1 \sim 10\text{kW}$；$\eta = 0.9 \sim 0.92$<br>同轴或相交轴，升、降速型；用于机床、拉丝、汽车等 |
| 钢球内锥轮式<br>(Free Ball) | | | $i_s = 0.1 \sim 2$；$R_{bs} = 10 \sim 12(2)$；$P_1 = 0.2 \sim 5\text{kW}$；$\eta = 0.85 \sim 0.90$<br>同轴，升、降速型，可逆转；用于机床、电工机械、钟表机械、转速表等 |
| **Ⅱ 行星无级变速器** | | | |
| 外锥输出行星锥式(RX) | | | $i_s = -0.57 \sim 0$；$R_{bs} = 33(\infty)$；$P_1 = 0.2 \sim 7.5\text{kW}$；$\eta = 0.6 \sim 0.8$<br>同轴，降速型；广泛用于食品、化工、机床、印刷、包装、造纸、建筑机械等，低速时效率低于 60% |
| 转臂输出行星锥盘式<br>(SC) | | | $i_s = 1/6 \sim 1/4$；$R_{bs} \leqslant 4$；$P_1 \leqslant 15\text{kW}$；$\eta = 0.6 \sim 0.8$<br>同轴，降速型；用于机床、变速电机等 |
| **Ⅲ 带式无级变速器** | | | |
| 单变速带轮式 | | | $i_s = 0.50 \sim 1.25$；$R_{bs} = 2.5$；$P_1 \leqslant 25\text{kW}$；$\eta \leqslant 0.92$<br>平行轴，降速型，中心距可变；用于食品工业等 |

（续）

| 名称 | 简图 | 机械特性 | 主要传动特性和应用示例 |
|---|---|---|---|
| **Ⅲ 带式无级变速器** | | | |
| 普通 V 带、宽 V 带，块带式 | | 视加压弹簧位置而异，在主动轮上时为近似恒功率，在从动轮上近似为恒转矩 | $i_s=0.25\sim4$（宽 V 带、块带）；$R_{bs}=3\sim6$（宽 V 带）；$P_1\leqslant55$kW；$R_{bs}=2\sim10$（16）（块带式）；$P_1\leqslant44$kW；$R_{bs}=1.6\sim2.5$（普通 V 带）；$P_1\leqslant40$kW，$\eta=0.8\sim0.9$ 　平行轴，对称调速，尺寸大；用于机床、印刷、电工、橡胶、农机、纺织、轻工机械等 |
| **Ⅳ 链式无级变速器** | | | |
| 齿链式（PIV - A）（PIV - AS）（FMB） | | | $i_s=0.4\sim2.5$；$R_{bs}=3\sim6$；$\eta=0.9\sim0.95$ 　$P_1=0.75\sim22$kW（A 型，压靴加压）；　$P_1=0.75\sim7.5$kW（AS 型，剪式杠杆加压）；　平行轴，对称调速；用于纺织、化工、重型机械、机床等 |
| 光面轮链式（RH）（RK）（RS）V 形推块金属带式 | | | $i_s=0.38\sim2.4$；$R_{bs}=2.7\sim10$；$\eta\leqslant0.93$ 　摆销链 RH：$P_1=5.5\sim175$kW，$R_{bs}=2\sim6$；　摆销链 RK：$P_2=3.7\sim16$kW，$R_{bs}=3$、6、10；　滚柱链 RS：$P_2=3.5\sim17$kW（恒功率用）；$P_2=1.9\sim19$kW（恒转矩用）；　套环链 RS：$P_2=20\sim50$kW（恒功率用）；$P_2=11\sim64$kW（恒转矩用）；　金属带：$P_2=55\sim110$kW 　平行轴，升、降速型，可停车调速；用于重型机械、机床、汽车等 |
| **Ⅴ 脉动无级变速器** | | | |
| 四相摇杆脉动变速器 | | 基本为恒转矩 | $i_s=0\sim0.25$；$P_1=0.09\sim1.1$kW；$M_1=1.34\sim23$N·m 　平行轴，降速型；用于纺织、印刷、食品、农业机械等 |

（续）

| 名称 | 简图 | 机械特性 | 主要传动特性和应用示例 |
|------|------|---------|----------------------|
| Ⅴ脉动无级变速器 | | | |
| 三相摇块脉动变速器 | | 低速时恒转矩<br>高速时恒功率 | $i_s = 0 \sim 0.23$；$P_1 = 0.12 \sim 18\text{kW}$；$\eta = 0.6 \sim 0.85$<br>平行轴，降速型；用于塑料、食品、无线电装配运输带等 |

与其他无级变速器相比，机械无级变速器的优点是：结构简单，传动平稳，恒功率特性好，可升速、降速（变速比可达 10～40），噪声低，使用维修方便，效率较高，有过载保护作用，可靠性好，价格低等。因此在各类机械中得到了广泛的应用。其缺点是：承受过载及冲击的能力差，不能满足严格的传动比要求（有滑动），寿命短，对材质及工艺要求高，变速范围较小，通常 $R=4\sim6$，少数可达 $R=10\sim15$。

无级变速器的机械特性是指在一定输入转速下，输出轴的功率 $P_2$ 或转矩 $M_2$ 与输出转速 $n_2$ 之间的关系。机械无级变速器的机械特性除与传动形式有关外，还决定于加压装置的特性。

机械无级变速器的机械特性可以分为 3 类：①恒功率。在传动过程中输出功率保持不变，输出转矩与输出转速呈双曲线关系，载荷的变化对转速影响小，工作中稳定性好，能充分利用原动机的全部功率。②恒转矩。在传动过程中输出转矩保持恒定，输出功率与输出转速成正比关系，不能充分利用原动机的功率，常用于工作机转矩恒定的场合。③变功率变转矩。其特点介于上述二者之间。

（1）机械无级变速器的传动原理。机械无级变速器（传动）由传动机构、加压装置和调速机构 3 部分组成。图 5.19 所示的摩擦（牵引）传动是利用传动机构 1 和 2 间的压紧力 $Q$ 产生的摩擦（牵引）力 $F=\mu Q$ 来传递动力的。为防止打滑应使有效圆周力 $F_e$ 小于摩擦副所能提供的最大摩擦力 $F$，为此，应增大压紧力和摩擦因数。压紧力由加压装置 3 提供；调速机构 4 用来调节传动件间的尺寸（角度）比例关系，以实现无级变速。将无润滑油的干式无级变速传动称为摩擦式无级变速传动；而将有润滑的湿式无级变速传动称为牵引式无级变速传动。

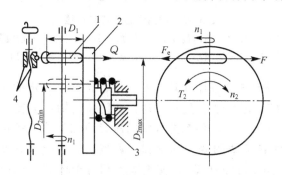

**图 5.19　机械无级变速传动的原理**

1、2—传动机构；3—加压装置；4—调速机构

（2）锥盘环盘无级变速器。图 5.20(a)、(b)分别为 SPT 和 ZH 系列锥盘环盘无级变速器的结构图。

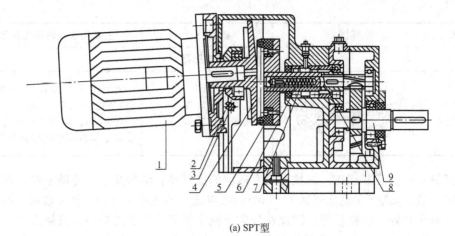

(a) SPT型

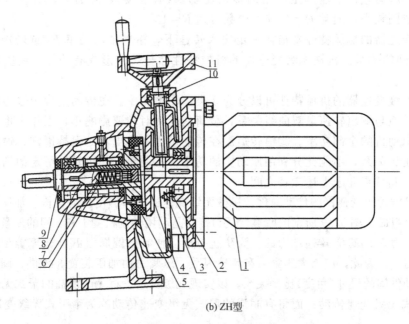

(b) ZH型

图 5.20　锥盘环盘无级变速器

1—电机；2、3—调速齿条；4—锥盘；5—环盘；6—预压弹簧；

7—连接套；8—加压凸轮；9—输出轴；10—调速丝杆；11—手轮

　　停机时，锥盘 4、环盘 5 在预压弹簧 6 的作用下，产生一定的压紧力。工作时，电机 1 驱动锥盘 4，依靠摩擦力矩带动环盘 5 转动，而使输出轴 9 运转。当输出轴上的负载发生变化时，通过自动加压凸轮 8，使摩擦副间的压紧力和摩擦力矩正比于负载而变化，因此，输出功率正比于外界负载的变化而变化。调速时，通过调速齿轮、齿条 2、3（SPT 型）或调速丝杠和手轮 10、11（ZH 型），使锥盘 4 相对于环盘 5 作径向移动，改变了锥盘与环盘的接触工作半径，从而实现了平稳的无级变速。

　　SPT 及 ZH 系列锥盘环盘减变速机均为中小功率无级变速器，具有传动平稳可靠、低噪声、高效耐用、无须润滑、无污染等特点，广泛应用于食品、制药、化工、电子、印刷、塑料等行业的机械传动装置上。

（3）环锥行星无级变速器。图 5.21 所示为环锥行星无级变速器的结构图。一组沿主动锥轮 2 圆周均布的行星锥轮 7 置于保持架 3（相当于转臂）中。自动加压装置 13、14 使行星锥轮 7 分别与主动锥轮 2、从动锥轮 11 压紧，行星锥轮 7 的锥体与不转动的外环 10 压紧。输入轴 1 上的主动锥轮 2 旋转时，行星锥轮 7 自转并沿外环 10 的内圈公转，驱动从动锥轮 11 转动，最后经自动加压装置 13、14 将动力传至输出轴 15。通过调速机构改变外环 10 的轴向位置，以改变行星锥轮 7 的工作半径，达到调速的目的。

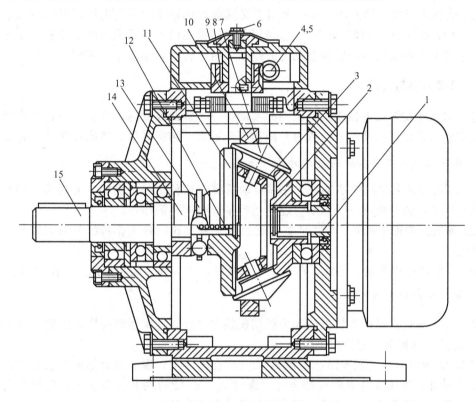

**图 5.21　环锥行星无级变速器**

1—输入轴；2—主动锥轮；3—保持架；4、5、6、8—调速机构；

7—行星锥轮；9—转速显示盘；10—外环；11—从动锥轮；12—预压弹簧；

13、14—加压装置；15—输出轴

变速器在主、从动侧采用了凸、凹和凸、平接触的结构，增大了当量曲率半径，提高了承载能力。

这种型式的变速器具有变速范围广、恒功率、传动平稳、噪声小、过载保护性强的特点，常用于食品、印染、塑料、皮革印刷等行业以及各种自动生产流水线上。

2）流体无级变速器

流体无级变速器有液力式、液黏式、液压式和气压式 4 类变速，液力式无级变速采用液力耦合器或液力变矩器，液黏式无级变速采用液体黏性离合器，液压式和气压式无级变速采用节流调速式容积调速。其中液力式无级变速广泛应用于各种车辆和工程机械上，如汽车、载重卡车、内燃机车等运输机械，装载机、铲运机、推土机等多种工程机械及钻探设备、起重机械等。使用液力传动可简化操纵，易于实现自动控制，利用其自适应性来改善车辆通过性和舒适性。所谓车辆通过性指使车辆以爬行速度前进时，使附着力增加的能力。

关于流体无级变速的详细内容请参见液压传动、液力传动、液体传动等相关文献。

3）电力无级变速

电力无级变速传动的优点是：可简化机械变速机构，提高传动效率，操作简便，易于实现远距离控制和自动控制。电力无级变速传动有直流变速和交流变速两类。

（1）直流无级变速的方法：①改变直流电动机的电枢供电电压；②改变电动机的主磁通。

（2）交流无级变速的方法：①改变加于交流电动机定子绕组的电压（调压）；②改变电动机定子的供电电压与频率（调频）；③采用无换向器电动机；④采用电磁转差离合器。

关于电力无级变速的内容请参见电力拖动、机电传动控制等相关文献。

## 5.2.2　起停和换向装置

起停和换向装置用来控制执行机构的起动、停车以及改变运动方向。对起停和换向装置的基本要求是起停和换向方便省力，操作安全可靠，结构简单，并能传递足够的动力。

**1. 各种机械对起停和换向要求的几种情况**

（1）不需要换向且起停不频繁。许多自动机属于这种工况。例如，电阻帽自动机，分配轴不需反转，通常机器一经起动，连续运行很长时间不需停车。

（2）需要换向但不频繁。例如，龙门起重机上各个执行件工作行程的时间较长，故换向不频繁。

（3）换向和起停频繁。例如，车床上车削螺纹，主轴和刀架频繁地正、反向运行。

**2. 常用的起停和换向装置**

除了用按钮或操纵杆直接控制动力机实现换向之外，还常用离合器或齿轮实现换向。

1）齿轮—摩擦离合器换向机构

图 5.22 所示为传动原理图：$z_1$ 和 $z_3$ 均空套在轴 I 上，摩擦离合器向左接合时，通过 $z_2$ 传动至轴 II；摩擦离合器向右接合时，通过 $z_0$、$z_4$ 传动轴 II 实现反转；摩擦离合器处于中间位置时，轴 II 不转。这样就可实现轴 II 的起停和换向。

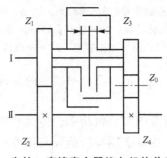

图 5.22　齿轮—摩擦离合器换向机构传动原理图

起停用的摩擦离合器可以是机械的、液压的或电磁的。

图 5.23 是钢球压紧式摩擦离合器结构图。内摩擦片 12 通过与花键轴 7 相连，外摩擦片 11 与齿轮 14 相连，锥面套筒 3 通过销 8 与花键轴 7 相连。

左移操纵套 9→4→3→2→1，使左边摩擦离合器接合；或右移操纵套 9→4→3→5→6，使右边摩擦离合器接合，或操纵套 9 在中间，左右两边脱开。

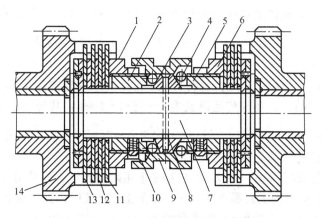

**图 5.23 钢球压紧式摩擦离合器结构图**

1—左螺母；2—左压紧套；3—锥面套筒；4—钢球；5—右压紧套；

6—右螺母；7—花键轴；8—销；9—操纵套；10—锁紧销；

11—外摩擦片；12—内摩擦片；13—止动片；14—齿轮

调节螺母 1 或 6 可以分别调整两边摩擦片的间隙，调整后用锁紧销 10 锁紧，以防止螺母松动。

当操纵套 9 移到接合位置后应具有自锁作用，即当操纵力去掉后，压紧摩擦片的压紧力仍不能消失。由图可知，在压紧位置上使操纵套 9 的圆柱部分压紧钢球，此时钢球的作用力与操纵套 9 的运动方向垂直，就能保证可靠地自锁。

在结构上应使操纵离合器的压紧力成为一个封闭的平衡力系，使传动轴和轴承免受很大的轴向载荷。左压紧套 2 的反作用力与压紧力大小相等、方向相反。向左的压紧力作用方向 2→1→11→12→13→7。同时，左压紧套 2 的反作用力作用方向为 4→3→8→7。

2）齿轮换向机构

改变齿轮机构的外啮合齿轮的对数，可以改变从动轮的转向。图 5.24 所示为车床上的三星齿轮机构，齿轮 1 与主轴固连，齿轮 6 通过进给箱与走刀光杠或丝杠相连。

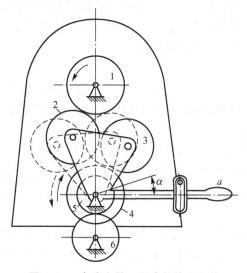

**图 5.24 车床上的三星齿轮换向机构**

在图示实线时，运动传递路线为齿轮 1→2→3→4→5→6，其传动比为

$$i_{16}=n_1/n_6=(-1)^4(z_2z_3z_4z_6)/(z_1z_2z_3z_5)=(z_4z_6)/(z_1z_5)$$

传动比为正，说明齿轮 6 与主轴 1 同向转动。

图示虚线位置时，操纵手柄 a 反时针转一 $\alpha$ 角度，中间轮 2 脱离啮合，而齿轮 3 同时与齿轮 1 和齿轮 4 相啮合，运动传递路线为 1→3→4→5→6，其传动比为

$$i_{16}=n_1/n_6=(-1)^3(z_3z_4z_6)/(z_1z_3z_5)=-(z_4z_6)/(z_1z_5)$$

传动比为负，齿轮 6 与主轴 1 转向相反。

换向机构的惰轮轴(图 5.25 中 $O_3$ 轴)应尽量采用两端支承，如采用悬臂结构，则刚度较差，啮合不良，是变速箱的主要噪声源之一。在布置的时候应注意其受力情况，图 5.25(a)所示的方案为外侧布置，惰轮轴 $O_3$ 所受载荷 $F$ 较大，而图 5.25(b)所示方案为内侧布置，惰轮轴 $O_3$ 上的载荷 $F$ 较小。

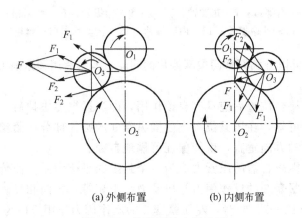

(a) 外侧布置　　　　(b) 内侧布置

图 5.25　惰轮轴的布置方案

**3. 起停和换向装置方案选择**

常用的起停和换向装置有两类：一类是通过按钮或操纵杆直接控制动力机实现起停和换向，另一类是用离合器实现起停和换向。选择方案时应考虑执行机构所要求的起停和换向的频繁程度、动力机的类型与功率大小。

1）动力机为电动机

电动机允许在负载下起动，可以正反运转，但电动机的起动电流远大于其额定电流，故在功率大，起停和换向频繁的情况下，将因发热大而烧坏线圈，甚至因起动电流过大而影响车间电网的正常供电。

（1）用电动机起停和换向。换向不频繁或换向虽频繁但电动机功率较小时，可直接由电动机起停和换向。这种方式的优点是操作方便，可简化机械结构，因此得到广泛应用。电动机和传动系统输入轴可通过刚性或弹性联轴器连接，以避免起停时因冲击过大而损坏传动零件。

（2）用离合器起停和换向。中等以上功率且起停和换向频繁时，常采用离合器起停和换向。执行机构的转速较高时采用摩擦离合器，执行机构转速较低时可采用牙嵌离合器等刚性的啮合式离合器。

2）动力机为内燃机

由于内燃机不能在负载下起动，故必须用摩擦离合器式液力耦合器来实现起停。内燃机不能反转运行，执行机构需要反向时，应在传动链中设置反向机构。

用离合器实现起停时，为了减小摩擦离合器的结构尺寸，应将它放置在转速较高的传动轴上。由于靠近动力机，故当离合器脱开啮合时，传动链中大部分运动件停止运动，可以减少空转功率损失。

换向机构放在靠近动力机的转速较高的传动轴上，也可使结构紧凑，但会引起换向的传动件较多，能量损失较大；同时由于传动链中存在间隙，换向时冲击也较大。因此，对于传动件少、惯性小的传动链，宜将换向机构放在前面即靠近动力机处，反之，宜放在传动链的后面，即靠近执行机构处，以提高运动的平稳性和效率。

4. 起停和换向装置的布置

换向装置的位置视要求而定。把换向装置放在传动链的前面，适用于传动件少、惯性小的传动链。其特点是：①可以减小换向装置的尺寸；②会引起换向的传动件较多，能量损失较大；③由于传动链中存在间隙，故换向时冲击也较大。

把换向装置放在靠近执行机构处，可提高运动的平稳性和效率。当用摩擦离合器实现起停时，一般应放在传动链的高速端。这样不仅可以减小离合器的尺寸，还可以减少空转功率损失。因为当离合器脱开啮合时，传动链中的大部分运动件停止运动。

### 5.2.3　制动装置

1. 制动装置的应用场合

（1）为了节省辅助时间，对于起停频繁或运动构件惯性大、运动速度高的传动系统，应安装制动装置。

（2）执行机构或执行构件需频繁换向时，必须先制动停车后换向。

（3）用于机械一旦发生事故时紧急停车。

（4）使运动构件可靠地停在某个位置上。

2. 对制动装置的基本要求

工作可靠，操纵方便，制动平稳且时间短，结构简单，尺寸小，磨损小，散热良好。

3. 常用制动器的类型

（1）摩擦式：带式，盘式，外抱块式，内张蹄式等。

（2）非摩擦式：磁粉式、磁涡流式，水涡流式等。

4. 制动器工作状态的确定

制动器的工作状态有两种。

（1）常闭式。靠弹簧力或重力等制动力的作用处于紧闸制动状态，当机械需工作时，利用人力、液压力、气压力或电磁力等使制动器松闸。常用于起重机械的提升机构和变幅机构、电梯提升机构等，是为了可靠地安全制动，悬吊的物料不会下坠。

（2）常开式。未加制动力时制动器处于松闸状态，只有加上制动力才能使其紧闸制动。多用于起重机的行走机构、旋转机构、车辆及一般机械，是为了控制制动力矩以便准确控制速度或停车。

5. 常用的制动装置

1) 带式制动器

图 5.26 所示为带式制动器的结构图。它由操纵杆 1、杠杆 2、制动带 3、制动轮 4 和调节螺钉 5 等组成。制动带为钢带，在它的内侧固定一层石棉等材料，在操纵杆的控制下，通过杠杆将制动带拉紧，使制动带和制动轮之间产生摩擦阻力而使轴迅速停止转动。调节螺钉 5 用于调整制动带的拉紧程度。

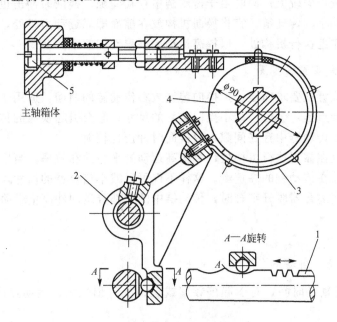

图 5.26　带式制动器结构图

1—操纵杆；2—杠杆；3—制动带；4—制动轮；5—调节螺钉

设计带式制动器时，应分析制动轮的转动方向及制动带的受力状态。如图 5.27(a)所示，操纵力作用在制动带的松边，操纵力 $F$ 所产生的制动带拉紧力为 $F'$，制动轮作用于制动带上的摩擦力方向与 $F'$ 一致，有助于制动，在同样大小的 $F'$ 时可获得较大的制动力矩。而图 5.27(b)所示的操纵杆 1 作用于制动带的紧边，若要求产生相同的制动力矩，则制动带的拉紧力 $F'$ 必须加大，所需要的操纵力 $F$ 也增大，而且由于作用于制动带上的摩擦力方向与 $F'$ 相反，减小了制动力矩，将使制动不平稳，所以，设计时应使拉紧力 $F'$ 作用于制动带的松边。

带式制动器的结构简单，轴向尺寸小，操纵方便，但制动时制动轮和传动轴受单向压力作用，制动带的压强及磨损不均匀，制动力矩受摩擦系数变化的影响大，散热性差，因此只适应于中小型机械。

2) 盘式制动器

制动轮为盘状，其摩擦面可制成圆盘形或圆锥形，结构与盘式离合器相似，工作时利用轴向力(如弹簧力、液压或气压力、手动力等)使制动盘的摩擦表面压紧而实现制动。圆盘形制动盘可为单盘或多盘，多盘式的制动力矩大，轴向尺寸也稍大。

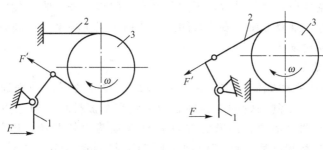

(a) 拉紧力作用在松边　　　　　　　(b) 拉紧力作用在紧边

**图 5.27　带式制动器工作原理**

1—杠杆；2—制动带；3—制动轮

由于制动轴向力均匀分布在制动盘圆周表面，制动轮轴不承受弯曲作用力，因此结构紧凑，制动平稳，摩擦表面的磨损均匀，且制动力矩的大小与旋转方向无关。但散热性较差，摩擦表面温度较高。它可制成封闭式，有利于防尘防潮及加注润滑油，而制成湿式制动器，可以使制动性能更稳定，延长使用寿命。适用要求结构紧凑的场合，如车辆的车轮及电动葫芦的制动，带有制动的电动机等。

3）外抱块式制动器

图 5.28 所示为短行程直流电磁铁外抱块式制动器，驱动装置在上部，弹簧 3 使制动器处于紧闸状态。电磁铁通电后，动铁心 5 下降，推动直角杠杆 1 和调整螺钉 2 使弹簧 3 压缩而松闸。4 为备用松闸手柄，压下手柄 4，也可使动铁心 5 下降而松闸。

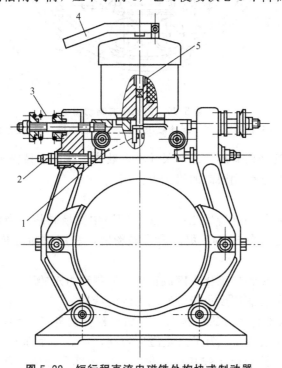

**图 5.28　短行程直流电磁铁外抱块式制动器**

1—直角杠杆；2—调整螺钉；3—弹簧；4—手柄；5—动铁心

这种制动器的宽度小，动作灵敏，可频繁操作，散热性好，驱动装置连同主弹簧可一起装拆，组装性能好，维修方便。多为常闭式。适用于工作频繁及空间较大的场合，如电梯升降设备及起重运输设备。

4）内张蹄式制动器

图 5.29 所示为内张蹄式制动器，两个制动蹄 1 和 3 的下端分别通过两个支承销 4 与机架制动底板铰接。在制动轮的内圆柱表面上装有摩擦材料。当压力油进入制动液压缸 2 后，即推动左右两个活塞，活塞的推力 $F_p$ 使制动蹄向外摆动，压紧制动轮内圆面，从而闸住制动轮。油路卸压后，弹簧使两个制动蹄与制动轮分离，使制动器处于松闸状态。

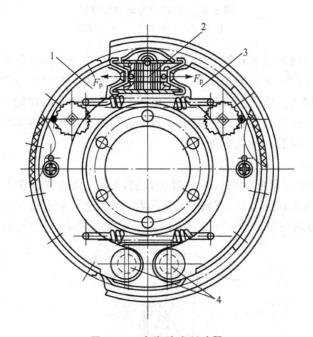

图 5.29　内张蹄式制动器

1—左制动蹄；2—制动液压缸；3—右制动蹄；4—支承销

内张蹄式制动器的结构紧凑，外形尺寸小，散热性好，容易密封，广泛应用于各种车辆车轮的制动及结构尺寸受到限制的机械上。

5）磁粉制动器

工作原理：在固定件和旋转件之间的工作间隙中充填磁粉，当电流通过激磁线圈时，产生垂直于间隙的磁通，使磁粉聚集而形成磁粉链，利用磁粉磁化时所产生的剪力实现制动。

磁粉链的抗剪力与磁粉的磁化程度成正比，即制动力矩的大小与绕组中激磁电流的大小成正比，此外磁粉的装满程度也影响制动力矩的特性。

图 5.30 所示为磁粉制动器的结构图，其固定部分由外壳 2 和心体 5 组成，在外壳 2 的环槽中安装激磁绕组线圈 3，为了防止磁通短路，特装一个非磁性圆盘 4。转动部分由薄壁圆筒 7 和非磁性铸铁套筒 1 铆接成一体，在固定部分和转动部分之间充填了磁粉 6，风扇 8 用来强迫通风冷却。

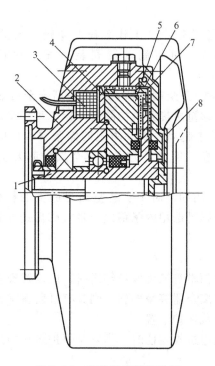

**图 5.30　磁粉制动器结构图**

1—非磁性铸铁套筒；2—外壳；3—激磁绕组；4—非磁性圆盘；
5—心体；6—磁粉；7—薄壁圆筒；8—风扇

磁粉制动器的体积小，质量小，制动平稳，激磁功率小，制动力矩与转动件的转速无关，适用于自动控制及各种机械驱动系统的制动。

6. 制动器方案的选择

制动装置的设计要求是：制动可靠，操纵灵活，散热良好，重量轻，结构紧凑，便于安装和维护。

常用的有两种制动方案见表 5-6。

**表 5-6　常用制动方案**

| 方　案 | 说　明 |
| --- | --- |
| 用电动机换向时，常采用电动机反接制动 | 优点是操作方便、制动时间短。缺点是反接制动时制动电流较大，传动系统所受的惯性冲击力较大。该方案适用于制动不频繁、传动系统惯性小或电动机功率较小的传动系统 |
| 用离合器起停和换向时，必须在传动链中安装制动器 | 制动器和离合器的操纵机构必须互锁，即离合器先脱开，制动器后制动；制动器先放松，离合器后接通，以免损坏传动件或造成过大的功率损失 |

7. 制动器的布置

① 为了减小制动力矩、减小制动器的尺寸、提高制动的平稳性，通常将制动器安装

在传动链的高速轴上。

② 对于传动链较长、惯性较大及工作载荷变动较大的机械，为了减小制动时的冲击力，并兼顾制动的平稳性，可将制动器安装在靠近执行机构且转速较高的传动轴上。

③ 对于大型设备或重要的安全制动器，为了提高安全可靠度，应将制动器安装在靠近制动对象的轴上，例如，起重机提升机构的制动器应直接安装在卷筒上。

④ 机械运行的安全性要求越高，制动力矩的储备系数也应越大。对于安全性要求很高的机械，需设置多重制动器。例如，运送熔化金属的起升机构，规定必须设置两个制动器。

⑤ 考虑安装空间大小。例如，对于安装空间足够大的机械可选用外抱块式制动器；对于安装空间受限制的机械则可选用内张蹄式、带式或盘式等制动器。

### 5.2.4　安全保护装置

机械在工作中可能过载而本身又无保护作用时，应设置安全保护装置，以避免损坏传动机构。若传动链中有摩擦离合器等摩擦副，则具有过载保护作用，否则应在传动链中安装安全离合器或安全销等过载保护装置。

当传动链所传递的转矩超过规定值时，靠安全保护装置中连接件的折断、分离或打滑来停止或限制转矩的传递。

1. 常用的安全保护装置

1）销钉安全联轴器

在传动链中设置一个最薄弱的环节如剪断销或剪断键，并将其安装在传动链中易于更换的位置上。当传递的扭矩超过允许值时，销或键被剪断，使传动链断开，执行机构便停止运动。图 5.31 所示为两种剪断销的结构。

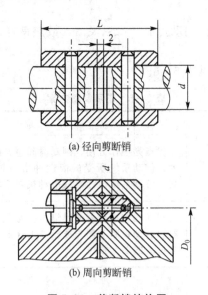

(a) 径向剪断销

(b) 周向剪断销

图 5.31　剪断销结构图

2）钢珠安全离合器

图 5.32 所示为钢珠安全离合器的结构图。它由空套在轴上的齿轮 1 和与轴由导键连接的圆盘 4 组成。齿轮 1 和圆盘 4 与的圆周上均匀分布 6～8 个孔，孔内装入垫板 3 及钢珠 2，调节螺套 7 上的调整螺母 6 可调整弹簧 5 的压紧力。

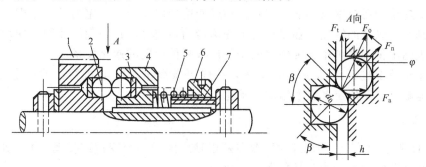

**图 5.32　钢珠安全离合器结构图**
1—齿轮；2—钢珠；3—垫板；4—圆盘；
5—弹簧；6—调整螺母；7—螺套

当载荷正常时，齿轮 1 通过钢珠 2、传动圆盘 4 和轴，这时钢珠对钢珠将产生轴向分力 $F_a$，随着传递载荷的增大，$F_a$ 也不断增大，当超过弹簧压紧力 $F$ 时，圆盘孔内钢珠连同圆盘压缩弹簧而一起右移，使钢珠与钢珠之间出现打滑，轴便停止转动。超载消除后，即自动恢复正常工作。

这种安全离合器的灵敏度较高，工作可靠，结构简单，但打滑时会产生较大的冲击，连接刚度较小，反向回转时，运动的同步性较差。

3）摩擦式安全离合器

图 5.33 所示为单圆锥摩擦离合器的结构图。其摩擦面由内锥面摩擦盘 1 和外锥面摩擦盘 2 组成，在弹簧 3 的作用下使两个锥面压紧，由此产生的摩擦力矩即为安全离合器许用的输出转矩，调整螺母 5 可用来调整压紧力。只要两个锥面正确制造与安装，所需压紧力很小就能保证良好接合。

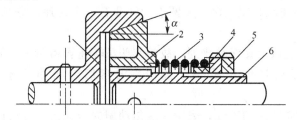

**图 5.33　单圆锥摩擦安全离合器结构图**
1—内锥面摩擦盘；2—外锥面摩擦盘；3—弹簧；
4—压紧盘；5—调整螺母；6—套筒

这种安全离合器的结构简单，多用于传递转矩不大的场合。如果传递的转矩较大，也可做成双圆锥摩擦安全离合器。

安全保护装置装在转速高的传动构件上，可使结构尺寸小些。若装在靠近执行机构的传动构件上，则一旦发生过载，就能迅速停止运动，使传动链中其他传动构件避免超负荷运行。所以安全保护装置宜放在靠近执行机构且转速较高的传动件上。

# 5.3 有级变速传动系统的运动设计

有级变速传动系统常采用变速齿轮传动或变速带传动，在一定的变速范围内，其输出轴只能得到有限级数的转速。在设计有级变速传动系统时，常用到转速图。使用转速图可以直观地表达出传动系统中各轴转速的变化规律和传动副的速比关系。

在采用转速图进行传动系统的设计时一般可按照下列步骤进行：①确定传动顺序；②确定变速顺序；③确定各变速组的传动比。

## 1. 转速图

图 5.34 所示为一个二轴变速组（即在两根轴之间用一个变速组传动）的传动比关系的转速图。转速图中的各元素含义如下。

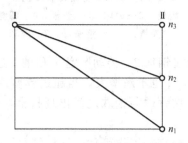

**图 5.34　二轴变速转速图**

距离相等的一组竖直线表示各传动轴，从左向右依次标注 Ⅰ 和 Ⅱ，与传动系统图上从动力机到执行构件的传动顺序相对应。

距离相等的一组水平线代表转速线，从下向上表示执行构件由低速到高速依次排列的各级等比转速数列。

各轴所具有的转速用该轴与相应转速线相交处的圆点表示。例如，轴 Ⅰ 只有一个转速 $n_3$，故在轴 Ⅰ 与 $n_3$ 转速线相交处画一个圆点，轴 Ⅱ 有 3 个转速，分别为 $n_1$、$n_2$ 和 $n_3$，故轴 Ⅱ 上画 3 个圆点。

因为输出轴的转速按等比级数排列，故相邻两条转速线相距一个间隔时，表示它们之间相差 $\varphi$ 倍；若两条转速线相距 $x$ 个间隔，则它们之间相差 $\varphi^x$ 倍。如 $n_2/n_1 = \varphi$，$n_3/n_1 = \varphi^2$。

相邻两轴之间对应转速的连线，表示一对传动副的传动比。连线向右下方倾斜，表示降速传动，若下斜 $x$ 格则传动比值 $i = \varphi^x$，若连线向右上方倾斜，表示升速传动，若上斜 $x$ 格则传动比为 $i = 1/\varphi^x$；水平连线表示等速传动，即 $i = 1$。

## 2. 多轴变速传动的运动设计

当要求的转速级数较多时，可以串联若干个二轴变速组，组成一个多轴变速传动系统。设各二轴变速组的变速级数分别为 $C_1$、$C_2$、$C_3$、…，则总的变速级数 $C = C_1 C_2 C_3 \cdots$。

除通用金属切削机床的变速级数较多外，其他各类机械要求的变速级数通常不超过 6 级。下面就以 6 级变速为例，介绍多轴变速传动系统的设计步骤。

（1）确定传动顺序。传动顺序是指从动力机到执行构件各变速组的传动副数的排列顺序。例如由二联齿轮变速组和三联齿轮变速组组成的 6 级变速传动，可以有图 5.35 所示的两种传动顺序：6＝3×2(三联齿轮变速组在前)；6＝2×3(二联齿轮变速组在前)。

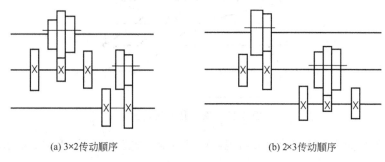

(a) 3×2传动顺序　　　　　　　　　　　　　(b) 2×3传动顺序

**图 5.35　6 级变速传动顺序方案**

对于降速传动链，传动顺序应"前多后少"，使位于高速轴的传动构件多些，这对于节省材料、减小变速箱的尺寸和重量都是有利的。

（2）确定变速顺序。变速顺序是指基本组和扩大组的排列顺序。任何一个变速组中，相邻两个传动比的比值叫做级比。级比以 $\varphi$ 形式表示，$\varphi$ 为输出轴转速数列公比，$a$ 为级比指数。

假如有一个变速组的级比与输出轴转速数列的公比相同，即级比指数 $a＝1$，则不论它处在传动顺序的前边还是后边，都称为基本变速组，简称基本组。图 5.36 所示的轴 Ⅰ 与轴 Ⅱ 之间是一个三联齿轮变速组，3 个传动比为 $i_1＝\varphi$、$i_2＝1$、$i_3＝1/\varphi$，该变速组的级比为 $\varphi$，即 $i_1 : i_2 : i_3 ＝ \varphi^2 : \varphi : 1$，级比指数为 1，所以它是基本组。

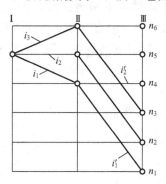

**图 5.36　基本组和扩大组**

假如一个变速组的级比指数等于基本组的传动副数，称它为扩大组。图 5.36 所示的轴 Ⅱ、Ⅲ 之间是一个二联齿轮变速组，两个传动比为 $i_1'＝\varphi^3$、$i_2'＝1$，该变速组的级比为 $\varphi^3$，即 $i_1' : i_2' ＝ \varphi^3 : 1$，级比指数等于 3，与基本组(三联齿轮)的传动副数相等，所以它是扩大组。

为了使轴 Ⅲ 得到按 $n_1$、$n_2$、$\cdots$、$n_z$ 排列的等比级数转速数列，首先使扩大组的齿轮处于 $i_1'$ 啮合，改变基本组齿轮的啮合位置由 $i_1 \rightarrow i_2 \rightarrow i_3$，轴 Ⅲ 就可以依次得到 $n_1$、$n_2$、$n_3$，由于这 3 个转速在转速图上各相邻一格，所以基本组的各个传动比在转速图上也必定相邻一格；然后使扩大组齿轮位于 $i_2'$ 啮合，重复基本组齿轮的啮合顺序，轴 Ⅲ 就得到 $n_4$、$n_5$ 和 $n_6$ 各级转速。基本组为三联齿轮变速组时，扩大组的两个传动比在转速图上必须相邻三格，否则轴 Ⅲ 转速就会出现空挡或重复，如图 5.37 所示。

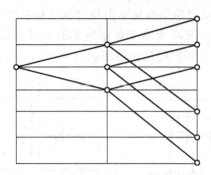

图 5.37　有空挡的转速图

转速图上各个变速组的传动比分布规律可以用结构式表示，图 5.38(a)所示的结构式为

$$6 = 3_1 \times 2_3$$

结构式中代表变速组变速级数字的顺序表示传动顺序，变速级数的下标数字为该变速组的级比指数，表示变速顺序。

对于 6 级变速的传动系统，可以有 4 种结构式方案，即

$$6 = 3_1 \times 2_3 \qquad 6 = 3_2 \times 2_1$$
$$6 = 2_1 \times 3_2 \qquad 6 = 2_3 \times 3_1$$

相应的转速图如图 5.38 所示。

在确定变速顺序时，一般应采用基本组在前、扩大组在后的方案。其优点是可以提高中间轴的最低转速或降低中间轴的最高转速。例如，图 5.38 所示的 4 个方案中，轴Ⅰ、轴Ⅲ的转速都相同，但轴Ⅱ的转速都各不相同。图 5.38(a)方案中基本组在前，轴Ⅱ的 3 个转速靠近，最低转速为 $n_4$。图 5.38(b)方案中扩大组在前，使轴Ⅱ的 3 个转速拉开，最低转速为 $n_2$。图 5.38(c)和图 5.38(d)方案比较，图 5.38(d)方案扩大组在前，使轴Ⅱ的最低转速低于图 5.38(c)方案，而最高转速又高于图 5.38(c)方案。因此 4 个方案中，以图 5.38(a)的方案最好。

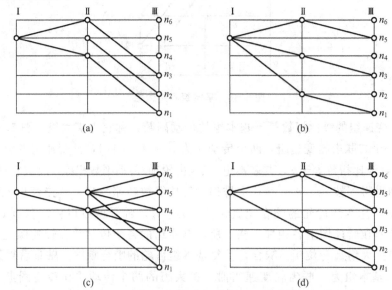

图 5.38　同一结构式的不同转速图方案比较

一个传动构件在多种转速下运行时，通常根据低转速进行强度或刚度计算，因为这时传动构件承受的转矩较大，根据高转速选择齿轮、轴承等传动零件的精度等级，因为转速高，引起的噪声大，必须相应提高传动零件的制造精度。

（3）确定各变速组的传动比。对应一个结构式可以有多个转速图方案，因为结构式只能表示传动顺序和变速顺序，但不能确定各个变速组传动比的具体数值。例如图 5.39 所示的两个转速图中，基本组的传动比都相邻一格，扩大组的两个传动比都相邻三格，这两个转速图的结构式相同，但各变速组传动比的数值不同。确定传动比时应考虑以下几点。

① 各对传动副的传动比不超出极限传动比，即 $i_{max} \leqslant 4$，$i_{min} \geqslant 1/2$ 或 $1/2.5$。

② 尽量提高中间轴的最低转速。分配降速传动比时，按照"前小后大"的递降原则较为有利，即按传动顺序前面传动组的最大降速比小于后面传动组的最大降速比。图 5.39（a）所示的方案中，轴 Ⅰ、Ⅱ 之间的最大降速比为 $i=\varphi$，轴 Ⅱ、Ⅲ 之间的最大降速比为 $i_1=\varphi^3$，符合 $i_1 < i_1'$ 原则，故轴 Ⅱ 的最低转速较高。图 5.39（b）所示的方案中，$i_1=\varphi^3$，$i_1'=\varphi$，不符合上述原则，因此轴 Ⅱ 的最低转速就较低。所以，图 5.39（a）方案优于图 5.39（b）方案。

③ 有利于降低噪声。分配传动比时应避免较大的升速传动，因为升速传动使传动误差扩大，并引起较大的啮合冲击和噪声。如果传动链的始端就采用较大的升速齿轮传动，则将使整个传动系统的噪声增大。适当降低齿轮的圆周速度，也有利于降低噪声。

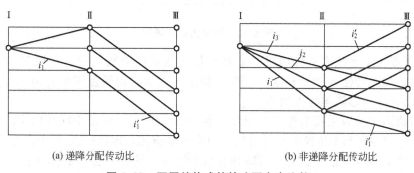

(a) 递降分配传动比　　　　　　　　　　(b) 非递降分配传动比

**图 5.39　不同结构式的转速图方案比较**

此外，在满足机械运动要求的前提下，应尽量缩短传动链。缩短传动链不仅可以减少传动零件和简化结构，也可以减小传动零件的制造和安装累积误差，而且可减小传动链的转动惯量和功率损失，从而对改善传动系统的动力学性能是有利的。

**［例 5-1］** 已知某制管机的变速传动系统中，电动机转速 $1440r/min$，工作主轴转速 $n=45\sim250r/min$，变速级数为 6 级。试设计该传动系统。

**解：**

（1）确定结构式。

采用两个变速组，根据传动顺序应前多后少，变速顺序基本组在前、扩大组在后的原则，采用结构式为 $6=3_1 \times 2_3$。

（2）确定传动链中是否需要定比传动副。

本例执行机构的转速都比电动机转速低，属于降速传动链，总降速比 $i_总 = n_m/n_1 = 1440/45 = 32$。若一对齿轮的最大降速比为 4，则至少需要 3 对降速传动副。根据总体布置的需要，电动机和变速箱之间要用一级带传动。

（3）拟定转速图。

如图 5.40 所示，本例传动系统由两个变速组和两对定比传动副组成，共有 5 根轴线。画 5 条等距竖线代表 5 根轴线，自左至右依次标上Ⅰ、Ⅱ、Ⅲ、Ⅳ。Ⅰ为电动机轴，Ⅴ为输出轴。由已知条件知道所需变速范围 $R=n_6/n_1=250/45=5.6$，相应的公比为 $\varphi^{6-1}=5.6$，即 $\varphi=1.41$。设系统的最大变速级数为 $Z$，则由 $n_{\min}\varphi^{Z-1}=n_{\max}$ 得

$$Z=\frac{\lg(n_{\max}/n_{\min})}{\lg\varphi}+1=\frac{\lg(1440/45)}{\lg1.41}+1\approx11$$

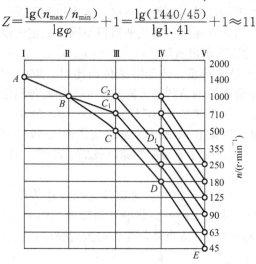

图 5.40　转速图设计举例

画 12 条等距水平线表示转速线。轴上用点 $A$ 代表电动机转速，在轴Ⅴ上标出 12 级转速的数值。最低转速 $n_1=45\text{r/min}$ 与轴Ⅴ交点标上 $E$。由转速图可看出 $A$ 点和 $E$ 点相邻大约 10 格，表示总降速比大约为 $\varphi^{10}$。

拟定转速图的一项主要工作是分配降速传动比。首先，确定中间轴的 $B$、$C$、$D$ 三个点的位置，其中 AB 和 DE 代表两对定比传动副的降速比，BC 和 CD 代表两个变速组的最大降速比。本例中可取轴Ⅰ、Ⅱ间的降速比大约为 $\varphi$，轴Ⅱ、Ⅲ间的降速比为 $\varphi^2$，轴Ⅲ、Ⅳ间降速比为 $\varphi^3$，轴Ⅳ、Ⅴ间的降速比为 $\varphi^4$，符合降速传动比"前小后大"递降的原则，有利于提高中间轴的转速。

其次，画变速组的其他传动副连线。轴Ⅱ、Ⅲ间是基本组，有 3 对齿轮副，其级比指数为 1，故 3 条连线在转速图上各相邻一格，从 $C$ 点向上每隔一格取 $C_1$、$C_2$ 点，连接 BC、$BC_1$ 和 $BC_2$ 得基本组的 3 条传动副连线，它们的传动比分别为 $\varphi$、$\varphi^2$ 和 1。轴Ⅲ、Ⅳ间是扩大组，有两对齿轮副，其级比指数为 3，故两条连线在转速图上相邻三格，从 $D$ 点向上隔三格取 $D_1$ 点，连接 CD 和 $CD_1$ 得扩大组的两条传动副连线，它们的传动比分别为 $\varphi^3$ 和 1。

最后，画出传动副的全部连线。转速图上两根轴线之间的平行线代表同一对齿轮传动，所以从轴Ⅲ的 $C_1$、$C_2$ 点分别画 CD 和 $CD_1$ 的平行线，使轴Ⅳ得到 6 种转速，再画 DE 的平行线，使轴Ⅴ得到 6 种转速。

# 思 考 题

1. 常见的传动系统有哪些类型？选择传动类型时应考虑哪些因素？

2. 如何合理确定变速传动系统的结构式？

3. 什么情况下可以采用由电动机直接实现传动系统起停和换向？什么情况下宜用离合器实现传动系统起停和换向，此时离合器应如何布置？

4. 制动器的布置应考虑哪些因素？

5. 常用的安全保护装置有哪几种？

6. 拟定传动系统的转速图时应注意哪些要点？

7. 已知电动机转速为 1450r/min。要求所设计的变速器能够输出 12 级转速：90～1500r/min。

（1）计算该传动系统的变速范围和公比各是多少？

（2）写出结构式，说明其变速组数、各变速组的传动副数和级比指数。

（3）绘出转速图。

# 第6章

# 操 纵 系 统

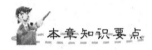
本章知识要点

| 知识要点 | 掌握程度 | 相关知识 |
|---|---|---|
| 操纵系统 | 掌握操纵系统的组成、设计内容及设计要求；<br>熟悉操纵系统的分类 | 操纵系统的组成及分类方式；<br>三步设计法的具体内容 |
| 操纵系统设计 | 掌握显示件及操纵件的设计、布局原则 | 常见的视觉现象及主要视觉规律；<br>操纵件的类型及其选择依据；<br>显示件及操纵件的布局设计 |

### 导入案例

图 6.0 为防撞击的汽车转向轴安全联轴节的工作原理。转向轴分为上、下两段，上转向轴 8 的下部弯曲，其端面焊有月形盘 6，盘上装有用于驱动的两个圆柱销 7 与下转向轴 3 上端的法兰盘 4 上的两孔配合，4 的两孔中还装有塑料衬套 2 和减振橡胶垫 5。这种两段式而又保持其同轴度的转向轴结构是采用瑞典沃尔沃（VOLVO）公司的专利，其目的是减少对驾驶员的伤害。当发生撞车事故驾驶员因惯性而以胸部扑向转向盘时，可迫使上转向轴 8 向下运动并使两个圆柱销 7 迅速从下转向轴 3 的销孔中退出，同时在套管 10 的推动下，装在仪表板下面的折叠安全罩 9 被压缩和折叠，从而形成缓冲。

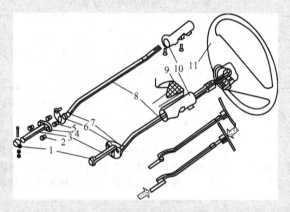

**图 6.0　汽车转向轴的安全联轴节**
1—夹子；2—塑料衬套；3—下转向轴；4—法兰盘；5—减振橡胶垫；
6—月形盘；7—圆柱销；8—上转向轴；9—折叠安全罩；
10—套管；11—转向盘

操纵系统是指把人和机械联系起来，使机械按照人的指令工作的机构和元件所构成的总体。在现代机械系统中，操纵系统是不可缺少的。例如，在汽车上，为实现其起动、刹车、转向、换挡等功能，均需有专门的操纵装置(方向盘、离合器、脚刹等)。

操纵系统的一般功能是实现信号转换，即把操作者施加于机械的信号，经转换传递到执行系统，以实现机械的起动、停止、制动、换向、变速、变力等目的。

# 6.1　操纵系统的组成和分类

## 6.1.1　操纵系统的组成

机械产品中操纵系统的一般组成如下。

（1）操纵件：是使操作者直接操纵机器的元件。如拉杆、手柄、手轮、按钮、按键、踏板等。

（2）执行件：是与被操纵部分直接接触的元件。如拨叉、销子、滑块等。

（3）传动件：是将操纵件的运动及作用力传递到执行件的中间元件。机械传动有杠杆、连杆、齿轮、蜗杆、螺旋、凸轮等。液、气压传动常作为助力装置与机械传动配合。

（4）显示件：是将机器输出的信息显示给操作者的元件。如仪表和信号灯等。

（5）辅助件：是保证操纵系统安全、可靠工作的元件。如定位、自锁、联锁、回位元件等。

### 6.1.2　操纵系统的分类

操纵系统的分类见表 6-1。

表 6-1　操纵系统的分类

| 分类 | 名称 | 说明 | 举例 |
|---|---|---|---|
| 按操纵力的来源 | 人力操纵系统 | 人力操纵系统是指操纵所需的作用力和能量全部由操纵者提供的操纵系统 | |
| | 助力操纵系统 | 助力操纵系统是利用机械系统中储备的能量帮助人力进行操纵的系统 | 图 6.1 |
| | 液压操纵系统 | 液压操纵系统中，通常需操作者施加的操纵力很小，只需克服传动件（如滑阀）的摩擦阻力，而克服操纵阻力所需要的力全部由液压系统供给 | 图 6.2 |
| | 气压操纵系统 | 气压操纵系统中，克服操纵阻力所需要的操纵力和能量全部由压缩空气提供，人所施加的力很小，只用来克服操纵件自身的摩擦阻力 | 图 6.3 |
| 按操纵系统的传动方式 | 机械式操纵系统 | 机械式操纵系统的传动件全部是机械的，一般只适用于操纵力和能量不大的机械 | |
| | 混合式操纵系统 | 混合式操纵系统是在机械式操纵系统中加入液压或气压助力器而构成的操纵系统，适用于操纵力较大及操纵较频繁的场合 | |
| 按一个操纵件控制的执行件数 | 单独操纵系统 | 单独操纵系统中，一个操纵件只操纵一个执行件，这是最常见的操纵方式 | |
| | 集中操纵系统 | 集中操纵系统中，一个操纵件可操纵多个执行件 | |
| 按操作操纵件的人体器官 | 手操纵系统 | 手操纵是最经常采用的操纵方式，因为手动作比脚灵敏，动作范围大、功能强 | |
| | 脚操纵系统 | 在操纵力较大、操纵件较多时，才考虑采用脚操纵或手、脚操纵并用 | |

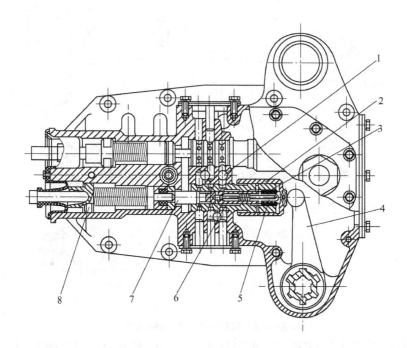

**图 6.1 液压助力器**

1—孔道；2—活塞；3—阀座；4—转动臂；5—阀头；
6—单向阀；7—分配滑阀；8—导向块

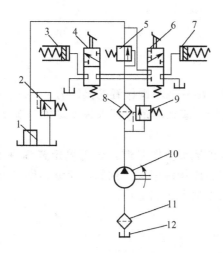

**图 6.2 转向离合器的液压操纵系统油路图**

1—变速箱；2—背压阀；3—左离合器；4—左控制阀；5—调压阀；
6—右控制阀；7—右离合器；8—精滤油器；9—安全阀；
10—液压泵；11—粗滤油器；12—油箱

除了上述操纵系统外，还有远距离（遥控）操纵系统，它是借助无线电波、光波、声波等物理效应实现操纵功能的操纵系统。

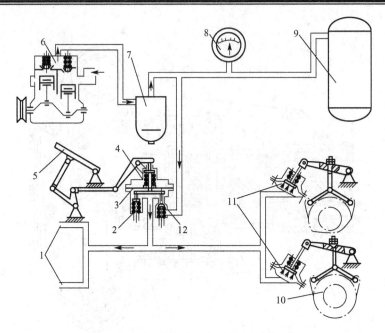

**图 6.3　制动系的气压操纵系统**

1—通往前轮制动气室的管路；2—放气阀；3—膜片；4—制动阀；5—制动踏板；6—气泵；
7—油水分离器；8—压力表；9—储气筒；10—后轮制动器；11—后轮制动气室；12—进气阀

# 6.2　操纵系统的要求

**1. 操纵舒适方便**

应考虑以下 3 个方面。

（1）操纵力的大小适当：尽量减小操作者的操纵力。

（2）操纵行程的大小适当：应在尽量保证人体不动的情况下，上、下肢能舒适达到的范围之内。

（3）操纵件要符合人体状况和动作习惯：合理确定操纵件的形状、尺寸、布置位置、运动方向和各操纵件的标记、操作顺序等。例如，操纵动作应合理分配给双手和双脚；操纵手柄的球头直径应与人的手掌大小相适应。

**2. 操纵高效灵活**

应考虑以下 3 个方面。

（1）操纵效率高：操纵系统的能量传递的损失小，效率高，有利于减小操纵力。

（2）操纵灵活：实现操纵功能，使操纵者感到得心应手。例如，车辆的左、右轮制动操纵系统，既可单边制动，又可两边车轮同时制动。

（3）操纵灵敏：操纵系统中的执行件应对操纵件所发指令的反应灵敏而准确。

**3. 操纵安全可靠**

应考虑以下 4 个方面。

（1）安全性：应防止误操作和操作失效，防止操纵件伤人，应采取安全保护措施和应急措施。常采用联锁机构和自锁机构。

（2）可靠性：操纵件应能长时间可靠地保持在某一操作状态的位置。当操作件偏离操作位置时，应有自动回位功能。

（3）反馈性：使操纵信号准确迅速地反馈给操作者，以便操作者及时判断操作的效果，并作出新的操纵决策。

（4）可调性：以保证元件磨损后，经调节仍能实现所期望的操纵效果。

总之，为了满足操纵舒适方便、高效灵活和安全可靠的要求，应按照人因工程学（即工效学）的原理设计操纵系统，使操纵系统组成部分都符合人因工程学的规定或推荐值。

# 6.3 操纵系统的设计内容

操纵系统存在于各种机械、车辆、船舶和飞机等机械系统中。就其工作原理和结构形式而言多种多样，因此，对于不同的操纵系统，其设计和计算的内容是不同的。但总的来讲，操纵系统的设计是按以下步骤进行的。

1. 原理方案设计

原理方案设计是根据设计的要求，如执行件的运动轨迹、速度和被操纵件的数目以及各执行件间的关系，来拟订其中操纵件、执行件和传动机构的方案。在拟订方案后，确定主要的设计参数（如操纵力、操纵行程和传动比等）及有关的几何尺寸。

设计参数的确定过程一般如图 6.4 所示。

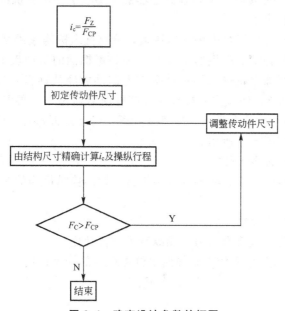

**图 6.4 确定设计参数的框图**

$i_c$—传动比；$F_Z$—操纵件工作阻力；$F_{CP}$—人机工程学推荐的操纵力；$F_C$—操纵力

在拟订方案时，应搜集国内外同类操纵装置的先进资料，结合所设计任务的特点，拟订出技术先进、切实可行的设计方案。为得到好的设计方案，应遵循以下 3 个原则。

（1）机构应尽量简单，传动路线应尽量缩短。在满足功能要求的前提下，应尽量采用构件数目和运动副数目少的机构。因为这样可以简化构造，减轻重量，降低费用，提高其刚度和效率。

（2）尽量减小机构及构件尺寸。构件的尺寸及重量同拟订方案的不同有很大差别。如实现同一速比的机构，蜗杆机构比齿轮机构及链传动机构等的尺寸要小。

（3）应具有较高的机械效率。运动链的总效率等于运动链中各个机构的机械效率的连乘积。因此，当运动链中任何一个机构有较低的传动效率时，就会使总效率降低。在拟订方案时要综合考虑，使之得到最佳的设计方案。

2．结构设计

结构设计是在原理方案的基础上，完成操纵件、执行件及传动件的形状及尺寸设计。必要时，为保证操纵安全可靠，要附加一些起安全保护作用的元件或装置。

在结构设计中要考虑保证功能、提高性能和降低成本这 3 个主要问题。保证功能就是在构型设计中体现功能结构的明确性、简单性和安全性；提高性能主要从合理承载，提高强度、刚度、精度、稳定性，减小应力集中等方面去努力；降低成本主要从选材、加工和安装的合理性去考虑。

3．操纵件的造型设计

操纵件不仅用来完成操纵系统的任务，而且也是一种装饰和点缀品。它的艺术造型对提高整个机械的价值具有一定的作用。机械的操纵件在不同造型、不同功能的机械上也有各自独特的造型和风格，并与机械整体相协调。详见有关机械产品造型设计的文献。

［例 6 - 1］　设计一种接合式摩擦片离合器的脚踏板机械操纵机构。

**解：**（1）原理方案设计。

根据题意要求，离合器接合采用弹簧压紧，分离操纵机构采用平面四杆机构。其工作原理是：离合器靠压紧弹簧 2 产生的压紧力 $F_n$ 将带摩擦面的从动盘 4 夹紧在压盘 3 和主动盘 5 之间，从而借助摩擦力将输入到主动盘 5 上的动力经从动盘 4 传到输出轴 10 上。若要切断动力，脚踏踏板 8，通过中间拉杆 9 及杠杆使滑盘左移，再经杠杆 7 使拉杆 6 右移压紧弹簧 2，使主动盘 5、从动盘 4 和压盘 3 分离。当撤去脚踏力，弹簧 1 使脚踏板回位，弹簧 2 使离合器接合如图 6.5 所示。

（2）初步确定主要的几何尺寸。

因本题未提出具体的要求，故图 6.5 中用符号标出操纵机构的主要的几何尺寸及它们之间的关系。

（3）确定主要的设计参数。

此操纵系统的主要参数有操纵力、操纵行程和传动比。

① 操纵力。操纵力是指操作者施加给机器操纵件的最大作用力，其计算式为

$$F_c = F_z / (\eta i_c)$$

式中：

　　$F_z$——执行件的工作阻力，N；

　　$i_c$——传动比；

　　$\eta$——传动效率，一般取 $\eta = 0.7 \sim 0.8$。

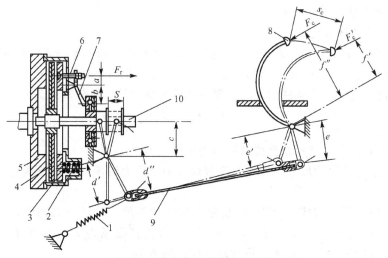

**图6.5　离合器的踏板操纵机构**

1—回位弹簧；2—压紧弹簧；3—压盘；4—从动盘；5—主动盘；6—分离拉杆；

7—分离杠杆；8—踏板；9—中间拉杆；10—输出轴

为了保证主动盘 5、从动盘 4 和压盘 3 彻底分离，各盘之间必须分离到一定的距离 $\Delta s$。由此可知，操纵这种经常接合式离合器时，主要是在分离离合器时要在 8 上施加一定的操纵力来克服弹簧 2 的压紧力 $F_n$，并且为获得必要的间隙 $\Delta s$，而须进一步压缩弹簧 2，使其能产生与附加变形 $\Delta\lambda$ 相应的弹簧力 $\Delta F_n$，它们的关系为

$$\Delta\lambda = Z\Delta s$$

式中：

$Z$——离合器的摩擦面对数；

$\Delta s$——离合器各摩擦面间应保持的间隙。

$$\Delta F_n = k\Delta\lambda$$

式中：

$k$——弹簧刚度。

由此可知，离合器彻底分离时，作用在执行件分离拉杆 6 上的工作阻力 $F_z$ 为

$$F_z = F_n + \Delta F_n$$

故有

$$F_c = (F_n + \Delta F_n)/(\eta i_c)$$

$$i_c = (bd''f'')/(ace'') = (各传力构件主动力臂乘积)/(各传力构件被动力臂乘积)$$

式中：

$d''$、$e''$、$f''$——离合器彻底分离时的各传动件的力臂长度。

图 6.5 中 $d'$、$e'$、$f'$ 是离合器刚开始分离时各传动件的力臂长度。$a$、$b$、$c$ 的长度较短，可视为在上述两种情况下长度均无变化。

若操纵力计算值超过人因工程的推荐值，应使其减小。例如，①改变传动比；②把手操纵改为脚操纵，因为脚力较手力大。建议：在变速器设计中，手操纵力小于等于 150N，脚操纵力小于等于 180N。车辆的方向盘上的操纵力小于等于 400N。

② 操纵行程。它是指操纵件完成操纵任务时的位移量，其计算式为

$$S_c = i_c S_z$$

式中：

$i_c$——操纵系统的传动比；

$S_z$——执行件的行程。

$S_c$ 大则操纵行程大，易使人疲劳。$S_c$ 值应使人体在不移动位置的情况下能方便地达到。例如，离合器踏板行程 $S_c$ 小于等于 200 mm；变速器操纵手柄行程小于等于 $80 \sim 120$ mm。

③ 传动比。它是指传动件的主动力臂与从动力臂之比，其计算式为

$$i_c = F_z / F_{cp}$$

式中：

$F_{cp}$——人因工程学或者经验值确定的许用操纵力。

$i_c$ 值决定于传动件的尺寸，应按在克服最大操纵阻力时所在的位置确定，如图 6.5 中各力臂 $a$、$b$、$c$、$d''$、$e''$、$f''$。

初选传动机构后，按式 $i_c = F_z / F_{cp}$ 初定各传动件的尺寸，进行结构设计。然后，根据结构尺寸精确计算传动比 $i_c$，并按式 $F_c = F_z / (\eta i_c)$ 验算操纵力 $F_c$。如果 $F_c$ 超过推荐值，则应调整传动件的尺寸。必要时，可重新选择传动方案。

确定 $i_c$ 时要全面考虑 $F_c$ 和 $S_c$ 两方面。执行件的工作阻力 $F_z$ 一定时，$i_c$ 大则 $F_c$ 小，操纵就省力。但是，由式 $S_c = i_c S_z$ 可知，当执行件行程 $S_z$ 一定时，$i_c$ 大则 $S_c$ 大，操纵行程大，易使操纵者疲劳。

有些机械给出了传动比的推荐值。例如，变速器操纵杆球形铰接支撑为杠杆支点，以上部分为主动臂，以下部分为从动臂。主动臂长度与从动臂长度为 $2.5 \sim 3.5$；车辆方向盘的旋转总圈数应为 $1.5 \sim 2.0$ 圈；机床手柄的转角小于等于 $90°$。

## 6.4　操纵系统与人机工程学

人—机—环境构成了一个完整的系统，图 6.6 表示出三者之间相互作用、相互配合、相互制约的关系。通常，在这个大系统中，人总是起到主导作用的，所以，在进行机械系统设计时，就应该把人机工程学的设计原则引入其中。

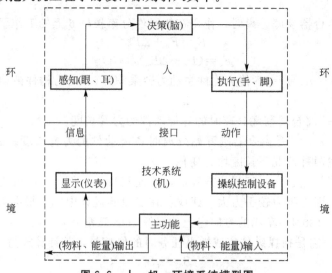

图 6.6　人—机—环境系统模型图

通过图 6.6 可以看出，与技术系统（机器）直接相关的分别是显示装置和操纵系统。因此，下面将着重介绍采用人机工程学设计理念的显示件和操纵件的设计。

### 6.4.1 显示件设计

在人—机系统中，显示装置是将设备的信息传递给操作者，使之能做出正确的判断和决策并进行合理操作的装置。人们根据显示信息了解和掌握设备的运行状况，从而操控设备正常运行。它的特征是能够把设备的有关信息以人能接收的形式显示给人。在人—机系统中，人与设备间的信息交流可用视觉、听觉和触觉等感觉器官。因此，显示装置的设计和选择也必须符合人的感觉通道传递信息的特点，以保证人利用显示装置迅速而准确地获得所需要的信息。显示装置的形状、大小、分度、标记、空间布局、颜色、照明等因素，都必须使人能很好地接受信息并进行处理，使人能迅速接受显示的信息，且信息要可靠并有较高的分辨率。在进行显示装置的造型设计时，还必须从系统出发，既要考虑到人的生理、心理特征，又要考虑到系统整体的需要和美观。

按人接受信息的感觉器官的不同，可将显示装置分为视觉显示、听觉传示和触觉传递装置。触觉传递是利用人的皮肤受到触压刺激后产生感觉而向人们传递信息，一般很少使用。听觉传示是利用人对声信号的感知时间比对光信号的感知时间短，所以，听觉传示作为报警装置比视觉显示具有更大的优越性。但由于人的视觉能接受长的和复杂的信息，而且视觉信号比听觉信号容易记录和存储，所以它应用最为广泛。本小节将主要介绍视觉特征与仪表显示设计的有关问题。

#### 1. 视力、视野和视距

（1）视力。视力是人眼看清物体的能力，包括对物体的辨清能力和辨色能力。视力的大小随年龄、观察对象的亮度、背景的亮度以及两者之间的亮度对比的变化而变化。

（2）视野。视野是指人的头部和眼球固定不动的情况下，眼睛观看正前方物体时所能看得见的空间范围。正常人的双眼固定视野在垂直方向约为 115°，在水平方向约为 180°。转动眼球和头部可以放大视野。在图 6.7(a)和图 6.7(b)中，$\alpha$ 表示最佳视觉区(3°)；$A$ 表示最佳视野界限(30°)；$B$ 表示最大(有效)视野界限；$C$ 表示最大固定视野界限；$D$ 表示头不动眼可动扩大的视野界限。

人的视网膜上有 3 种视锥细胞分别感知红、绿和蓝 3 种基本色光，神经冲动神经纤维串入大脑皮层，不同色光均由 3 种基本色光混合而成，从而形成不同的色彩感觉。由于各种色彩对人眼的刺激不同，人眼的色彩视野也就不同。图 6.7(c)和图 6.7(d)表示了颜色对视野的影响，白色的视野最大，其次为黄色和蓝色，绿色和红色的视野最小。

（3）视距。视距指人的眼睛清晰辨认物体的正常观察距离。一般操作的视距范围为 380～760mm，最佳视距为 580mm。视距过远或过近都会影响认读的速度和准确性，而且观察距离与工作的精确程度密切相关。因而选择最佳视距的依据是工作任务的要求。例如，若工作分别为安装电子元件、操作机床或开汽车，则推荐最佳视距分别为 300mm、500mm 或 1500mm。

#### 2. 常见的视觉现象

（1）明暗适应。当人从明处进入暗处时，刚开始看不清物体，需要经过一段时间后才能看清物体。这个适应过程称为暗适应。当人从暗处进入明处时，也存在类似情况，称为明适应。视野内明暗的急剧变化会引起视力下降和视觉疲劳。

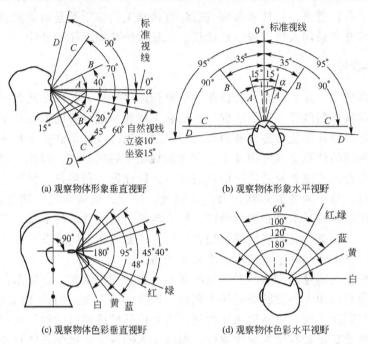

(a) 观察物体形象垂直视野　　　　　(b) 观察物体形象水平视野

(c) 观察物体色彩垂直视野　　　　　(d) 观察物体色彩水平视野

图 6.7　人的视野

（2）眩光。所有耀眼和刺眼的强烈光线叫眩光。它多来源于物体表面过于光亮和亮度对比过大或直接强光照射。眩光干扰视线，使可见度降低，使眼睛疲劳，使人的视力下降，注意力分散，产生不舒服的视觉感受，因而直接影响视觉辨认，不利于工作和学习。所以，在造型设计和作业空间布置中，应尽力限制和避免眩光。采取的主要措施有减小光源的亮度，调节光源的位置与角度，提高眩光光源周围空间的亮度，改变反射面的特性及戴上防护眼镜等。

（3）视错觉。视错觉是对外界事物的不正确的知觉。视错觉是无法真正排除的。正确认识体形的性质和掌握图形产生误差的规律是十分必要的。在人机系统中，视错觉有可能造成观察、检测、判断和操作的失误。因此，应尽可能在设计时注意在产品造型上矫正视错觉，避免操作者的失误。

[例6-2]　图6.8所示为6种视错觉：图6.8(a)为长度错觉，等长的线段因方向不同或因附加物的影响，感觉竖线比横线长，上短下长，左长右短。图6.8(b)为对比错觉，左边两个图的外角大小相等，因二者包含的角大小不等，感觉右边的角大于左边的角；五条垂线等长，因各线段所对的角度不等，感觉自左至右逐渐变长。图6.8(c)为光渗错觉，直径相等的圆形在不同底色状况下，感觉白圆大黑圆小。图6.8(d)为位移错觉，水平线和正方形，由于其他线的干扰，感觉到发生弯曲。图6.8(e)为翻转错觉，当眼睛注视的位置不同时，图形可见虚实的翻转变化。图6.8(f)运动错觉，由于线段末端附加有箭头，使人感觉有图形方向感和运动感。

**3. 视觉运动的主要规律**

（1）眼睛具有一定的惰性，对直线轮廓比对曲线轮廓更容易接受，看单纯的形态比看复杂的形态顺眼和舒适。

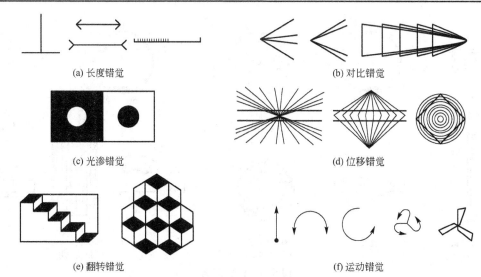

图 6.8　几种常见的视错觉

（2）眼睛的水平运动比垂直运动快，即先看到水平方向的东西，后看到垂直方向的东西。同时，眼睛垂直方向运动比按水平方向运动容易疲劳。对水平方向的尺寸和比例的估计比对垂直方向的尺寸和比例的估计要准确得多。

（3）视线习惯于从左到右和从上往下运动，看圆形内的东西时，总是沿顺时针方向看。

（4）两眼的运动是协调的，不可能一只眼转动而另一只不动，也不可能一只眼在看而另一只不看。

（5）当眼睛偏离视中心时，在偏离距离相等的情况下，人眼对 4 个象限的观察率依次为：左上限最好，其次是右上限，再次是左下限，最差的是右下限。

（6）颜色对比与人眼辨色能力有一定关系。当人从远处辨认前方不同颜色时，易于辨认的顺序是红、绿、黄、白。所以，危险信号标志都采用红色。

**4. 仪表显示设计**

仪表是一种广泛应用的视觉显示装置，按认读特征可分为两类。

（1）数字显示式仪表。它直接用数码来显示有关的参数或工作状态，如里程表（图 6.9（a））、各种数码显示屏、机械和电子式数字计数器、数码管等。其特点是显示简单、准确，可显示各种参数和状态的具体数值，对于需计数或读取数值的作业来说，这类显示装置有认读速度快、精度高且不易产生视觉疲劳等优点。

（2）刻度指针式仪表。它用模拟量来显示机器有关参数和状态，又称为模拟式显示仪表。特点是：显示的信息直观，使人对模拟值在全量程范围内所处的位置一目了然，并能给出偏差量，监控作业效果很好。刻度指针式仪表按其显示形式可分为圆形式、半圆形式、直线式（垂直、水平）和开窗式等（图 6.9（b）～图 6.9（g））。

而无论是数字式仪表，还是刻度指针式仪表，在进行仪表显示设计时都有可能涉及以下 5 个方面的设计内容。

**1）表盘设计**

（1）形状。表盘的形状取决于显示方式和人的视觉特性。实验表明，开窗式刻表盘误读率最低，优于其他形式。圆形和半圆形刻表盘给出了两维空间的位置刺激，动眼扫描路

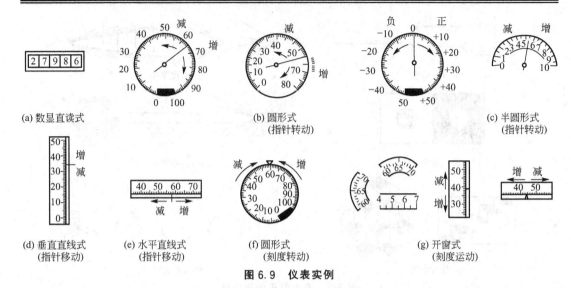

图 6.9　仪表实例

线也比直线短，且符合人们形成的观察仪表的习惯，因此，圆形和半圆形刻表盘优于直线式刻表盘。由于人眼睛的运动规律为水平运动比垂直运动速度快且准确，故水平直线式刻表盘又优于垂直直线式刻表盘。

（2）尺寸。表盘的大小对仪表的认读速度和精度有很大影响。表盘的直径越大，认读其速度和准确性并非越高。有这样一个实验，采用直径 25mm、44mm、70mm 的刻度盘，视距 500mm，并在仪表板上配置 16 个仪表，从反应速度指标和错误认读百分数的比较中得出结论：最优直径为 44mm。可见，刻度盘直径过小或过大，都会影响认读。

2）刻度设计

刻度线一般分大、中、小 3 级进行标记，其宽度一般以小刻度标记作为基准，宽度以占刻度间距的 1/5～1/20 为宜。当视距为 710mm 时，普通刻度标记的宽度如图 6.10 所示。一般最小的刻度不标数，最大的刻度处必须标数。刻度数字的增加方向一般应是：①顺时针方向；②从左向右的方向；③从下向上的方向。

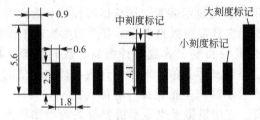

图 6.10　普通刻度标记的宽度

3）指针设计

为减小认读误差，指针的针尖宽度一般应与短刻度线等宽，并认为指针与刻度的间距最好为 1～2mm，不要重叠。一般读数用仪表指针零位在时钟 12 点位置上；追踪或检查用仪表零位在时钟 9 点位置。

4）字符设计

数字和文字的字体选择不当会造成可认读性差或误读。使用拉丁文或英文字母时，一般应采用大写印刷体。使用汉字时最好是仿宋体或黑体。推荐字高与宽度的比例为 3：2～

5：3。笔画宽与字高的比例为1：6～1：8。表6-2是一般用途的字高与视距的关系。

表6-2　字高与视距的关系

| 视距/mm | 字高/mm | 视距/mm | 字高/mm |
|---|---|---|---|
| 小于500 | 2.5 | 1800～3600 | 18.0 |
| 500～900 | 5.0 | 3600～6000 | 30.0 |
| 900～1800 | 9.0 | | |

5）色彩设计

（1）色彩匹配的清晰度。色彩的选择应使信息的认读清晰、醒目，同时需要注意黄、红等醒目色彩不宜大面积使用，否则易造成视觉疲劳，见表6-3。

表6-3　色彩匹配及清晰度

| 序号 | | 1 | 2 | 3 | 4 | 5 | 6 | 7 | 8 | 9 | 10 |
|---|---|---|---|---|---|---|---|---|---|---|---|
| 清晰的配色 | 背景色 | 黑 | 黄 | 黑 | 紫 | 紫 | 蓝 | 绿 | 白 | 紫 | 黄 |
| | 主体色 | 黄 | 黑 | 白 | 黄 | 白 | 白 | 白 | 黑 | 绿 | 蓝 |
| 模糊的配色 | 背景色 | 黄 | 白 | 红 | 红 | 黑 | 紫 | 灰 | 红 | 绿 | 黑 |
| | 主体色 | 白 | 黄 | 绿 | 蓝 | 紫 | 黑 | 绿 | 紫 | 红 | 蓝 |

（2）指针式仪表的色彩。指针式仪表的表盘一般不用鲜艳的色彩，常用的是黑、白和灰色。光照好的情况下用白底黑字，反之用黑底白字。

（3）指示灯的色彩。一般用红色表示危险或告急（需立即采取行动），如润滑系统失压；黄色表示注意（即将发生变化），如温升异常；绿色表示安全，如冷却通风正常；蓝色表示除红、黄、绿3色之外的任何指定用意，如遥控指示；白色无一定用意，可以表示任何用意，如用来表示你正在"执行"。

5. 显示件的布局

应把多个仪表布置在中心视力范围和正常视野之内，并用色彩来增强视觉，尽量减少头部和身体转动，以减轻疲劳。根据仪表的数量和控制室的容量，选择不同的布置方式。

水平布置如图6.11所示。①直线形布置（图6.11(a)）。结构简单，安装方便，但视觉条件较差，且眩光耀眼现象较难解决。适用于仪表较少的小型控制室。②弧线形布置（图6.11(b)）。结构和安装较复杂，但视觉条件较好，眩光不严重。适用于10个以上仪表的中型控制室。③折线式布置（图6.11(c)、图6.11(d)、图6.11(e)）。结构和安装比较简单，视觉条件较好，眩光较少，可根据需要和仪表个数灵活地组合。

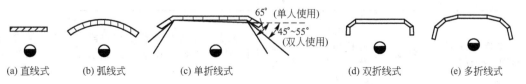

图6.11　仪表板水平面内的形式

　　垂直布置如图6.12所示。A区为一般区域，处于上肢的正常操作范围，一般布置操作频繁的常用操作件，也可布置精度不高和认读不频繁的显示件。B区为最佳观察范围，可布置应急操作件，或需要精确调整的、经常认读的和重要的显示件。C区为辅助区域，布置次要的和不需要经常观察的显示件。D区为最大区域，布置一些极少使用的辅助操纵件和更为次要的显示件。

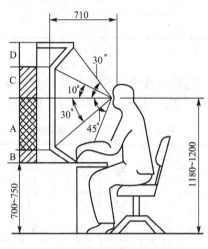

图6.12　仪表布置的垂直分区

### 6.4.2　操纵件设计

#### 1. 操纵件的类型

操纵件的分类方法很多。一般常用下列方法分类。

1) 按控制操纵件的身体部位的不同进行分类

按控制操纵件的身体部位的不同，操纵件可分为手动控制操纵件和脚动控制操纵件两大类。凡是用手操作的都属于手动控制操纵件，如各种旋钮、按键、手柄、转轮等；凡是用脚操作的都属于脚动控制操纵件，如脚踏板、脚踏钮等。

2) 按操纵件运动的类别不同进行分类

按操纵件运动的类别不同进行分类，操纵件可分为旋转操纵件、摆动操纵件、按压操纵件、滑动操纵件和牵拉操纵件，见表6-4。

表6-4　操纵件的分类

| 基本类型 | 运动类别 | 举例 | 说明 |
|---|---|---|---|
| 作旋转运动的操纵件 | 旋转 | 曲柄、手轮、旋塞、旋钮、钥匙等 | 操纵件受力后在围绕轴的旋转方向上运动。亦可反向倒转或继续旋转直至起始位置 |
| 作近似平移运动的操纵件 | 摆动 | 开关杆、调节杆、杠杆电键、拨动式开关、摆动开关、脚踏板等 | 操纵件受力后围绕旋转点或轴摆动。或者倾倒到一个或数个其他位置。通过反向调节可返回起始位置 |

（续）

| 基本类型 | 运动类别 | 举例 | 说明 |
|---|---|---|---|
| 作平移运动的操纵件 | 按压 | 钢丝脱扣器、按钮、按键、键盘等 | 操纵件受力后在一个方向上运动。在施加的力被解除之前，停留在被压的位置上。通过反弹力可回到起始位置 |
| | 滑动 | 手闸、指拨滑块等 | 操纵件受力后在一个方向上运动，并停留在运动后的位置上，只有在相同方向上继续向前推或者改变力的方向，才可使操纵件作返回运动 |
| | 牵引 | 拉环、拉手、拉圈、拉钮等 | 操纵件受力后在一个方向上运动。回弹力可使其返回起始位置，或者用手使其在相反方向上运动 |

### 2. 操纵件的选择

操纵件的类型很多，如何选择操纵件，这与操作要求、环境和经济等因素有关。但最主要的是要选择工作效率最佳的，也就是着重考虑其功能和操作要求，再顾及经济等因素进行选择。正确选择操纵装置的类型对于安全生产、提高工作效率极为重要。

图 6.13 所示的各种操纵件在各种情况下的适用性列于表 6-5 中，表 6-6 列出各种类型操纵件的使用功能和工作条件，可供选择和设计时参考。

(a) 曲柄　(b) 手轮　(c) 旋塞　(d) 旋钮　(e) 钥匙　(f) 开关杆

(g) 调节杆　(h) 杠杆电键　(i) 拨动式开关　(j) 摆动式开关　(k) 脚踏板　(l) 钢丝脱扣器

(m) 按钮　(n) 按键　(o) 键盘　(p) 手闸　(q) 指拨滑块（形状决定）　(r) 指拨滑块（摩擦决定）

(s) 拉环　(t) 拉手　(u) 拉圈　(v) 拉钮

**图 6.13　操纵件的形状**

表 6-5 各类操纵件的适用性选择

| 运动形式 | 操纵件举例 | 手握类或脚踏类 | 在下列情况下的适用性 | | | | | | | | | | | |
| --- | --- | --- | --- | --- | --- | --- | --- | --- | --- | --- | --- | --- | --- | --- |
| | | | 两个工位 | 多于两个工位 | 无级调节 | 操纵件保持某一工位 | 某一工位的快速调整 | 某一工位的准确调整 | 占地少 | 单手同时操纵若干操纵件 | 位置可见 | 位置可及 | 阻止无意识操纵 | 操纵件可固定 |
| 转动 | 曲柄 | 抓、捏 | b | b | a | a | b | b | c | c | b | b | c | b |
| | 手轮 | 抓、捏 | b | a | a | a | b | a | c | c | c | c | c | a |
| | 旋塞 | 抓 | a | a | a | a | b | a | a | a | a | b | b | b |
| | 旋钮 | 抓 | a | a | a | c | b | a | a | c | b | c | b | c |
| | 钥匙 | 抓 | a | b | c | a | b | b | b | a | a | b | b | b |
| 摆动 | 开关杆 | 抓 | a | a | b | a | a | a | b | a | c | a | a | a |
| | 调节杆 | 握 | a | a | a | a | a | a | b | a | b | b | a | b |
| | 杠杆电键 | 手触、抓 | a | c | c | b | a | c | b | a | c | b | c | a |
| | 拨动式开关 | 手触、抓 | a | c | c | a | a | a | a | a | a | a | a | a |
| | 摆动式开关 | 手触 | a | c | c | a | a | a | a | a | a | b | b | a |
| | 脚踏板 | 全脚踏上 | a | b | a | a | b | a | c | c | c | c | c | b |
| 按压 | 钢丝脱扣器 | 手触 | a | c | b | b | c | c | a | c | c | c | a | c |
| | 按钮 | 手触、脚掌或脚跟踏上 | a | c | c | c | a | a | a | a | b | b | b | a |
| | 按键 | 手触、脚掌或脚跟踏上 | a | c | c | c | a | a | a | a | c | c | c | c |
| | 键盘 | 手触 | a | c | c | c | a | a | a | a | c | c | c | c |
| 滑动 | 手闸 | 手触、抓、握 | a | a | a | a | a | b | c | b | a | a | c | b |
| | 指拨滑块（形状决定） | 手触、抓 | a | a | a | a | a | a | b | b | b | a | a | c |
| | 指拨滑块（摩擦决定） | 手触 | a | c | c | c | b | b | a | c | a | c | b | c |
| 牵引 | 拉环 | 握 | a | b | b | a | b | b | c | c | a | c | c | c |
| | 拉手 | 握 | a | b | b | b | b | b | b | c | a | b | a | b |
| | 拉圈 | 手触、抓 | a | b | b | b | b | b | b | c | a | b | a | c |
| | 拉钮 | 抓 | a | b | b | b | b | b | b | c | a | b | a | c |

注：（1）表中所登记，a 为极适用，b 为适用，c 为不适用。

（2）在适用性判据中，凡列为"适用"或"不适用"的操纵件，若具有适当的结构设计时，这些操纵件可视为"极适用"或"适用"，对于"阻止无意识操纵"项尤其如此，但只有当不可能适用其他操纵件时才可以这样做。

（3）在判断有关"一个工位的快速调节"时，考虑了接触时间。

表 6-6　用于各种不同工作情况的操纵件建议

| 工作情况 | | 建议使用的操纵件 |
|---|---|---|
| 操纵力较小情况 | 2 个分开的装置 | 按钮、踏钮、扳动开关、摆动开关 |
| | 4 个分开的装置 | 按钮、扳动开关、旋钮选择开关 |
| | 4～24 个分开的装置 | 同心多层旋钮、键盘、扳动开关、旋钮选择开关 |
| | 25 个分开的装置 | 键盘 |
| | 小区域的连续装置 | 旋钮 |
| | 较大区域的连续装置 | 曲柄 |
| 操纵力较大情况 | 2 个分开的装置 | 扳手、杠杆、大按钮、踏钮 |
| | 4～24 个分开的装置 | 扳手、杠杆 |
| | 小区域的连续装置 | 手轮、踏板、杠杆 |
| | 大区域的连续装置 | 大曲柄 |

3. 常用的 4 类操纵件设计

1）旋转式操纵件设计

旋转式操纵件主要有旋钮、手轮、摇把、十字把以及手动工具中的扳手、螺丝刀等，如图 6.14 所示。后几种比较简单，以下介绍前 3 种操纵件。

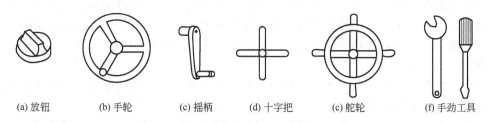

(a) 放钮　　(b) 手轮　　(c) 摇柄　　(d) 十字把　　(e) 舵轮　　(f) 手劲工具

图 6.14　旋转式操纵件样式

（1）旋钮的设计。旋钮是各类操纵件中用得较多的一种，其外形特征由其功能决定。根据功能要求，旋钮一般可分为 3 类：第一类适合于做 360°以上的旋转操作，这种旋钮偏转的角度位置并不具有重要的信息意义，其外形特征是圆柱、圆锥等；第二类适用于旋转调节的范围不超过 360°的情况，或者只有在极少数情况下调节超过 360°，这种旋钮偏转的角度位置也并不具有重要的信息意义，其外形特征是圆柱形或接近圆柱形的多边形；第三类是它的偏转位置具有重要的信息意义，如用来指示刻度或工作状态，这种钮的调节范围不宜超过 360°。

在保证功能的前提下，旋钮的外形应简洁、美观。旋钮的大小应根据操作时使用手指和手的不同部位而定，其直径以能保证动作的速度和准确性为前提。图 6.15 是用手的不同部位操纵时旋钮的最佳直径。

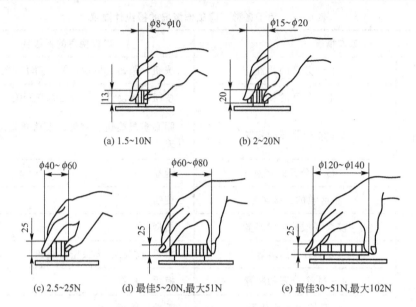

(a) 1.5~10N　　　　　　　　(b) 2~20N

(c) 2.5~25N　　(d) 最佳5~20N,最大51N　　(e) 最佳30~51N,最大102N

图 6.15　旋钮的操纵力和适宜尺寸

　　（2）手轮、摇把设计。手轮和摇把均可自由作连续旋转，适合作多圈操作的场合。根据用途的不同，手轮和摇把的大小差别很大，如机床上用的小手轮旋转直径只有60~100mm，而汽车的驾驶盘直径则有几百毫米。手轮的回转直径应根据需要而定，一般直径为 $\phi80 \sim \phi520$mm，握把的直径 $\phi20 \sim \phi130$mm，若双手操作，最大操纵力不得超过 250N。

　　2）移动式操纵件设计

　　移动式操纵件可分为手柄、操纵杆、推钮、滑移式操纵件和刀闸等。除推钮和滑移式操纵件外，其余的都有一个执握柄和杠杆，如手柄和操纵杆，只是杠杆部的长度不同。在设计时，重点是考虑执握柄的形状和尺寸，并按人手的生理结构特点设计，才能保证使用的方便和效率。

　　手柄一般供单手操作。对于手柄设计的要求是手握舒适，施力方便，不产生滑动，同时还需控制它的动作，因此，手柄的形状和尺寸应按手的结构特征设计。

　　当手执握手柄时，施力使手柄转动，都是依靠手的屈肌和伸肌来共同完成的。从手掌的解剖特征来看（图 6.16），掌心部分的肌肉最小，指骨间肌和手指部分是神经末梢满布的部位。指球肌和大、小鱼际肌是肌肉丰富的部位，是手部的天然减振器。在设计手柄时，要防止手柄形状丝毫不差地贴合于手的握持部分，尤其是不能紧贴掌心。手柄的着力方向和振动方向不能集中于掌心和指骨间肌，如果掌心长期受压受震，则会引起难以治愈的痉挛，至少易引起疲劳和操纵不准确。因此，手柄的形状设计应使操作者握住手柄时掌心处略有空隙，以减少压力和摩擦力的作用。图 6.16 中（a）、（b）、（c）介绍的 3 种手柄的形式较好，（d）、（e）、（f）介绍的 3 种形式与掌心贴合面大，只适合作为瞬间和受力不大的操纵手柄。

　　为了减少手的运动，节省空间和减少操作的复杂性，采用复合多功能的操纵器有很大优点。例如，现代飞机上使用的复合型驾驶杆就是突出的例子。这种驾驶杆上附设有多种常用的开关，飞行员的手可不必离开驾驶杆就能完成多种操作。现代汽车驾驶室转向柱上的组合开关也是典型的复合多功能操纵器。

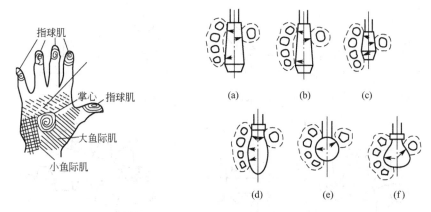

**图 6.16　手柄的形式和着力方式比较**

3）按压式操纵件设计

按其外形和使用情况，大体可分为按钮和按键两类。它们一般只有接通、断开两种工作状态。

（1）按钮。按钮外形常为圆形和矩形，有的还带有信号灯。按钮通常用作系统的启动和关停。其工作状态有单工位和双工位：单工位按钮是手按下按钮后，它处于工作状态，手指一离开按钮就自动脱离工作状态，回复原位；双工位的按钮是一经手指按下就一直处于工作状态，当手指再按一下时才回复原位。

按钮的尺寸主要按成人手指端的尺寸和操作要求而定。一般圆弧形按钮直径以 $\phi8$～ $\phi18$mm 为宜，矩形按钮以 10mm×10mm，10mm×15mm 或 15mm×20mm 为宜，按钮应高出盘面 5～12mm，行程为 3～6mm，按钮间距一般为 2.5～25mm，最小不得小于 6mm。

（2）按键。按键用途日益广泛，如计算机的键盘、打字机、传真机、电话机、家用电器等。各种形式的按键设计都应符合人的使用要求，设计时应考虑人手指按压键盘的力度、回弹时间及使用频度、手指移动距离，尺寸应按手指的尺寸和指端弧形设计，方能操作舒适。

图 6.17(a)所示为外凸弧形按键，操作时手的触感不适，只适用于小负荷且操作频率低的场合。按键的端面形式以图 6.17(d)所示的中凹的为优，它可增强手指的触感，便于操作，这种按键适用于较大操作力的场合。按键应凸出面板一定的高度，过平不易感觉位置是否正确，如图 6.17(b)所示；各按键之间应有一定的间距，否则容易同时按着两个键，如图 6.17(c)所示；按键适宜的尺寸可参考图 6.17(e)。对于排列密集的按键，宜做成图 6.17(f) 的形式，使手指端触面之间相互保持一定的距离；纵行的排列多采用图 6.17(g)所示的阶梯式。

4）脚动操纵件设计

一般的脚操纵器都采用坐姿操作，只有少数操纵力较小(小于 50N)的才允许采用站姿操作。在坐姿时脚的操纵力远大于手。一般的脚蹬(或脚踏板)采用 14N/cm² 的阻力为好。当脚蹬用力小于 227N 时，腿的屈折角应以 107°为宜；当脚蹬用力大于 227N 时，则腿的屈折角应以 130°为宜。用脚的前端进行操纵时，脚踏板上允许的力不超过 60N，用脚和腿同时操作时可达 1200N，对于需快速动作的脚踏板，用力应减少到 20N。

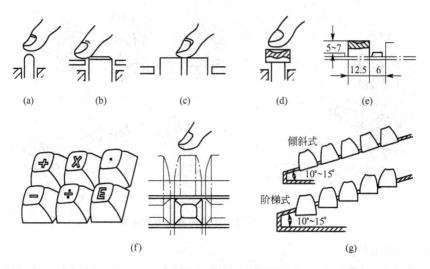

图 6.17　按键的形式和尺寸

操纵过程中，人脚往往都是放在脚操纵件上，为防止脚操纵件被无意碰移或误操作，脚操纵件应有一个启动阻力，它至少应超过脚休息时脚操纵件的承受力。

为便于脚施力，脚踏板多采用矩形和椭圆形平面板，而脚踏钮有矩形、圆形，图 6.18 是几种设计较好的脚踏板和常用脚踏钮的设计尺寸。脚踏板和脚踏钮的表面都应设计成齿纹状，以避免脚在用力时滑脱。

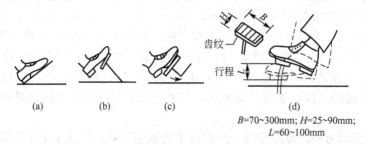

B=70~300mm; H=25~90mm;
L=60~100mm

图 6.18　脚踏板的尺寸

### 4. 操纵件的布局

当将多个操纵件放在一起来控制机器时，就要对其进行空间位置的布局设计，此时可参考以下几点设计原则。

（1）操纵件应首先考虑设计在人手（或脚）活动最灵敏、辨别力最好、反应最快、用力最强的空间范围和合适的方位之内，并按操纵件的重要性和使用频率分别布置在最好、较好和较次的位置上，以适应人的使用习惯。

（2）操纵件应当按照其操作程序和逻辑关系排列。在操作程序固定的情况下，应设计成前一个操作未完成前，后一个操纵件处于自锁的方式，这样可减少误操作。

（3）应选位置编码作为主要的编码方式，用以相互区分。以形状颜色和符号编码作为辅助编码。

（4）联系较多的操纵件应尽量相互靠近，并按操纵件的功能进行分区时，各区之间用不同的位置、颜色、图案或形状。

（5）操纵件的空间位置和分布应尽可能做到在定位时具有良好的操纵效率。

（6）操纵件和显示器应符合相合性原则。

为避免误操作，各操纵件之间需保持一定的距离。表 6-7 及图 6.19 列出了各种操纵件间的距离。

表 6-7　各种操纵件之间的间隔距离值

| 操纵件名称 | 操纵方式 | 操纵件之间的距离/mm | |
| --- | --- | --- | --- |
| | | 最小值 | 最佳值 |
| 手动按钮 | 一只手指随机操作 | 12.7 | 50.8 |
| | 一只手指顺序连续操作 | 6.4 | 25.4 |
| | 各手指顺序或随机操作 | 6.4 | 12.7 |
| 肘节开关 | 一只手指随机操作 | 19.2 | 50.8 |
| | 一只手指顺序连续操作 | 12.7 | 25.4 |
| | 各手指顺序或随机操作 | 15.5 | 19.2 |
| 踏板 | 单手随机操作 | $d_1 = 203.2$ | 254.0 |
| | | $d_2 = 101.6$ | 152.4 |
| | 单脚顺序连续操作 | $d_1 = 152.4$ | 203.2 |
| | | $d_2 = 50.8$ | 101.6 |
| 旋钮 | 单手随机操作 | 25.4 | 50.8 |
| | 双手左右操作 | 76.2 | 127.0 |
| 曲柄 | 单手随机操作 | 50.8 | 101.6 |
| 操纵杆 | 双手左右操作 | 76.2 | 127.0 |

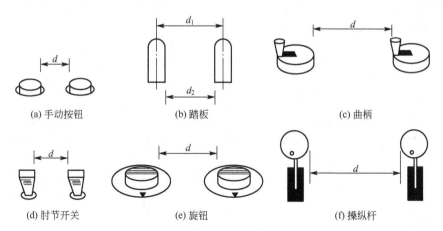

(a) 手动按钮　　(b) 踏板　　(c) 曲柄

(d) 肘节开关　　(e) 旋钮　　(f) 操纵杆

图 6.19　各种操纵件间的距离

# 思 考 题

1. 简述操纵系统的要求。
2. 如何合理确定操纵系统的 3 个参数？
3. 仪表显示设计中应考虑哪几个方面？
4. 如何布置显示装置？
5. 布置操纵件时应注意哪些问题？

# 第7章
# 控制系统

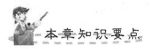 本章知识要点

| 知识要点 | 掌握程度 | 相关知识 |
| --- | --- | --- |
| 控制系统 | 掌握控制系统的组成及作用；熟悉控制系统的分类及其基本理论 | 控制系统的组成、分类方式及作用；经典控制理论与现代控制理论基础；常用控制方式的原理及特性 |
| 控制系统设计 | 掌握控制系统的设计方法；了解几种典型的控制系统 | 控制系统设计步骤及主要元件的选择；4种典型自动控制系统 |

### 导入案例

示教再现式机械手，在国外称为示教式工业机器人（Play back industrial Robot）。它通过教一遍动作后，就会重复所教的动作。示教再现式机械手如同一台录音机，示教过程如同录音，再现过程如同播放。它的控制环节是计算机，因此，使"手"具备了记忆功能。示教再现式机械手的组成如图7.0所示。①计算机系统中具有记忆、比较和控制三方面的功能；②阀控油缸是系统的执行部件；③液压动力源；④计算机外围设备：保持器将离散的数字信号变为连续的模拟信号，使之与连续元件电液伺服阀相连接；轴角编码器将机械手输出的连续模拟信号转换成离散数字信号，使之与计算机相连接。

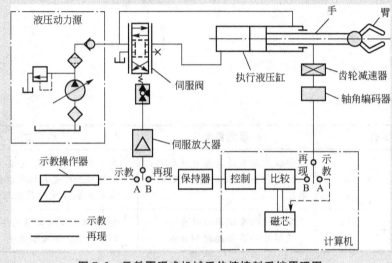

图7.0　示教再现式机械手伸缩控制系统原理图

# 7.1　控制系统的作用、分类和组成

### 7.1.1　控制系统的作用

机械系统在工作过程中，各执行机构应根据生产要求，按一定的顺序和规律运动。各执行机构运动的开始、结束及其顺序一般由控制系统保证。在早期机械系统中，人作为控制系统的一个关键环节起着决定性作用。随着科学技术的发展，控制系统自动化程度的提高，在一些控制系统中，人的作用被某些控制装置所取代，从而形成了自动控制系统。

自动控制系统是指由控制装置和被控对象所构成的，能够对被控对象的工作状态进行自动控制的系统。机械系统控制的主要任务通常包括如下方面。

（1）使各执行机构按一定的顺序和规律运动。

（2）改变各运动构件的运动方向和速度大小。

（3）使各运动构件间有协调的动作，完成给定的作业环节要求。

（4）对产品进行检测、分类以及防止事故，对工作中出现的不正常现象及时报警并消除。

## 7.1.2　控制系统的分类

自动控制系统种类很多，按不同的角度有各种不同的分类方法，具体分类见表 7-1。

表 7-1　自动控制系统分类

| 分类 | 名称 | 说　明 |
|---|---|---|
| 按控制信号的变化规律 | 恒值控制系统 | 给定信号的值是恒定的，如电源自动稳压系统 |
| | 程序控制系统 | 给定信号是已知的时间函数或按预定规律变化的，如高炉程序加料系统 |
| | 伺服系统（又称随动系统） | 给定信号是未知变化规律的任意函数，如数控机床的进给驱动系统，炮瞄雷达天线控制系统 |
| 按控制系统中所包含的元件特性、信号作用特点 | 连续控制系统与断续控制系统 | 连续控制系统中不包含断续元件，各个组成元件输出量都是输入量的连续函数<br>断续控制系统中包含有断续元件。断续控制系统又可分成继电控制系统和离散控制系统。其中，离散控制系统又分为脉冲控制系统（采样控制系统，包含脉冲元件）、数字控制系统（包含数字逻辑元件） |
| | 线性控制系统与非线性控制系统 | 线性控制系统中各组成元件或环节不包含非线性元件。线性系统用线性方程来描述，并符合叠加原理。<br>非线性控制系统中包含有非线性元件或环节其输入量与输出量之间是非线性关系。非线性系统用非线性方程来描述，不符合叠加原理 |
| | 定常控制系统与时变控制系统 | 定常控制系统内各元件及环节的参数都不随时间而变化。<br>时变控制系统内包含有变系数环节、元件或对象，其参数随时间而变化，如化学反应器控制系统 |
| 按系统结构特点 | 单回路控制系统与多回路控制系统 | — |
| | 开环控制系统、闭环控制系统、复合控制系统 | 开环控制系统内不存在主反馈回路<br>闭环控制系统内具有主反馈回路<br>复合控制系统是既有主反馈又有前馈的开环、闭环结合的系统 |
| | 单级控制系统与多级控制系统 | — |
| | 固定结构控制系统、变结构控制系统 | — |
| 按控制系统的功能 | 自动调节系统 | 被控对象是电压频率和原动机转速等属定值控制 |
| | 最优控制系统 | 使被控对象状态自动地控制在最优状态 |
| | 自学习控制系统 | 具有识别判断、积累经验和学习的功能 |
| | 自适应控制系统 | 在环境变化时，通过对系统监测，自动调整系统参数，使系统具有适应环境条件变化获得最优性能的能力 |

（续）

| 分类 | 名称 | 说　明 |
|---|---|---|
| 按自动化技术工具特点 | 常规仪表控制系统 | — |
| | 计算机控制系统 | — |
| 按元器件及装置的能源 | 机械控制系统 | — |
| | 液压控制系统 | — |
| | 气压控制系统 | — |
| | 电力拖动系统 | — |
| | 电气控制系统 | — |
| | 混合控制系统 | — |

可将数控机床的进给系统看做线性、定常、多环（闭环）、连续（或离散）的伺服系统。

### 7.1.3　控制系统的组成

就物理结构来说，控制系统的组成是多种多样的，但就控制系统的作用来看，控制系统主要由控制部分和被控对象组成。控制部分的功能是接受指令信号和被控对象的反馈信号，并对被控部分发出控制信号。被控部分则是接受控制信号，发出反馈信号，并在控制信号的作用下实现被控运动。

无论多么复杂的控制系统，都是由一些基本环节或元件组成的，图 7.1 是一个典型的闭环控制系统方框图，它由以下几个环节组成。

（1）给定环节。给定环节是给出与反馈信号同样形式和因次的控制信号，确定被控对象"目标值"的环节。给定环节的物理特性决定了给出的信号可以是电量或非电量，也可以是数字量或模拟量。

（2）测量环节。测量环节用于测量被控变量，并将被控变量转换为便于传送的另一物理量（一般为电量）的环节。例如电位计可将机械转角转换为电压信号，测速发电机可将转速转换为电压信号，光栅测量装置可将直线位移转换为数字信号，这些都可作为控制系统的测量环节。测量环节一般是一个非电量的电测量环节。

（3）比较环节。比较环节是将输入信号 $X(s)$ 与测量环节发出的有关被控变量 $Y(s)$ 的反馈量信号 $B(s)$ 进行比较的环节。经比较后得到一个小功率的偏差信号 $E(s) = X(s) - B(s)$，如幅值偏差、相位偏差、位移偏差等。如果 $X(s)$ 与 $B(s)$ 都是电压信号，则比较环节就是一个电压相减环节。

（4）校正及放大环节。为了实现控制，要将偏差信号作必要的校正，然后进行功率放大以便推动执行环节。实现上述功能的环节即为校正及放大环节。常用的放大类型有电流放大、电气—液压放大等。

（5）执行环节。执行环节是接收放大环节的控制信号，驱动被控对象按照预期规律运动的环节。执行环节一般是能将外部能量传送给被控对象的有源功率放大装置，工作中要进行能量转换，如把电能通过电机转换成机械能，驱动被控对象作机械运动。

给定环节、测量环节、比较环节、校正放大环节和执行环节一起，组成了控制系统的控制部分，实现对被控对象的控制。

### 7.1.4　控制系统的要求

根据经典控制理论，控制系统的性能要求是：①稳定性。任何控制系统在无干扰下必须是稳定的。②快速性。控制系统必须有一定的稳定裕量，满足瞬态响应的质量要求。③准确性。控制系统必须满足稳态精度的要求。④经济性。还要求控制系统结构简单、维修方便、体积小、重量轻、投资少等。

下面说明控制系统的性能。控制系统的基本性能可以分为固有特性和响应特性两类。

（1）系统的固有特性。系统的固有特性仅与系统结构有关，而与输入信号无关。它含有 3 个特性：稳定性、可控性和客观性。经典控制理论只讨论稳定性，现代控制理论还研究可控性和客观性。下面简述线性定常连续系统的 3 个固有特性的定义。

① 系统的稳定性。稳定性是指控制系统排除干扰，使被控系统能正常有效地运行的能力。若控制系统在任何足够小的初始偏差作用下，其响应过程随时间的推移逐渐衰减而趋于零，则该系统具有渐进稳定性；反之，在初始条件影响下，若控制系统的响应过程随时间的推移而发散，输入无法控制输出，则该系统为不稳定系统。图 7.1 描述了系统的单位阶跃信号的响应曲线，图(a)为不稳定系统的响应曲线，呈发散或振荡状态；图(b)为稳定系统的响应曲线，呈衰减的收敛状态。稳定性是系统能否正常工作的首要条件，因此是系统分析、设计的首要问题。在控制理论发展过程中提出了很多检验系统稳定性的判据。即使系统稳定，也还要进一步判断其稳定性的稳定余量，保证在扰动作用下，系统仍能稳定工作。

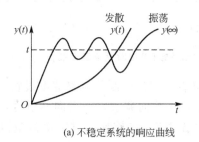

(a) 不稳定系统的响应曲线　　　　　　(b) 稳定系统的响应曲线

**图 7.1　系统的单位阶跃响应曲线**

② 系统的可控性。可控性是指系统本身能否通过控制量来影响它的全部状态变量。如果控制量 $u_j(t)$ 能够控制系统的全部状态量 $x_i(t)$ 称为系统完全可控，如果只能控制系统部分状态量则称为系统不完全可控，如果控制量不能控制任何状态量，则称为系统不可控。可控性是系统本身的属性，可以通过某些理论判据来进行检验。

③ 系统的可观性。可观性就是能否通过系统的输出量估计出系统的全部状态量。如果通过输出量 $y(t)$ 能全部估计出系统的状态量 $x_i(t)$，称为系统完全可观测，简称可观系统；否则为不完全观测系统或不可观测系统；可观性也是系统所固有的属性，它可以通过某些理论判据来检验。

（2）系统的响应特性。它是系统对各种输入信号加以响应后表现出来的特性，因此这种特性不仅与系统结构有关，还与其输入信号形式有关。为了保证系统的运动精度，要求伺服系统在工作过程中能尽量减少受负载变化和电压波动等各种因素的干扰所造成的影响。

任何一个实际稳定的控制系统对输入信号的时间响应，都是由瞬态过程和稳态过程两个阶段组成的。与此对应，系统的响应特性分为动态特性和稳态特性两种。

① 动态特性。瞬态过程是指系统从刚加入信号开始，到系统输出量达到稳态值前的过渡过程。在这一期间，由于系统有惯性、摩擦等原因，输出量不可能立即完全地复现输入量的变化。瞬态过程体现了系统随时间变化的动态特性（动态响应），系统输出量在各瞬时偏离输入量的程度称为动态精度。控制系统在控制信号或干扰信号作用下，被控量必须尽快调整跟踪到目标值。反映这一调整跟踪过程快慢的指标就是动态特性，常用过渡过程的快慢来表示系统的动态特性的好坏。因此，动态特性常用系统的阻尼特性和响应速度来表征。

ⓐ 阻尼特性。阻尼特性可用单位阶跃响应曲线表征。图 7.2 显示了 3 种典型的阻尼特性。图中 $t_r$ 称为上升时间，表示系统对信号的响应速度，它取决于系统的阻尼比 $\zeta$，阻尼比小则响应速度快。$t_s$ 称为过渡过程时间（或称调整时间），表示系统动态响应过程结束的快慢程度。

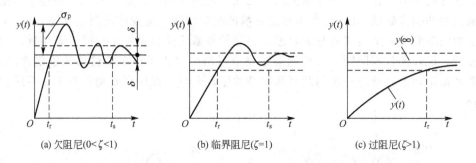

(a) 欠阻尼($0<\zeta<1$)　　　(b) 临界阻尼($\zeta=1$)　　　(c) 过阻尼($\zeta>1$)

**图 7.2　控制系统的 3 种典型的动态特性（单位阶跃响应曲线）**

在被控量向给定值调整时，由于系统存在惯量，如果控制器调整速度过快，被控量就会冲过给定值范围而产生"超调"。此时控制器就需反向调节，而反向调节也可能要冲过给定值范围，产生"负超调"，如此反复称为"振荡"。被控量超过给定值范围的部分 $\sigma_p$ 称为超调量，其值

$$\sigma_p = \frac{y_{max} - y(\infty)}{y(\infty)} \times 100\% \tag{7-1}$$

式中：

　　$y(\infty)$——系统的给定值；

　　$y_{max}$——系统的最大输出值。

$\sigma_p$ 越小，说明系统的阻尼越强，响应过程进行得越慢。$\sigma_p$ 过大，可使系统的瞬态响应出现严重超调，而且响应过程在长时间内不能结束。但是阻尼比过小，也会增加超调量 $\sigma_p$ 和超调时间 $t_s$，使系统相对稳定性降低。

超调量和振荡次数都是衡量系统动态品质的指标。如果控制器调节速度过慢，此时虽无超调和振荡，但被控量达到给定值范围的过渡时间过长，系统反应调节过慢，称为"欠调节"。

闭环控制系统必须具备合乎要求的阻尼特性。在一般的控制系统中，为了兼顾快速性

和稳定性,取阻尼比 ζ 在 0.4～0.8。而在机器人控制系统中,一般不允许超调。假如机器人末端执行器的运动目标是某个物体的表面,系统出现超调,则机器人末端执行器将会运动到物体内部而造成破坏。因此,在机器人控制系统中,应该选择系统的阻尼比 ζ>1(过阻尼),理想情况下取 ζ=1(临界阻尼)。

ⓑ 响应速度。它一般是通过单位阶跃响应曲线上的一些时间特征值来表征的,参见图 7.2 中的 $t_r$ 和 $t_s$,这些时间越短,说明系统对输入信号的响应速度越快,系统的快速性能越好。

其中,调整时间 $t_s$ 定义为:当实际输出量 $y(t)$ 和给定值 $y(\infty)$ 之间的误差达到规定的允许值 $\delta$,且以后不再超过此值所需的最小时间称为调整时间。即

$$|y(t)-y(\infty)|\leqslant\delta,\quad t\geqslant t_s$$

一般取允许误差 $\delta=0.02～0.05$。闭环控制系统对输入信号的响应速度必须满足设计要求。工程上认为,当 $t<t_s$,响应为瞬态过程;当 $t\geqslant t_s$ 时,响应进入了稳态过程。

② 稳态特性。稳态过程是指时间趋于无穷时的响应过程,该过程体现了系统的稳态特性(稳态响应),最终显示系统输出量复现输入量的程度称为稳态精度。衡量系统稳态精度的指标是稳态误差。稳态误差 $e_s$ 为期望的稳态输出量与实际的稳态输出量之差,即

$$e_s=\lim_{t\to\infty}[y_r(t)-y(t)]\tag{7-2}$$

式中:

　　$y(t)$——系统的实际输出;

　　$y_r(t)$——参考输入所整定的期望值;

　　$e_s$——由任何干扰所引起的误差。

(3) 系统的精度。控制器在对被控量调节时,由于种种原因,使实际被控量与给定值之间存在一定的误差,这种差异就表示了系统的精度。控制系统工作过程中通常有 3 种误差,即动态误差、稳态误差和静态误差。系统在动态响应过程中,被控量与给定值之间的偏差称为动态误差;动态响应进程结束后,被控量与给定值之间的偏差为稳态误差;而静态误差则是指由系统组成的元器件本身的误差及干扰等所引起的系统被控量与给定值之间的偏差。这里涉及传感器的灵敏度、精度、信号处理器的零点漂移和死区、机械部件的间隙、各元器件的非线性等,当然这与控制系统的结构及系统算法等也有较大的关系。

在现代技术系统中,稳定性、响应特性和精度这 3 项基本要求是相互关联、相互约束的。在进行控制系统设计时,通常首先要满足稳定性要求,然后在满足精度的前提下提高响应特性。

## 7.2　控制系统基本理论

### 7.2.1　经典控制理论

在现代工业中起重要作用的第一个自动调节装置是 1784 年由瓦特发明的蒸汽机中的

调速器。向蒸汽机通入一定流量的蒸汽使蒸汽机运转，当负载减小时，蒸汽机的转速增加，反之，当负载增加时，转速减小。蒸汽机调速器就是利用这一特性制作的。如图 7.3 所示，由于离心力的作用使球体上下移动，当蒸汽机转速变化时，离心飞球的高度也随之而变化，通过执行机构调节蒸汽流量，使蒸汽机按确定的速度运转。

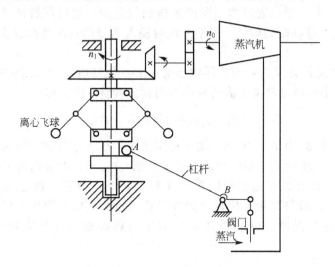

图 7.3 蒸汽机飞球调速系统

这种蒸汽机调速器的方框图如图 7.4 所示。在该系统中，将被控量与目标量比较，然后进行操作，使被控量接近目标值，于是组成了具有信息反馈回路的闭环控制系统。但这种装置的速度调节并不完善，一些参数处理不好时，会使蒸汽机产生剧烈的振荡，不能正常工作。

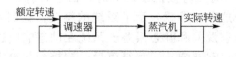

图 7.4 蒸汽机飞球调速系统方框图

人们针对控制系统进行数学描述、稳定性分析、过渡过程分析、稳态精度分析等，并提出了一套理论，这种理论从实际系统中抽象出各个控制环节，并以相应的方框图来表示，以传递函数作为对系统的数学特征进行描述，分析系统的输入和输出关系，以根轨迹法、频率法为研究方法，研究系统的稳定性以及在给定输入和给定指标情况下的系统综合。这种理论被称为经典控制理论。经典控制理论日益成熟，较成功地解决了诸如伺服系统自动控制的实践问题，是工业控制的常用方法。

经典控制理论在解决单变量、线性定常系统问题时比较方便。在工程实际中，尽管许多机械控制系统的动态性能在不同程度上都是非线性的，如果对控制系统控制的精度要求不是很高，而且系统变量在稳态工作点附近微小变化时，可以将某些非线性因素做线性化处理，并把某些干扰进行线性叠加，当作单输入—输出系统进行处理，简化问题又不失精确性。这样，使用经典控制理论即可以解决工程问题。因此，经典控制理论在工程实践中得到了广泛的应用。

### 7.2.2　现代控制理论

现代控制理论研究的对象很广泛，其研究基础是矩阵和向量空间。以状态空间法为基础，研究多输入，多输出，非线性时变断续系统的分析和设计问题，揭示系统的内在规律，实现系统在一定意义上的最优控制。现代控制理论对各种不同的系统进行描述时，数学表达式简单、统一，并能方便地利用数字计算机进行运算和求解。特别是近年来计算机及大规模数字电路的发展，使过去许多认为由硬件实现起来太复杂或不经济的控制方案，可以用数字控制器来完成，因而具有很大的优越性。

现代控制理论的主要研究领域有如下几个方面。

**1. 系统辨识**

由于实际的系统很复杂，往往不能通过解析的方法直接建立系统状态的数学模型。因而通过试验或对运行数据进行估计求出控制对象的数学模型及参数是一种行之有效的方法。这种方法就是系统辨识。

**2. 最优控制**

最优控制就是在给定限制条件和评价函数下，寻找使系统性能指标最佳的控制规律。这里的限制条件即约束条件。评价函数即性能指标，也称目标函数。控制规律也就是综合控制器。

**3. 最佳控制（或称为最佳滤波）**

当系统中有随机干扰时，必须同时用概率和统计两种方法进行综合，即在系统数学模型已经建立的基础上，通过对系统输入、输出数据的测量，利用统计方法对系统的状态进行估计。古典的维纳（Wiener）滤波理论阐述的是对平稳随机过程按均方意义的最佳滤波，而现代卡尔曼（Kalman）滤波理论克服了维纳滤波理论的局限性，使用领域更广。卡尔曼的滤波理论奠定了现代控制理论的基础。

现代控制理论是为探索宇宙空间的需要而出现的，它将随着社会的发展和科学技术的进步而不断完善。一般来说，经典控制理论是对控制系统的输出进行分析和综合的理论，而现代控制理论则是对控制系统的状态进行分析和综合的理论。

微电子技术（特别是计算机、尤其是微型计算机）的出现与发展，给人们提供了强大的技术手段。计算机开始取代人而参与对加工过程的控制，如图 7.5 所示。

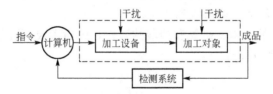

**图 7.5　计算机控制的闭环系统**

这时就不仅要求整个系统稳定，而且要求整个加工过程实现所预期的最优指标。这样一来，就涉及每个环节与整个系统的动态性能问题。于是，将控制理论与计算机技术相结合起来研究每个环节与整个系统就必不可少了。对一台设备如此，对一条生产线也是如此。控制理论、计算机技术同机械制造技术相结合，还赋予有关设备以不同程度的"人工智能";数控机床不仅可以按程序加工,而且还可以根据供销情况自行调整产品,进行"柔性生产"。

### 7.2.3 常用控制方式的原理及特性

控制系统的控制作用由控制器实现。工业控制器按其输入和输出的关系可分为:比例控制器、积分控制器、比例积分控制器、微分控制器、比例微分控制器等,大多数工业控制器应用电或加压流体(如油液或压缩空气)传递能量。因此,也可以按照能量传递方式分为:电子式、液压式等。为了选择适当的控制器,应该了解各种控制器的基本特性。下面简单介绍各种控制器的工作原理及特性。

**1. 比例控制器**

比例控制器的输出量以一定的比例复现输入量,毫无失真和时间滞后。其输出 $y(t)$ 与输入 $x(t)$ 之间满足关系

$$y(t) = Kx(t) \tag{7-3}$$

其传递函数为

$$G(s) = \frac{Y(s)}{X(s)} = K \tag{7-4}$$

式中:

$Y(s)$——输出量的拉氏变换;

$X(s)$——输入量的拉氏变换;

$K$——比例常数或称增益。

例如,齿轮传动中,如果忽略啮合间隙、齿轮惯量、摩擦等,则主动齿轮与从动齿轮的转速之间关系为

$$z_2 n_2 = z_1 n_1$$

其传递函数为

$$G(s) = \frac{N_2(s)}{N_1(s)} = \frac{z_1}{z_2} \tag{7-5}$$

式中:

$z_1$、$n_1$——分别为主动齿轮齿数和转速;

$z_2$、$n_2$——分别为从动齿轮齿数和转速。

又如当忽略液压缸的泄漏、缸筒和油液的弹性,则输入液压缸的流量与液压缸的输出速度之间有如下关系(图7.6)。

$$Av = q$$
$$G(s) = \frac{V(s)}{Q(s)} = \frac{1}{A}$$

式中:

$v$——液压缸速度;

$A$——液压缸工作面积;

$q$——流量。

从以上两例可看出，比例控制器的特点是其传递函数为一常数。电子放大器、杠杆、齿轮等都可构成比例控制器。然而，纯粹的放大环节是极少见的，只有在忽略一些因素的前提下才能把某些部件看成比例控制器。其方框图如图 7.7 所示。

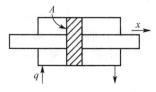

图 7.6　液压缸原理图　　　　　　　　　图 7.7　比例控制器方框图

2. 积分控制器

积分控制器的特点是输出 $y(t)$ 与输入 $x(t)$ 之间满足关系

$$y(t) = K_i \int_0^t x(t)\mathrm{d}t \tag{7-6}$$

传递函数为

$$G(s) = \frac{Y(s)}{X(s)} = \frac{K_i}{s} \tag{7-7}$$

液压缸与液压马达往往可以看成积分控制器。图 7.8 所示的液压缸在忽略油液变形及泄漏时，输入流量到输出位移的传递函数的关系为

$$\frac{\mathrm{d}x}{\mathrm{d}t} = \frac{q}{A} \tag{7-8}$$

式中：

$x$——输出位移；

$q$——输入流量。

传递函数为

$$G(s) = \frac{X(s)}{Q(s)} = \frac{1/A}{s} \tag{7-9}$$

又如，齿轮齿条传动(图 7.9)可以看成积分环节。齿条位移与齿轮转速的关系为

$$\frac{\mathrm{d}x}{\mathrm{d}t} = \pi D n \tag{7-10}$$

式中：

$D$——齿轮节圆直径。

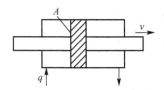

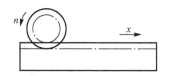

图 7.8　液压缸原理图图　　　　　　　图 7.9　齿轮齿条传动示意图

传递函数为

$$G(s) = \frac{X(s)}{N(s)} = \frac{\pi D}{s} \qquad (7-11)$$

在闭环控制系统中加入积分控制器的目的是减少稳态误差。开环传递函数具有一个积分控制器可以消除阶跃输入下的稳态误差，具有两个就可以消除恒速输入下的稳态误差，工程控制系统中，大都只具有一个积分控制器；当具有两个积分控制器时，会降低系统的稳定性。积分器控制器方框图如图 7.10 所示。

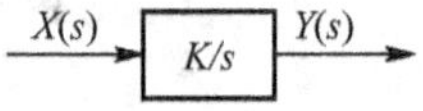

$$X(s) \longrightarrow \boxed{K/s} \longrightarrow Y(s)$$

**图 7.10　积分控制器方框图**

**3. 微分控制器**

微分控制器的特点是其输出根据输入信号的时间变化率而变化。其传递函数有几种形式，工程中常遇到的形式为

$$G(s) = s \qquad (7-12)$$

其输出 $y(t)$ 与输入 $x(t)$ 之间关系为

$$y(t) = K_d \frac{\mathrm{d}x(t)}{\mathrm{d}t} \qquad (7-13)$$

**4. 惯性控制器**

惯性控制器有低通滤波的特性，当输入频率大于转角频率时，其输出会很快衰减，即滤掉输入信号的高频部分。在低频段，输出能较准确地反映输入。其输出 $y(t)$ 与输入 $x(t)$ 之间关系为

$$y(t) + T \frac{\mathrm{d}y(t)}{\mathrm{d}t} = x(t) \qquad (7-14)$$

其传递函数为

$$G(s) = \frac{1}{1 + T_s} \qquad (7-15)$$

图 7.11 所示为机械阻尼器，其相当于一个具有惯性的微分控制器。当活塞作阶跃位移 $x$ 时，油缸初始时刻位移与 $x$ 相等，但在弹簧力作用下，$y$ 最终趋于零。其传递函数为

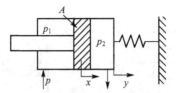

**图 7.11　液压弹簧系统**

$$G(s) = \frac{Y(s)}{X(s)} = \frac{T_1 s}{1 + T_1 s} \tag{7-16}$$

其中 $T_1 = RA^2 \rho / K$，$\rho$ 为油液的密度。

工程控制系统中，常将比例、积分以及微分作用结合起来，形成复合控制以改进系统的品质。

所谓 PID，就是一种对偏差 $\varepsilon(t)$ 进行比例、积分和微分变换的控制规律，即

$$m(t) = K_p \left[ \varepsilon(t) + \frac{1}{T_i} \int_0^t \varepsilon(t) + T_d \frac{d\varepsilon(t)}{dt} \right] \tag{7-17}$$

式中：

　　$K_p \varepsilon(t)$——比例控制项，$K_p$ 为比例系数；

　　$\dfrac{1}{T_i} \displaystyle\int_0^t \varepsilon(t)$—— 积分控制项，$\dfrac{1}{T_i}$ 为积分时间常数；

　　$T_d \dfrac{d\varepsilon(t)}{dt}$——微分控制项，$T_d$ 为微分时间常数。

比例控制项与微分、积分控制项的不同组合可分别构成 PD（比例微分）、PI（比例积分）和 PID（比例积分微分）3 种控制器。

1) PD 控制器

PD 控制器的结构框图如图 7.12 所示，其控制规律为

$$m(t) = K_p \left[ \varepsilon(t) + \frac{1}{T_i} \int_0^t \varepsilon(t) \right] \tag{7-18}$$

其传递函数为

$$G(s) = \frac{M(s)}{E(s)} = K_p (1 + T_d s) \tag{7-19}$$

PD 控制器的作用是增加系统的稳定性，提高系统的快速性，PD 控制器提高了系统的动态性能，但高频增益上升时，抗干扰的能力就会减弱。

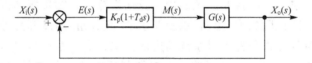

图 7.12　PD 控制器框图

2) PI 控制器

PI 控制器的控制结构框图如图 7.13 所示，其控制规律为

$$m(t) = K_p \left[ \varepsilon(t) + T_d \frac{d\varepsilon(t)}{dt} \right] \tag{7-20}$$

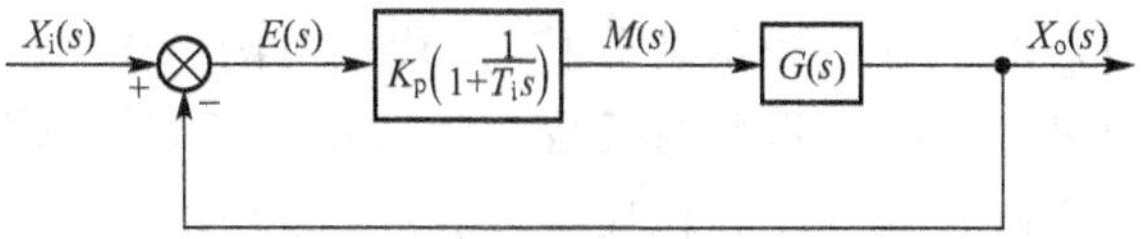

图 7.13　PI 控制器框图

其传递函数为

$$G(s) = \frac{M(s)}{E(s)} = K_p \left( 1 + \frac{1}{T_i s} \right) \tag{7-21}$$

PI 控制器的作用是减少系统的稳态误差，但过度的 PI 调节可使系统的稳定程度变差。

3）PID 控制器

PID 控制器的控制结构框图如图 7.14 所示，其控制规律为

$$G(s) = \frac{M(s)}{E(s)} = K_p \left( 1 + \frac{1}{T_i s} + T_d s \right) \tag{7-22}$$

PID 控制器的作用是提高系统的稳定性，减少系统的稳态误差，提高系统的瞬态响应速度。准确地调整 PID 参数对系统的控制效果十分重要。

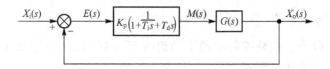

图 7.14　PID 控制器框图

# 7.3　控制系统设计

## 7.3.1　设计步骤

控制系统的设计一般都需要经历如下几个步骤。

（1）确定控制系统的设计任务。分析控制系统需要完成的任务和使用条件，归纳出技术指标和设计数据，包括：①控制系统的用途及使用范围；②负载情况，如负载的静阻力（矩）、惯性力（矩）、其他附加力（矩），以及要求的（线、角）速度和加速度；③对所用控制元件的要求；④在各种工作条件下对系统精度的要求；⑤对系统过渡过程的要求，如单位阶跃函数作用下的过程时间、超调量等；⑥对控制系统的工作条件要求，如温度、振动、防腐（尘、爆、水）等要求；⑦对系统安装结构的要求等。

对于相对较复杂的控制系统（如多任务控制系统），可以采用控制流程图、动作表或其他适当的形式描述控制过程和任务，清楚地表明各控制动作的时间、顺序、状态等协调关系，并写出设计任务说明书。

图 7.15 是两种不同的控制系统流程。图 7.15(a)所示的液压机滑块行程控制流程，反映了滑块上停、快降、慢降、下停和回程的控制过程，以及各阶段的时间（如 $t_u$ 和 $t_d$ 等）和速度（各线段的斜率），图中 $S$ 代表滑块位移，$t$ 代表时间。图 7.15(b)为某加热炉的温度控制流程，反映了加热、保温、降温的级数、时间和速度等控制要求。图中 $C_1$、$C_2$ 代表第一级和第二级加热停留的温度，$T$ 代表温度，$t$ 代表加温时间，$t_1 \sim t_5$ 代表了各控制段的时间长短。

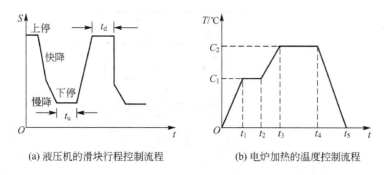

(a) 液压机的滑块行程控制流程　　　　(b) 电炉加热的温度控制流程

**图 7.15 控制系统的流程**

（2）控制系统方案设计和选择。根据控制系统的具体组成部分、各组成部分的元器件类型和具体控制算法的不同，可以罗列很多实现同一控制目的的控制系统方案，然后需要通过对每一个方案进行详尽的经济性和技术可行性评价，反复权衡和比较，确定最终方案。

（3）完成控制系统的元件选择和静态计算，画出系统原理图。根据系统的稳定工作状态和静态误差的要求，选择或设计测量元件、放大变换元件、执行元件和机械传动装置的类型和参数。确定系统的放大倍数及系统的结构形式，画出系统原理图。

图 7.16 所示为舵机伺服控制系统原理图。

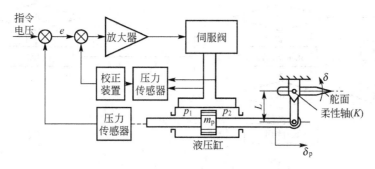

**图 7.16 舵机伺服控制系统原理图**

（4）建立控制系统的数学模型，完成动态性能分析。列出元件的运动方程，求出传递函数，分析系统的稳定性，并计算系统在单位阶跃函数作用下的过渡过程，求得控制系统的动态性能指标——瞬态响应时间、振荡次数和超调量。如果经过分析，得出系统的稳定裕度不够，或过渡过程满足不了要求，则需要考虑在系统中附加校正装置，组成新的控制系统结构，通过改变校正装置的参数达到改变控制系统的参数，从而改善系统的动态性能。

（5）控制系统的试验和联调。精心设计试验和联调的方法和步骤，确定所用的测试手段，保证系统的功能、性能和参数等指标能够完全正确地演示出来。试验验证可以在电子模拟机上进行，或采用部分实物和模拟机相结合进行。经过严格的联调并获得圆满的成功以后，才能转入现场试验。

计算机控制系统设计步骤示意图如图 7.17 所示。

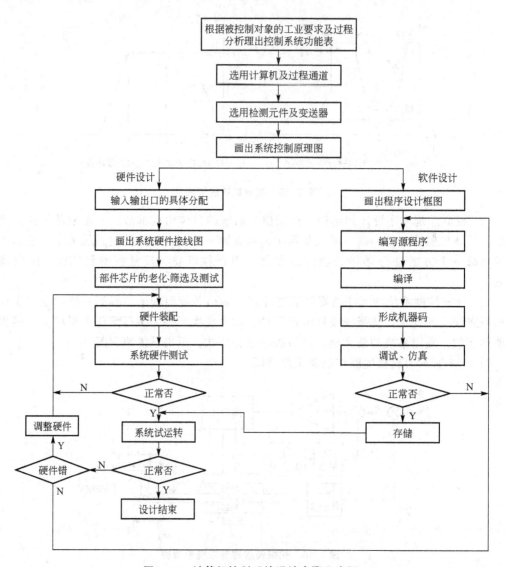

**图 7.17　计算机控制系统设计步骤示意图**

## 7.3.2　方案设计

在控制系统方案设计阶段，需要确定控制系统的类型，采用合适的控制算法，选择合理可行的传感器元件，并根据控制对象选择可靠的执行机构，最后需要对控制系统方案进行技术可行性分析和成本估算。

（1）确定控制系统的结构形式。开环控制系统只按照预先设定的输入量规律进行控制。由于被控对象的输出量状态不能用来改变输入量，因此在控制过程中抗干扰能力差。当被控对象的输出量变化规律已知、干扰能够得到有效抑制时，开环控制才能满足控制精度的要求，一般产品生产自动线、自动售货机、自动车床等多采用开环控制系统。

闭环控制系统中由检测元件组成的反馈回路用于将输出量的状态引入输入端，根据输出量偏离预期值的信息及时修正输入量，因而容易达到较高的控制精度，在速度、压力、力和转矩、流量、位置等的实时控制中广泛使用。

（2）明确微型机在控制系统中的作用。微型机是现代控制系统中的核心部件，有时兼具多种功能于一身。它可以是设定值计算、放大和直接控制，也可以是数据和信息处理。根据其功能不同，需要进一步确定其外围设备和接口及通道配置情况。

常用的微型机有单板机、单片微机控制器（单片机）、工业标准控制机（STD）、工业PC机（IPC）、可编程控制器（PLC），高档一点的有 VME 总线工控机和多总线（Multi - bus）工控机。其中单片机由于体积小、成本低、设计灵活、接口电路配置方便等优点，在伺服系统中得到了广泛的应用。但是，单片机系统一般需自行研制，设计周期长，工作量大，在可靠性和环境适应性方面还不够成熟。因此，若有条件，可选择一些成熟的工控机及其相应的接口模块，一般都可以收到很好的效果。

对所形成的控制系统方案，应该绘制系统组成的框图和附加必要的说明，作为方案可行性的论证和技术设计的基础。

### 7.3.3　主要元件的选择

（1）检测反馈元件。一般来讲，半闭环控制系统主要采用角位移传感器，全闭环控制系统主要采用直线位移传感器。对于位置传感器，若检测量为直线位移，则应选尺状的直线位移传感器，如光栅尺、磁尺、直线感应同步器等。若检测量为角位移，则应选取圆形的角位移传感器，如光电脉冲编码器、圆感应同步器、旋转变压器、码盘等。

在位置伺服系统中，为了获得良好的性能，往往还要对执行元件的速度进行反馈控制，因而要选用速度传感器。交、直流伺服电动机常用的速度传感器为测速发电机。目前在半闭环伺服系统中，也常采用光电脉冲传感器，既测量电动机的角位移，又通过计时而获得速度。

选择传感器应满足几个方面的要求：①安全可靠，稳定性好，信噪比（Signal Noise Ratio）高；②精度和响应速度满足使用要求，并留有一定的裕度。通常将使用要求的精度和响应速度提高 30％～50％后选取传感器。传感器的精度与价格密切相关，应在满足要求的前提下，尽量选用精度低的传感器，以降低成本；③量程和使用条件。应考虑结构空间（如外形尺寸、连接及安装方式等）及环境（如温度、湿度、灰尘、介质等）条件的影响。

（2）执行元件及其功放电路装置。直流伺服电动机、交流伺服电动机和伺服阀控制的液压伺服马达都是闭环伺服系统中广泛采用的执行元件。在负载较大的大型伺服系统中常采用电液伺服阀—液压马达，而在中、小型伺服系统中，则多数采用直流或交流伺服电动机。直流伺服电动机价格较低，曾是闭环系统中执行元件的主流。近年来，交流伺服电动机价格逐年降低，应用越来越广泛。

开环伺服系统中可采用步进电动机、电液脉冲马达、伺服阀控制的液压缸和液压马达等作为执行元件，其中步进电动机应用最为广泛，一般情况下应优先选用步进电动机。

在选择执行元件时，应综合考虑负载能力、调速范围、运行精度、可控性、可靠性以及体积、成本等多方面要求，应非常重视功放装置的选择。注意，功放装置除了影响执行元件性能发挥外，还很大程度决定了系统的可靠性，因此功放装置最好与执行元件统一选购，一般不要自行研制。

（3）传动机构。传动机构用于对运动和力进行变换和传递，是执行元件与执行机构之间的一个机械接口。在伺服系统中，执行元件以输出旋转运动和转矩为主，而执行机构则多为直线运动。用于将旋转运动转换成直线运动的传动机构主要有齿轮齿条和丝杆螺母等。前者可获得较大的传动比和较高的传动效率，所能传递的力也较大，但高精度的齿轮齿条制造困难，且为消除传动间隙而结构复杂；后者因结构简单、制造容易而应用广泛。尤其是滚动丝杠螺母副，目前已成为伺服系统中的首选传动机构。

在步进电动机与丝杠之间运动的传递可有多种方式。可将步进电动机与丝杠通过联轴器直接连接，其优点是结构简单，可获得较高的速度，但对步进电动机的负载能力要求较高。此外，步进电动机还可通过减速器传动丝杠。减速器的作用主要有 3 个，即配凑脉冲当量、转矩放大和惯量匹配。当电动机与丝杠中心矩较大时，可采用同步齿形带传动，否则可采用齿轮传动，但应采取措施消除其传动间隙。

（4）执行机构。执行机构是伺服系统中的被控对象，是完成系统主功能的最后一个环节，因此执行机构的设计和选择主要是根据系统具体要执行的任务进行考虑的。它的一般要求是有较高的灵敏度和精确度，有良好的重复性和可靠性。

在系统方案设计时，导向机构可以放在执行机构中一起考虑。导向机构的作用主要是支撑和导向，在伺服系统中主要是指导轨。在伺服系统中应用较多的是塑料贴面滑动导轨和滚动导轨。现在一种称为线性组件的产品正被设计者越来越广泛地使用，它是将滚动丝杆螺母副或齿形带传动与滚动导轨集为一体，统一润滑与防护，系列化设计，专业化生产，体积小、精度高、成本低，易于安装，有的还配套提供执行元件和相应的控制装置，为伺服系统的设计和制造提供了极大的方便。

# 7.4　几种典型的自动控制系统

### 7.4.1　凸轮控制系统

在机械的自动控制系统中，指令的记录、信号的发送均利用机械零件（如凸轮、挡块、连杆、杠杆等，其中主要是凸轮）来实现。这类控制系统的特征是控制元件同时又是传动元件，而且一般均属开环的时间控制系统。其优点是刚性强、工作可靠、使用寿命长、易于发现问题、调整后即能正常工作；缺点是结构较复杂、凸轮制造工作量较大、设计不良或制造误差较大时会产生冲击和噪声、灵敏度及效率较低。常用于大批量生产中的自动机床上，特别适用于行程短、动作较复杂、凸轮轴转速在 500r/min 以下的控制系统。

图 7.18 所示为由凸轮控制用来折叠和封闭纸盒 4 个盖片的机构，粘贴的胶水已在前道工序中涂好。纸盒装在金属成形器上，成形器的外端是一个平面，折臂 3、6 的运动由装在垂直凸轮轴 1 上的两个凸轮 12、13 控制，而折臂 4、5 则受水平凸轮轴 8 上的两个凸轮 9、10 控制，这两个凸轮轴靠锥齿轮传动实现同步，从而保证 4 个折臂随着轴 1 和轴 8 的旋转按顺序动作。

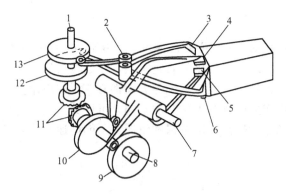

**图 7.18　折叠纸盒成形的凸轮机构**
1—垂直凸轮轴；2—轴销；3~6—折臂；7—回转轴；8—水平凸轮轴；
9、10、12、13—凸轮；11—锥齿轮

### 7.4.2　模拟控制系统

在现代机械系统的自动控制中，使用模拟技术构造的反馈控制系统相当普遍。模拟控制的基本特点是将连续时间信号（模拟量）作为系统的参考输入，系统的实际输出信号作为反馈，反馈信号与输入信号形成的误差信号作为系统的控制信号。连续时间系统应用微分方程建模，通过拉氏变换能够方便地获得线性时不变连续系统的传递函数及方框图，从而在这些基础上有效地讨论系统的各种有用特性。

图 7.19 所示的位置模拟伺服系统就是一个模拟控制系统。在系统中，输入量为角位移 $\theta_R$，输出量为角位移 $\theta_C$，二者经电位计测量后，产生与差值 $\theta_e = \theta_R - \theta_C$ 成比例的电压误差信号 $V_e$，放大后用以控制发电机的励磁电压，发电机的输出电压则用于驱动执行机构电动机，电动机在驱动负载转动的同时，带动滑臂旋转，直至 $\theta_C = \theta_R$ 时，$V_e = 0$，电动机随之停转。

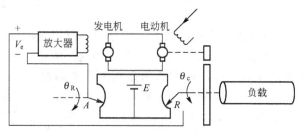

**图 7.19　位置模拟伺服系统**

模拟控制系统的优点是，由于采用连续时间信号，没有附加延时，响应速度快。但一般模拟控制系统存在不能直接接受数字计算机提供的数字参考信号的缺点，参考输入只能是模拟信号。

但模拟控制系统除了响应参考输入外，还会受到干扰信号输入的影响，因此，在进行设计时，应采取措施以降低干扰对控制系统的影响。常用的抗干扰措施有：减小系统的传递函数、增大校正装置的增益、直接减小干扰输入以及采用并联前馈校正和并联顺馈校正等。

### 7.4.3 伺服系统

伺服系统是指以机械参数(如位移、速度、加速度或力等)作为被控量的自动控制系统。伺服系统是现代控制理论工程化的研究重点,在数控机床、机器人、精密跟踪和测量仪、自动化武器系统和各种自动装卸系统等方面都有广泛的应用。

伺服系统按传递或变换能量的工作介质不同,可以分为气动、液压、电气几大类。由于空气的可压缩性使稳定性较差、定位精度较低,不能高速响应,故气动伺服系统的应用受到一定限制。

#### 1. 液压举重装置

如图 7.20(a)所示,当将节流阀打开时,液体便由液压装置流入液压缸的下腔,产生一使活塞向上运动的力 $F=Ap$,其中 $A$ 为活塞面积,$p$ 为液体压力。当 $F$ 大于物料重力 $W$ 时,物料便被举起。这是一种力的放大器,可以举起人力无法举起的重物,但其举物高度很难控制,物料下降要靠物体的重力把液体压回到液压装置中才能实现。

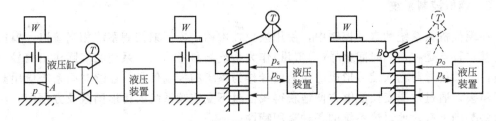

(a) 简单的液压举重装置　　(b) 四通阀控制的液压举重装置　　(c) 自动控制的液压举重装置

**图 7.20　液压举重位置**

图 7.20(b)作了改进。用四通阀代替节流阀,用杠杆操纵四通阀的移动,则物料上升的速度可由四通阀的窗口大小来控制。而物料下降又可通过四通阀窗口使油直接回到液压装置中的油箱,因此,可以控制自如、上下方便。但是由于漏油,很难使物料持久停留在某一高度。

图 7.20(c)作了进一步改进。将杠杆的另一端与物料板相连,形成一种机液位置伺服系统,克服了上述缺点。当将杠杆压到某个位置时,四通阀的进油窗口被打开,物料开始上升,同时带动杠杆的另一端上升,使四通阀渐渐关小进油窗口。一旦进油窗口完全关闭,物料就停在相应的位置上(此时进、回油窗口完全被堵死)。如果由于漏油等原因使物料有些下降,则杠杆又将进油窗口打开,使物料又开始上升,直到恢复原位。可见这种装置能自动完成举物工作。

#### 2. 采煤机牵引速度自动调节系统

采煤机在截煤过程中,其电动机的功率和牵引力的大小是随着煤质的软硬不同和含夹石情况而不断变化的,并且与牵引速度的大小有着直接的关系。为了防止过载,并使机器在接近额定负载情况下工作(在运输设备的运输能力许可的情况下),就需要根据机器的实际负载情况随时调节牵引速度。现代采煤机的液压牵引部普遍采用变量泵和定量油马达的调速方式,即通过改变油泵的流量来改变油马达的转速。当外部牵引阻力增大时,牵引部的实际牵引力和液压系统的工作压力随之增大,此工作压力增大到超过其额定值(也就是牵引力超过其额定值)时，通过液压自动调速装置使油泵的流量减小，油马达转速变小，牵引速度降低，这样就可以防止牵引部功率过载。

国产 MD－150 型采煤机的牵引部调速系统原理图如图 7.21 所示，其调速原理如下：在调速手把 30 的轴上装有凸轮 26，凸轮上有一条阿基米德螺旋槽，杠杆 e 下端有一销轴插在螺旋槽内，当用手把转动凸轮时，杠杆 e 下端由于受阿基米德螺旋槽的限制向左或向右(取决于手把的转动方向)移动，因而杠杆 e 绕其固定支点 O 摆动，其上端带动滑阀 25 的阀芯移动，并使杠杆 d 绕 $O_3$ 点转动，于是其上端 $O_3$ 带动主油泵随动阀的阀芯移动，以实现牵引调速和换向。图中 24 为自动调速油缸，油缸活塞的两端都装有弹簧，使活塞处于中间位置，因而在手动调速时 $O_2$ 可以作为杠杆 d 的支点。液压自动调速是通过高压溢流阀 10 和调速油缸 24 实现的。当主油路的工作压力超过 15.7MPa 时，通过溢流阀 10 的溢流来操纵调速油缸 24，以自动降低牵引速度。当工作压力降低到 15.7MPa 以下时，牵引速度又自动恢复原来的大小。这种调速方式称为限压式自动调速。

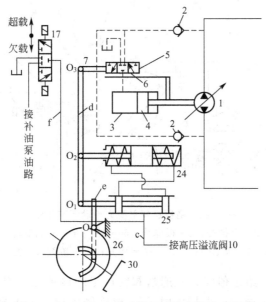

图 7.21　MD－150 型采煤机牵引部调速系统图

在工作时，调速换向手把 30 是预先转到给定位置上的，这时滑阀 25 的阀芯偏离中间位置一定距离。假如阀芯向右移动，则自动调速油缸 24 的右腔经滑阀 25 的左端与油箱连通，左腔经滑阀 25 的中部与油路 c 和 f 连通，这时如果电磁阀 17 位于欠载的位置，则自动调速油缸 24 的左腔经油路 c、f 和电磁阀 17 也与油箱连通，因此，油缸 24 在两端弹簧的作用下，其活塞处于中间位置。当液压系统的工作压力超过 15.7MPa 时，高压溢流阀 10 开启，这时其溢流出来的油液经过油路 c 进入调速油缸 24 的左腔。尽管这时油路 f 经电磁阀 17 接通油箱，但由于油路 f 管道内径较小，阻力较大，因而在调速油缸的左腔内仍形成 1.2MPa 的压力，于是克服弹簧力推动调速油缸 24 的活塞向右运动。这时由于调速手把固定不动，因而杠杆 d 将会绕支点 $O_1$ 向减速方向摆动，使牵引速度降低。液压系统的工作压力也相应降低。当工作压力降低到 15.7MPa 以下时，溢流阀 10 关闭，调速油缸 24 左腔内的压力消失，故其活塞在弹簧的作用下回到中间位置，于是牵引速度又上升到原来用手把调整的大小。

### 3. 牵引阻力调节系统

图 7.22 所示为拖拉机牵引阻力的自动调节系统。当拖拉机耕地时，由于土质不同，即使耕深 $h$ 不变，所需克服的牵引阻力 $F_r$ 也不相同。为了保持发动机负荷的平稳性和增大拖拉机的牵引力，常采用一种所谓牵引阻力的自动调节系统。拖拉机耕地时，土壤的阻力和农具重力的合力构成了所谓的牵引阻力 $F_r$，其值随土壤的结构不同而变化。为了保持 $F_r$ 不变，只有将犁稍稍上升或下降，即改变耕深 $h$ 使 $F_r$ 恢复到原来的整定值。板弹簧 4 与犁的上拉杆 3 相连，$F_r$ 反应到上拉杆 3 的力为 $F_1$，板弹簧 4 在 $F_1$ 作用下发生变形，其变形量 $x_1$ 通过推杆 5 传到力调节杠杆 6，使杠杆绕 b 点转动，从而通过 c 点的移动使三通滑阀改变窗口开度，达到控制液压缸 11 活塞移动的目的。

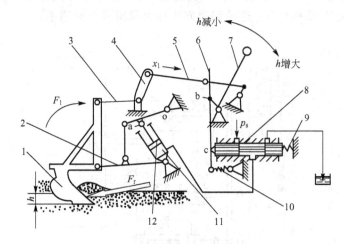

**图 7.22 拖拉机牵引阻力自动调节系统**

1—犁；2—下拉杆；3—上拉杆；4—板弹簧；5—推杆；6—力调节杠杆；7—力调节手柄；
8—三通阀；9—压缩弹簧；10—拉伸弹簧；11—单腔液压缸；12—活塞

当牵引阻力 $F_r$ 等于给定值时，三通滑阀窗口正好被关死，因而液压缸 11 活塞固定住犁的深度。当 $F_r$ 因土壤变硬而增大时，$F_1$ 成比例增加，上拉杆 3 迫使板弹簧 4 有更大的变形，通过推杆 5 迫使力调节杠杆 6 绕 b 点顺时针转动，阀芯在右侧压缩弹簧 9 的作用下向左偏移，液压缸 11 下腔通高压油路，使活塞 12 向上运动带动犁升高。因此阻力 $F_r$ 减小，板弹簧 4 变形量亦随之减小，力调节杠杆 6 在其下端拉伸弹簧 10 的作用下绕 b 点作逆时针转动，迫使阀芯右移而关小窗口。当 $F_r$ 回到原给定值时，弹簧变形量也回到原来值，阀芯回到中位，液压缸停止运动，保持犁在新的深度下工作。当牵引阻力 $F_r$ 减小时，上拉杆 3 所受的推力 $F_1$ 也成比例减小，板弹簧 4 的变形量也相应减小，导致推杆 5 左移。使力调节杠杆 6 在拉伸弹簧 10 的作用下绕 b 点逆时针转动，迫使三通阀芯向右移动，因而液压缸 11 下腔通过三通阀 8 的窗口与回油相通，则牵引阻力通过下拉杆 2 迫使液压缸 11 的活塞 12 下移，牵引阻力增加，直至它恢复到给定值时，系统又进入新的平衡位置。

由上可知，这种系统是一个三通阀控制的机液伺服系统。力调节手柄可以调整被保持的牵引阻力数值。例如，当手柄 7 顺时针方向转动一个角度时，力调节杠杆 6 的支点 b 向右移动,在拉伸弹簧 10 的作用下使三通阀 8 的阀芯右移,液压缸 11 活塞下降以增加耕深。随着牵引阻力 $F_r$ 的增加,板弹簧 4 的变形量也增加,三通阀 8 的伺芯左移关小回油窗口。当 $F_r$ 增加到新的给定值时,三通阀 8 的阀芯窗口又重新关死,系统又进入一个新的平衡状态。这种系统的精度较高。板弹簧 4 是一个拉压力传感器。显然,对力来说,这是一个闭环系统。

图 7.23 所示的是该系统的方框图。其中 $F_f$ 是影响牵引阻力的因素,如土壤硬度不同或碰到硬物等;$F_0$ 为力调节手柄每个角度所对应的牵引阻力的理论值;$f$ 为液压缸的外干扰力,它是牵引阻力在活塞杆方向上的分量。该系统采用了三通阀控缸式动力机构,而液压缸又为单腔控制(另一腔通大气),因此,其动力机构的动态方程与一般的不同。

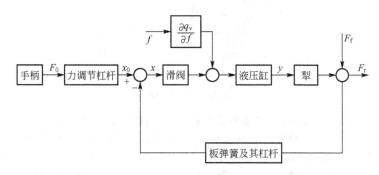

**图 7.23 拖拉机牵引阻力自动调节系统的方框图**

#### 4. 工业机械手电气—气压伺服控制系统

图 7.24 所示为一种常用的以压缩空气为工作介质的工业机械手电气—气压伺服控制系统,主要应用在工业机器人的手臂控制装置上。该工业机械手的气压伺服系统可根据指令电流偏差信号(电流范围 $\pm 4 \sim \pm 40\text{mA}$),确保连接机械手的活塞杆 13 按要求的运动规律和定位精度工作。其工作过程如下:若伺服放大器 15 输出的偏差信号(设定的指令信号与反馈信号之差)加到气压伺服阀 17 的电磁线圈 9 上,则永久磁铁 10 和电磁线圈 9(二者常合称力矩马达)两侧产生的电磁力不相等,使端部装有挡板 3 的摆杆 8 偏离中间平衡位置而绕支点 a 偏转,挡板 3 使对称布置的两个转换器喷嘴 16 的气体流量发生变化,造成一侧喷嘴背压腔压力升高,另一侧喷嘴背压腔压力降低,使负载气缸 12 左右腔压力不等,活塞杆 13 移动,机械手即按要求的规律运动。

喷嘴挡板转换器的工作原理如图 7.25(图中仅表示图 7.24 中右侧的喷嘴挡板转换器)所示。当摆杆在偏差信号作用下偏离中间平衡位置移向转换器时,挡板 6 与喷嘴 5 之间的间隙减小,气体流经喷嘴 5 的阻力增加,使喷嘴背压腔 A 内的压力升高,阀芯 4 右移,把蕈状提动阀 8 推向右方,使腔 D 的蕈状提动阀阀口开启,于是由进气口流入的控制气流经节流调节针阀 10 进入负载气缸右腔,驱动活塞杆向左移动(图 7.24)。与此同时,图 7.24 中左侧的喷嘴挡板转换器的动作正好相反(为方便计,全部符号均同右侧,仅注以上角标"′"),由于挡板 6′ 与喷嘴 5′ 之间的间隙增大,喷嘴对气流的阻力减小,喷嘴背压腔 A′ 的压力降低,阀芯 4′ 在腔 C′ 压力作用下右移,蕈状提动阀 8′ 在弹簧 9′ 作用下关小通往腔 D′ 的阀口,而腔 C′ 的阀口开大,使图 7.24 中负载气缸左腔与排气

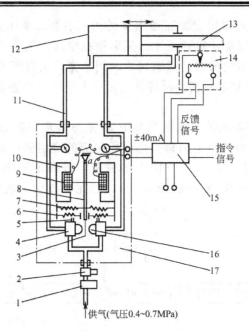

**图 7.24　工业机械手电气—气压伺服控制系统**

1—滤清器；2—减压阀；3—挡板；4—转换器；5—排气口；6—增益调整弹簧；7—零位调整弹簧；
8—摆杆；9—电磁线圈；10—永久磁铁；11—管道；12—负载气缸；13—活塞杆；
14—反馈电位计；15—伺服放大器；16—喷嘴；17—气压伺服阀

口 1′相通，压力下降，实现活塞杆向左移动，即消除偏差信号的方向移动。当偏差信号为零时，摆杆处于中间位置，两侧转换器的输出相等，活塞杆便停止在新的平衡位置上。

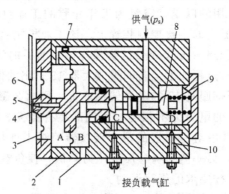

**图 7.25　喷嘴挡板转换器工作原理图（右侧）**

1—排气口；2—阀座；3—膜片；4—阀芯；5—喷嘴；6—挡板；7—固定节流孔；
8—罩状提动阀；9—弹簧；10—节流调节针阀

　　显然，这是一个阀控气缸位置伺服控制系统。该系统中的喷嘴挡板为比例控制器，其原理如图 7.26 所示，它的功能是把挡板位置的微小变化转换为喷嘴压力腔中背压的变化。利用这种控制器可用小的输入功率移动挡板，以控制较大的输出功率。喷嘴与挡板间的距离 $x$ 控制着背压腔的压力 $p_w$，图 7.27 所示为 $p_w-x$ 特性曲线，在实际工作中，只应用曲线较陡的近似为直线的部分。这时，$x_1 < x < x_2$，$p_w$ 与 $x$ 调有较好的线性关系。可见，喷

嘴挡板比例控制器是一个由挡板的位移控制气压变化的功率放大器。图 7.27 中 $p_a$ 为可能的最低压力即环境压力，$p_a$ 为压缩空气的供气压力（常取 0.14MPa）。为使控制器正常工作，应使喷嘴孔直径尽可能小，且大于节流孔直径，通常喷嘴孔直径为 0.4mm，节流孔直径约为 0.25mm。这种比例控制器常用于低压气动伺服控制系统，如自动喷涂作业自动焊接及自动供料装置的机械手伺服控制，其重复定位精度为 ±0.5mm。在高压气动伺服控制系统中，也常作为第一级功率放大器使用。

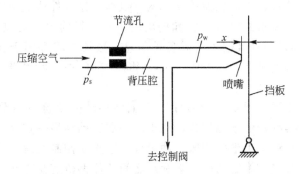

**图 7.26　喷嘴挡板比例控制器原理图**

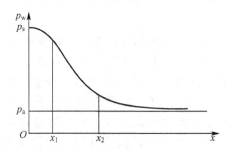

**图 7.27　喷嘴挡板比例控制器的 $P_w - x$ 特性曲线**

图 7.24 中，零位调整弹簧 7 的左、右端均与摆杆 8 连接，用于系统的零位调整和对中；增益调整弹簧 6 在偏差信号为零时，摆杆 8 处于中间位置，摆杆与弹簧不接触，只有当偏差信号超过某一数值后摆杆才与弹簧接触，产生补偿流量增益的信号，以保证活塞杆 13 定位精度的稳定。另外，转换器采用蕈状提动阀，因其抗污染性能强，不易堵塞。

图 7.28 所示为图 7.24 所示伺服控制系统的方框图。

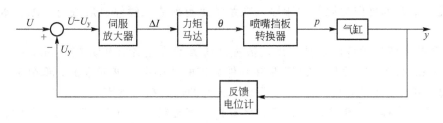

**图 7.28　图 7.24 所示伺服系统方框图**

### 7.4.4　数字控制系统

（1）数控系统的工作原理。数字控制系统简称数控系统。现以机床为例说明数控系统的工作原理。首先根据被加工零件的图纸，将工件的形状、尺寸、加工顺序、切削用量和工作部件移动距离等编制出程序单。将程序以一定的数码形式记录在控制介质（早期的穿孔带、穿孔卡、磁带，现有的磁盘和通信网络）上。将指令带放入数控装置对数码进行运算并将结果输入驱动装置，带动机械传动机构，操纵工作部件依次按需要的程序自动地工作，从而加工出图纸所要求的零件形状和精确的尺寸。目前也可通过计算机通信方式（如RS-232接口、局域网等）直接输入所需各种信息。数控系统多用于在生产中占比重很大的单件小批量生产，特别是宇航、船舰、武器等军工部门中形状复杂、精度高、批量小的零件的加工。

（2）数控系统的分类。通常按刀具相对于工件移动的轨迹进行分类。①点位控制系统。特点是只要求获得准确的坐标位置，至于从一点移动到另一点所经过的轨迹则不加控制。采用这类系统的有钻床、坐标镗床、冲床等。②直线控制系统。特点是除了要控制位移的终点位置外，还要求被控制的两个坐标点之间的位移轨迹是直线。采用这类系统的有车床、铣床、磨床等。③连续控制系统（轮廓控制系统）。特点是对移动的每一个位置和路线的坐标值都要进行连续控制。采用这类系统的有坐标铣床、非圆齿轮插齿机等各种成形表面加工机床。

（3）数控系统的功能。①各坐标轴的联动功能。数控系统控制两个或两个以上坐标轴的动作，使各坐标轴协调工作，协调刀具刀尖和工件的被加工表面之间的相对运动关系，从而完成点位加工、轮廓轨迹加工等复杂的加工任务。②插补功能。由软件实现。插补是指数控系统利用硬件或软件，在一定算法的指导下，对给出的加工轨迹进行数据处理，以一定的精度计算出逼近该给定轨迹的各个中间点的坐标的过程。③多种加工方式选择功能。由软件实现。常用的一些典型重复加工为固定循环（三角形循环、矩形循环、螺纹循环）、重复加工、凹凸模加工、镜像加工循环等。④特种速度控制功能。是由数控系统硬件、软件共同实现的。主要包括同步进给速度控制、恒定线速度控制和主轴定向准停。⑤补偿功能。可对刀具长度、刀具半径及刀尖圆弧进行补偿，以减少加工误差。⑥信息转换功能。主要包括EIA/ISO代码转换、英制/公制转换、坐标转换、绝对值/增量值转换、数制转换等。⑦显示功能。可以显示程序、参数、各种补偿量、坐标位置、故障信息、零件图形、动态刀具轨迹等多种图示信息。⑧输入、输出及通信功能。可以接多种输入、输出外设，可以与MAP等协议相连，接入工厂通信网络，适应FMC、FMS、CIMS的要求。⑨自诊断功能。设置了各种诊断程序，诊断程序可以包含在系统程序中，也可作为服务性程序，在系统运行前或故障停机后进行诊断，查找故障部位。

（4）数控系统的硬件和软件。现代数控系统大都采用计算机数控（Computerized Numerical Control，CNC）系统。CNC是在硬件数控的基础上发展起来的，部分或全部控制功能是通过软件实现的，因而，CNC系统有很好的通用性和灵活性。

CNC系统由程序、输入输出设备、计算机数字控制装置（CNC装置）、可编程序控制器（PLC）、主轴驱动和进给驱动装置等组成，如图7.29所示。下面简要说明CNC系统的组成。

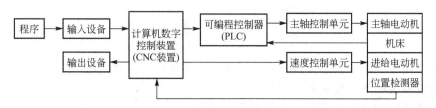

**图 7.29   CNC 系统框图**

① 数控系统的硬件。数控系统目前大多采用微机数控。根据加工要求的不同选用处理器。如加工速度、加工精度等，可选择单处理器和多处理器的数控系统，多处理器主要用在对加工速度要求较高的场合，组成计算机系统的各个微处理机各司其职，分别完成不同的工作，以提高控制、运算的速度。

图 7.30 是单微处理器结构框图，它由一个微处理器用来控制总线。其基本结构包括微处理器和总线、I/O 接口、存储器、串行接口等。微处理器通过 I/O 接口和各个功能模块相连，其中有些模块习惯上也称为接口，如手动数据输入接口/阴极射线管（MDI/CRT）接口等。手动数据输入接口常和键盘或操作面板相连。此外，数控系统还必须有控制单元部件和接口电路，如位置控制单元、可编程控制器、主轴控制单元、手动控制接口及其他选件接口等。

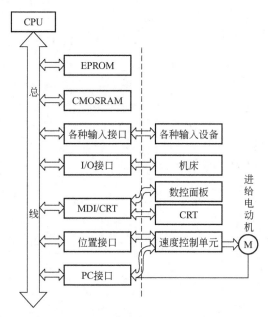

**图 7.30   单微处理器的数控系统框图**

② 数控系统的软件。分为控制软件（系统软件）和加工软件（应用软件）两部分。加工软件是描述被加工零件的几何形状、加工顺序、工艺参数的程序。控制软件是为完成机床数控而编制的系统软件，因为各数控系统的功能设置、控制方案、硬件线路均不相同，因此在软件结构和规模上相差很大。但从数控的要求上看，控制软件应包括数据输入模块、数据处理模块、插补运算模块、速度控制模块、输出控制模块、自诊断模块和管理程序模块等。

# 思 考 题

1. 典型闭环控制系统有哪些主要组成环节？简述它们的作用。
2. 控制系统的基本要求有哪些？
3. 控制系统的特性有哪些？主要指标是什么？
4. 简述控制系统设计的一般步骤。

# 第8章
# 支承系统

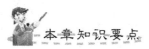 

| 知识要点 | 掌握程度 | 相关知识 |
|---|---|---|
| 支承系统 | 掌握支承系统的组成、功能及基本要求；<br>熟悉支承系统的分类 | 支承系统的基本组成及功能；<br>支承系统的分类方式及基本设计要求 |
| 支承系统设计 | 掌握支承系统的设计方法 | 支承件的材料及结构；<br>支承导轨的功能及分类；<br>典型导轨的设计 |

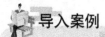
**导入案例**

　　磁悬浮支承是非接触支承，具有许多好处：无摩擦、无须润滑、寿命长、不会因为磨损而导致精度下降，对环境无特别要求。而且在机床上采用磁悬浮支承直线导轨可以保证几个特性：可调的刚度、阻尼特性和可控的振动特性。磁悬浮支承系统是一复杂的机、电耦合系统，支承力是磁场力，并采用主动控制，具有与传统机械支承系统完全不同的特性，磁悬浮支承的刚度、阻尼系数和各种电路参数有关，并且是振动频率的函数。

　　Karl Dieter Tieste 在 1994 年建立的一个磁悬浮导轨试验台，用计算机仿真研究了其单自由度模型和五自由度模型的柔度与频率响应关系；2000 年，Mart in Ruskowski 等人就该试验台建立了非线性数学模型，并在 2002 年采用加速度测量和激光定位提高了该主动磁悬浮支承导轨试验台的定位精度。Takeshi Mizuno 等人在 1998 年提出了一种具有磁悬浮导轨的直线运载装置模型。

# 8.1　支承系统的功能及分类

　　支承系统是指机械系统中用于支承和安装其他系统的基础件、框架等零部件所构成的总体。主要包括基础件（如底座、床身、立柱等）和支承构件（如支座、支架、箱体、门架、桁架等）。

　　1. 支承系统的功能

　　（1）支承和安装机械系统中的其他系统。
　　（2）承受各种静态力和动态力。
　　（3）保证各零部件之间的相对位置精度和运动部件的运动精度。
　　（4）支承件的内部可用作电气箱、液压油、润滑油或冷却液的储存器等。
　　支承系统是机械系统的一个重要组成部分，在整个机械系统的总重量中占有相当大的比例，通常是结构最复杂、制造最费工、造价最昂贵的零部件，并在很大程度上影响着机械系统的安装精度、工作精度、抗振性和可靠性。因此，正确设计支承系统，对减轻重量、节约材料、降低成本、提高系统性能和寿命等至关重要。

　　2. 支承系统的基本要求

　　（1）应有足够的刚度、强度以及较高的刚度重量比。
　　（2）具有良好的动态特性。
　　（3）热变形小。
　　（4）结构布局合理、工艺性好。

　　3. 分类

　　各类支承件的设计涉及内容广泛，无通用的设计方法和固定程序，支承件种类繁多、形式多样、分类方法不一。

按结构可分：整体式和装配式。

按构造形式可分：机座类（如底座床身）、箱壳类（如箱体、壳体、机匣等）、机架类（如支架、桥架、桁架等）和平板类（如基础板、工作台等）。

按制造方法可分：铸造、焊接、铆接和组合式。

# 8.2　支承件设计

## 1. 支承件的材料

（1）铸铁类。铸铁的铸造性能好，易于铸造结构复杂的支承件，具有良好的减振性和耐磨性，应用较广泛。但铸件需要做模，制造周期较长。支承件常用的铸铁材料有灰口铸铁、球墨铸铁及耐磨铸铁等。

（2）焊接类。据统计，全世界约有 45％的钢材采用焊接方法来成形，其中大部分用作框架支承件。焊接支承件一般由钢板和钢管等型钢焊接而成。由于焊接结构壁薄、重量轻、固有频率高，并能通过有效措施提高抗振性，且能大大缩短生产周期，在大型重型机械中应用较为普遍。支承件常用的焊接材料有 Q235，20 和 25 号碳钢、15Mn、16Mn、20Mn、15MnTi、15MnSi 等。

（3）铸钢类。铸钢的弹性模量较大，强度大于铸铁，且抗拉和抗压强度接近相等。有些特种钢还有耐热、耐蚀等特殊功能。但铸造性能和抗振性不如铸铁。一般只有需要支承件的强度高、刚度大且形状又不复杂时，才考虑采用铸钢。支承件常用的铸钢材料有 ZG200－400、ZG230－450、ZG270－500 等。

（4）轻合金类。轻合金应用于支承件较多的是铝合金。它的密度只有铁的 1/3，且有些铝合金还可以通过热处理进行强化，使其具有足够高的强度，并有较好的塑性、良好的低温韧性和耐热性。目前，日本轿车的发动机缸体已全部采用高强度铝合金，部分变速箱也开始采用铝合金。所以对于减轻支承件重量具有重大意义的运行式机械如飞机、汽车、拖拉机、起重机等来说，应考虑采用轻合金。

（5）混凝土类。混凝土的弹性模量是钢的 1/15～1/10，比重是钢的 1/3，阻尼高于铸铁，成本低廉，适用于制造受载面积大、抗振要求高的支承件。在高速切削机床，特别是超高速切削机床的床身制造中，由于主轴直径的圆周速度已达到或超过 125m/s，为了获得良好的动态性能，床身完全采用聚合水泥混凝土材料。

（6）天然岩石及陶瓷类。这一类材料膨胀系数小，热稳定性好，又经长期自然时效，残余应力小，性能稳定、精度保持性好，阻尼系数比钢大 15 倍，耐磨性比铸铁高 5～10 倍。目前在三坐标测量机工作台、金刚石车床床身的制造中，已将花岗岩、大理石作为其标准材料，国外还出现了采用陶瓷制造的支承件。

## 2. 支承件的时效处理

支承件在铸造或焊接过程中所产生的残余应力，必须予以消除，以免在使用过程中因残余应力重新分布或逐渐消失而产生变形。普通精度的支承件，安排一次时效处理即可。精密支承件则常在粗加工前后各安排一次时效处理。至于高精度支承件，除进行两次时效处理外，还应将支承件坯件放在露天一年左右，以进行自然时效处理。

### 3. 支承件结构

### 1) 铸件结构

（1）支承件截面形状。支承件是一个承受力矩、扭矩和弯矩的复合受力体，其抗弯、抗扭强度和刚度除与截面面积有关外，还与截面形状，即截面惯性矩有关。表 8-1 列出了截面面积相等而截面形状不同时，各种截面的抗弯、抗扭惯性矩。

表 8-1　截面形状与惯性矩的关系

| 截面形状（面积相等） | 抗弯惯性矩相对值 | 抗扭惯性矩相对值 | 截面形状（面积相等） | 抗弯惯性矩相对值 | 抗扭惯性矩相对值 |
|---|---|---|---|---|---|
| φ113 | 1 | 1 | 200 × 50 | 4.13 | 0.43 |
| φ113 / φ160 | 3.03 | 2.89 | 100 / 100 / 148 / 148 | 3.45 | 1.27 |
| 100 × 100 | 1.04 | 0.88 | 148 / 148 / 184 / 184 | 6.90 | 3.98 |
| 50 / 200 / 235 / 85 | 7.35 | 0.82 | 25 / 10 / 500 / 25 / 150 | 19 | 0.09 |

| 说明 | 由惯性矩的相对值可以看出：<br>（1）圆形截面有较高的抗扭刚度，故宜用于受扭为主的机架。<br>（2）工字形截面的抗弯刚度最高，但抗扭很低，宜用于承受纯弯曲的机架。<br>（3）方形截面抗弯、抗扭分别低于工字形和圆形截面，但其综合刚度最好。<br>（4）截面面积不变，加大外形轮廓尺寸、减小壁厚，亦即使材料远离中性轴位置，可提高截面的抗弯，抗扭刚度。<br>（5）在结构上，空心矩形内腔容易安装其他零件，故许多机架的截面常采用空心方形或矩形截面。 |
|---|---|

选择支承件截面形状的原则：一是具备较高的刚度；二是便于安装其他零件。

（2）隔板与筋条。可采用增加壁厚，设置隔板与筋条来提高支承件的强度和刚度。通常采用设置隔板与筋条的方法来减轻重量，保证质量。

① 隔板（筋板）。在两壁之间起连接作用的内壁称为隔板（或筋板）。隔板的功用在于将支承件外壁的局部载荷传递给其他壁板，由整个支承件各壁板共同均匀地承受载荷，从而提高支承件的自身刚度。

隔板有纵向隔板、横向隔板和斜向隔板 3 种基本形式。图 8.1（a）为纵向隔板，其隔板布置在弯曲平面内，能够有效地提高支承件的抗弯刚度。图 8.1（b）为横向隔板，主要用于提高空心支承件的抗扭刚度。图 8.1（c）为斜向隔板，兼有提高抗弯和抗扭刚度的效果。

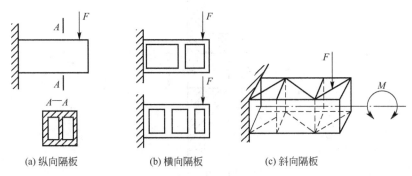

(a) 纵向隔板　　　　(b) 横向隔板　　　　(c) 斜向隔板

**图 8.1　隔板的布置形式**

② 筋条（加强筋）。筋条又称为加强筋，它与隔板的区别在于筋条不是连接两壁而是布置在某壁上的，高度一般较小。主要是为了减少局部变形和抑制薄壁振动，这对于需在内部安装其他机构而妨碍设置隔板的支承件来说，是一种行之有效的方法。图 8.2 是壁板上的几种筋条的布置形式。

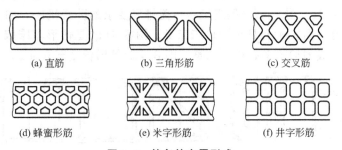

(a) 直筋　　　　　　(b) 三角形筋　　　　　(c) 交叉筋

(d) 蜂蜜形筋　　　　(e) 米字形筋　　　　　(f) 井字形筋

**图 8.2　筋条的布置形式**

（3）箱壳结构设计。箱壳主要用于支承轴系部件，使轴系部件保持正确的相互位置关系，并按一定的传动关系协调地运动。

箱壳结构的特点如下。

① 形状复杂且受载状态复杂（拉、压、弯曲、扭转可能同时存在）。

② 箱壳内呈腔形，壁薄且不均匀。

③ 箱壳上布置有许多精度较高的轴承支承孔和精度较低的紧固孔。

箱壳的结构形状，会随机械系统的总体布置和箱体在系统中的作用不同而有所变化。

箱壳设计要点如下。

① 合理设置隔板和筋条。隔板和筋条的设置效果在很大程度上决定于布置是否正确，不适当的布置，不仅不能增大箱体的强度和刚度，而且还浪费材料并增加制造困难。

② 采用空心矩形截面作为箱壳的截面形状。空心矩形截面在抗弯、抗扭的单项方面并非最佳，但其综合刚度是最好的，而且便于箱壳的内外壁上附装其他零部件。

③ 提高箱壁直接受载荷处的刚度。常用的办法是在内孔处加凸缘，如图 8.3 所示。凸缘可以补偿因开孔而削弱的刚度。凸缘直径约为 $D=d+3b$，高度 $H=(2.5\sim3)b$，超过以上数值对刚度的提高就不显著了。箱盖最好用螺钉紧固，与采用铰链连接的箱盖相比，可提高箱壳的刚度。

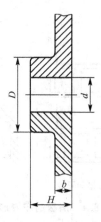

图 8.3　箱体中的凸台

（4）床身和机座的结构设计。

① 截面形状。床身截面决定于其刚度要求、导轨位置、内部需安装的零部件、排屑等。图 8.4(a)、图 8.4(b)和图 8.4(c)是用于有大量切屑和冷却液排出的卧式机床，如各种卧式车床床身；图 8.4(d)、图 8.4(e)是用于基本无排屑要求的卧式机床，如龙门刨床、插床、镗床、磨床等床身；图 8.4(f)是重型机床床身；图 8.4(g)是仿形车床床身；图 8.4(h)是由钢管焊接组合而成的加工中心机床床身；图 8.4(i)是摇臂钻床立柱。

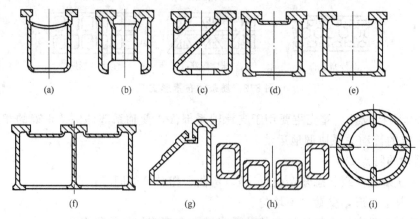

(a)　　(b)　　(c)　　(d)　　(e)

(f)　　(g)　　(h)　　(i)

图 8.4　常用床身截面形状

② 隔板布置。图 8.5 是常见的几种车床床身隔板形式。

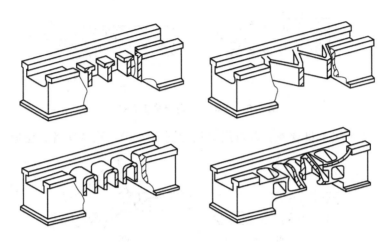

图 8.5　机床床身常见隔板形式

（5）铸件结构工艺性。

① 壁厚应适当，灰口铸铁支承件的壁厚可根据支承件的长、宽、高尺寸($L$、$B$、$H$）由当量尺寸 $C$ 从表 8-2 中选取。铸铝合金支承件的壁厚推荐值见表 8-3。

$$C = 1/4(2L + B + H)$$

表 8-2　灰铸铁支承件的壁厚推荐值/mm

| 当量尺寸 | 外壁厚 | 内壁厚 | 当量尺寸 | 外壁厚 | 内壁厚 | 当量尺寸 | 外壁厚 | 内壁厚 |
|---|---|---|---|---|---|---|---|---|
| 0.3 | 6 | 5 | 2.5 | 18 | 14 | 6.0 | 28 | 24 |
| 0.75 | 8 | 6 | 3.0 | 20 | 16 | 7.0 | 30 | 25 |
| 1.0 | 10 | 8 | 3.5 | 22 | 18 | 8.0 | 32 | 28 |
| 1.5 | 12 | 10 | 4.0 | 24 | 20 | 9.0 | 36 | 32 |
| 1.8 | 14 | 12 | 4.5 | 25 | 20 | 10.0 | 40 | 36 |
| 2.0 | 16 | 12 | 5.0 | 26 | 22 | | | |

注：（1）筋的厚度一般可取主壁厚的 0.6~0.8，筋的高度约为主壁厚的 5 倍或视具体结构而定。

（2）可锻铸铁的壁厚比灰口铸铁减少 15%~20%，球墨铸铁的壁厚比灰口铸铁增加 15%~20%。

（3）铸钢的壁厚应比铸铁大 20%~40%，铸钢用于碳素钢铸件，铸铁用于合金钢铸件。

表 8-3　铸铝合金支承件的壁厚推荐值/mm

| 当量尺寸 | 0.3 | 0.5 | 1.0 | 1.5 | 2.0 | 2.5 |
|---|---|---|---|---|---|---|
| 壁厚 | 4 | 4 | 6 | 8 | 10 | 12 |

② 形状简单，造型和拔模容易，型芯少且便于支承，安装简单可靠。图 8.6 是卧式镗床的回转工作台，图 8.6(a)所示的结构需要做一个环形大型芯，造型工艺复杂，图 8.6(b)所示的结构取消了 A、B 两处的内凸缘，省去了型芯，改善了铸造工艺性。

③ 避免产生缩孔、气孔、裂纹和挠曲，壁厚尽量均匀，防止壁厚突变，避免尖角和大量金属积聚。图 8.7(a)所示的侧壁与边壁的厚度相差悬殊，两者之间存在急剧的过渡，

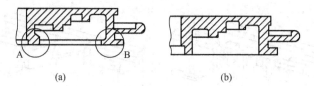

**图 8.6　回转工作台结构工艺性**

使铸件很可能产生上述不良现象。改进后的设计图 8.7(b)，边壁减薄，壁厚均匀。

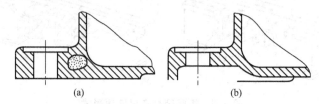

**图 8.7　铸件壁厚结构工艺性**

　　④ 便于清砂，特别是便于清理砂芯。不仅要便于手工清砂，而且还要便于水爆清砂或机械化清砂，要使风枪能伸入或者高压水能够冲到每一个角落。因此，清砂口应开得足够大，位置也应合适。

　　⑤ 大型铸件还应铸出起吊孔，若铸件不能开孔，则应铸出吊钩或加工出螺纹孔，以便于安装吊环螺栓。

　　2）焊接结构

　　(1) 设计一般原则。

　　① 焊接支承件截面形状不宜较复杂、壁厚变化不宜较多，在满足刚度的前提下，结构形状应尽量简单。

　　② 采取有效措施提高焊接支承件的刚度和抗振性能，特别是钢板焊接支承件，应防止局部失稳和薄壁振动。ⓐ钢板焊接支承件的壁厚应主要按刚度要求确定，约为相应铸件壁厚的 2/3～4/5。ⓑ在壁板上加焊一定形状和数量的隔板与筋条，以提高刚度和固有频率，防止出现翘曲和共振现象。ⓒ采用阻尼特性好的焊接方式和接头形式。如采用间断焊缝或图 8.8(a)中的腹板插在翼板槽里的接头形式和图 8.8(b)中的 U 形减振接头(图中的两块钢板在 A 点处并不焊接，冷却后由于焊缝收缩可使两块钢板在 A 点处受焊接应力而相互紧贴，从而形成了预加载荷，振动时通过相互移动的摩擦力来消耗能量)。ⓓ大型支承件及承受载荷较大的壁板可采用双层壁结构如图 8.8(c)所示，其壁厚 $t \geqslant 3 \sim 6$mm。

　　③ 支承件各部位刚度应保持均衡，防止局部刚度过高或局部刚度陡降，同时注意封闭结构与开式结构之间的过渡。

　　(2) 结构设计。

　　焊接支承件常用型材焊接成立体框架，再装上面板、底板及盖板。几种常见的焊接支承件结构形式如图 8.9 所示。

　　(3) 结构工艺性。

　　焊接过程中的局部加热和冷却产生的内应力的大小与分布，取决于材料的膨胀系数、弹性模数、屈服强度以及焊接件的温度分布。由于影响因素颇多，焊接变形复杂，必须充

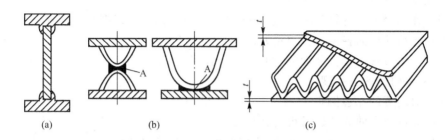

**图 8.8　常见的焊接形式**

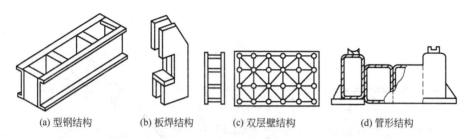

(a) 型钢结构　　(b) 板焊结构　　(c) 双层壁结构　　(d) 管形结构

**图 8.9　焊接支承件结构形式**

分考虑焊接工艺的特点。

① 材料的可焊性，碳的质量分数 $\omega_c < 0.25\%$ 的碳钢和碳的质量分数 $\omega_c < 0.20\%$ 的合金钢可焊性好，而碳的质量分数 $\omega_c > 0.53\%$ 的碳钢和碳的质量分数 $\omega_c > 0.40\%$ 的合金钢可焊性不好。

② 焊缝的可焊接性好，施工方便。

③ 应减少焊缝数量和长度，在壁板和隔板之间采用断续焊接，避免焊缝密集、焊缝交叉而造成焊接应力的集中，避免在加工面、配合面、危险断面布置焊缝。

④ 合理安排焊接工艺。

3) 铆接结构

铆接支承件主要用于制造薄壁框架、立柱、横梁等金属型钢和轻合金连接的结构。铆接具有工艺简单、抗振、耐冲击和牢固可靠等优点。目前在桥梁、建筑、造船、重型机械及飞机制造等部门中采用广泛，如起重机的机架、建筑物的桁架、飞机框架等，尤其在航空航天、铁路车辆等采用轻合金（如铝合金、镁合金、硅合金、锰合金等）的结构中，铆接应用得更为普遍。这不仅可以避免由于焊接时的高温而引起的强度减弱，而且其铆接强度有的可达到钢结构的程度，并具有经久耐用、式样美观、抗腐蚀的特点。但铆接也有结构笨重、环境噪声大、生产效率低等缺点，因而在钢结构中有逐步减少的趋势，并为焊接、胶接所代替。

铆接支承件的结构设计应根据承载情况和具体要求，按照有关专业技术规范，选择合适的铆接类型，确定铆钉规格，布置铆钉位置。

铆接件设计的一般原则如下。

（1）应使铆钉受力合理，防止铆钉受力不均匀，提高铆接的可靠性，延长铆钉使用寿命。

① 接头中的铆钉采用交错布置。

② 沿力作用线的铆钉排数不超过 5～6 排，且每一排中的铆钉数目不宜过多。

③ 多层板铆接中的各层板接口错开。

④ 应靠近通过被连接件截面的重心轴线布置铆钉。

（2）提高铆钉的疲劳强度。

① 将铆钉附近的孔边倒角。

② 用扩孔或铰孔的方法进行铆钉孔加工。

③ 铆钉孔与铆钉杆之间不留间隙（必要时可采用过盈配合）。

（3）当采用辅助角钢铆接结构时，盖板的形状应简单，盖板厚度可取被连接件的平均厚度。其铆钉布置如图 8.10 所示。

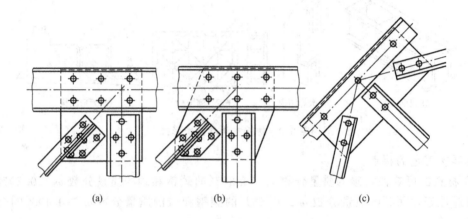

(a)　　　　　　(b)　　　　　　(c)

**图 8.10　铆钉布置**

（4）对于轻合金结构，由于弹性模量较小，所以应特别注意其弹性挠曲，可采用连续挤压成形的型材作为连接件。

# 8.3　支承导轨设计

### 1. 导轨的功能及分类

1）功能

在机床、仪器、锻压设备等机械中使用的导轨，其功用是导向和承载，即保证运动部件按给定的运动要求和规定的运动方向运动。在导轨副中，运动的一方称为动导轨，不动的一方称为支承导轨。

2）分类

（1）按运动形式可分为直线运动导轨和回转运动导轨。

（2）按摩擦性质可分为滑动导轨（如圆柱形、棱柱形等）、滚动导轨（如滚珠型、滚柱型和滚针型等）、流体介质摩擦导轨（如动压型、静压型等）和弹性摩擦导轨（如片簧型、膜片型、柔性铰链型）。

（3）按受力结构可分为开式导轨和闭式导轨。前者借助重力或弹力来保持两导轨面的接触，后者只靠导轨本身的结构来保证两导轨面的接触。

3）导轨应满足的基本要求

（1）导向精度。导向精度是指动导轨沿支承导轨运动时的直线度和圆度，以及导轨同其他运动件之间相互位置的准确性。导向精度主要取决于导轨的结构类型。

（2）导轨刚度。导轨刚度是指导轨抵抗恒定载荷和交变载荷变形的能力。它取决于导轨的自身刚度、局部刚度和接触刚度。

（3）精度保持性。主要由导轨的耐磨性决定。导轨的耐磨性是指导轨在长期使用后，应能保持一定的导向精度。它与导轨材料、摩擦性质、受力状况及运动速度有关。

（4）低速运动平稳性。导轨运动的平稳性是指动导轨在作低速运动或微量位移时不出现速度不均匀、时走时停、或快或慢的"爬行现象"。

（5）热敏感性和结构工艺性。导轨在温度变化的情况下，应能正常工作，并具有良好的结构工艺性。

必须指出的是，上述 5 点要求相互影响，应对不同的导轨做具体分析，提出相应的设计要求。

**2．滑动导轨的设计**

1）材料

（1）铸铁。铸铁的铸造性能和加工性能好，并具有良好的减振性和耐磨性。铸铁导轨常采用高频淬火、中频淬火和电接触自冷淬火等方法来提高导轨表面的硬度，以增强导轨的耐磨性和防止撕裂。常用的铸铁种类有灰铸铁（常用 HT 200）、孕育铸铁（常用 HT 300）和耐磨铸铁。

（2）钢。常用淬硬钢制造的导轨，其耐磨性比灰铸铁提高了 5～10 倍，多用于镶装导轨，由于工艺复杂、加工困难、成本高，多用于数控机床的滚动导轨上。常用的有 20Cr 钢渗碳淬火和 40Cr 高频淬火。

（3）有色金属。有色金属多用于镶装导轨，与铸铁的支承导轨搭配，可以防止咬合磨损，保证运动平稳性和提高运动精度。常用于重型机床运动部件的动导轨上。常用材料有锡青铜 ZQSn6 - 6 - 3、铝青铜 ZQAl9 - 2 和锌合金 ZZNAl10 - 5 等。

（4）塑料。塑料用于镶装导轨，与铸铁支承导轨搭配，具有摩擦系数低、良好的耐磨性能和防爬性能、工艺简单、成本低廉等优点。缺点是刚度低。常用材料有锦纶、酚醛夹布塑料、环氧树脂耐磨涂料（HNT）和聚四氟乙烯滑动导轨软带等。多用于精密机床和数控机床，用于竖直导轨更可显示其优点。

实际使用表明，不同材料组成的导轨副，磨损情况也各不相同。为提高耐磨性，应合理地搭配导轨副的材料。一般的搭配原则是动导轨和支承导轨采用不同的材料，即使材料相同也一定要采取不同的热处理方式，以使其具有不同的硬度。

2）结构

（1）截面形状。滑动导轨的截面形状有矩形、三角形、燕尾形和圆柱形 4 种。每一种又可分为凸形和凹形两类。凸形导轨不易积存切屑，但也不易存油，只适用于低速运动；凹形导轨润滑条件好，适用于高速运动，但为防止落入切屑，必须配备良好的防护装置。

（2）组合形式。直线运动导轨一般由两条导轨组合而成。对于重型机床，运动部件宽、载荷大、常采用 3 条或多条导轨的组合结构。常见的导轨组合形式见表 8-4。

表 8-4　直线运动导轨的组合形式

| 组合形式 | 图例 | 说明 |
|---|---|---|
| 双三角形导轨 | | 　导轨导向精度高，磨损后能自动补偿，具有较好的精度保持性，但很难达到 4 个导轨面同时接触的要求，制造困难。适用于精度要求较高的机床，如 SG8630 型高精度丝杠车床刀架导轨和 Y3150E 型滚齿机立柱导轨等 |
| 双矩形导轨 | | 　具有较大的承载能力、制造调整比较简单，但导向性差，磨损后不能自动补偿，对加工精度有较大的影响。多用于普通精度机床和重型机床，如 X6132 型万能升降台铣床工作台导轨等 |
| 三角形-矩形组合 | | 　兼有导向性好、制造方便和刚度高的优点，应用最广泛，如 GA6140 型卧式车床溜板、B2020 型龙门刨床工作台导轨、M1432 型万能外圆磨床砂轮架导轨等 |
| 燕尾形组合 | | 　是闭式导轨中接触面最少的一种结构，用一根镶条就可以调节垂直和水平方向的间隙。用于牛头刨床和插床的滑枕导轨、升降台铣床的床身和工作台导轨等 |
| 燕尾形-矩形组合 | | 　能承受较大力矩，间隙调整也比较方便，多用于横梁、立柱、摇臂等导轨，如 B2020 型龙门刨床横梁导轨等 |
| 双圆柱组合 | | 　制造容易、耐磨性好，但磨损后不易补偿。常用于仅受轴向力的场合，如压力机、机械手的导轨 |

（3）间隙调整。为保证导轨正常工作，导轨接合面间应保持适当的间隙，若间隙过

小，摩擦阻力将增加，不但会增加运动阻力，而且会加速导轨的磨损；若间隙过大，又会降低导向精度，容易产生振动。因此，除了在装配过程中应仔细调整导轨的间隙外，在使用一段时间后，因磨损还需重调。常用镶条和压板来调整导轨的间隙。

3. 滚动导轨

滚动导轨摩擦系数小，运动轻便灵活；磨损小，运动精度和定位精度高，动、静摩擦系数差别小，低速时不易出现"爬行"现象，运动均匀平稳。因此，滚动导轨在要求微量移动和精确定位的设备上，获得日益广泛的应用。

1) 滚动直线导轨

滚动导轨就是在承导件和运动件之间放入一些滚动体，使相配的两个导轨面为滚动摩擦。常见的滚动导轨有滚珠导轨、滚柱导轨、滚针导轨 3 种，它们的特点和应用场合见表 8-5。

表 8-5　常见的滚动导轨特点

| 类型 | 特　点 |
|---|---|
| 滚珠导轨 | 滚珠导轨的灵活性好、结构简单、制造容易，但承载能力小、刚度低，常用于精度要求高、运动灵活、轻载的场合 |
| 滚柱导轨 | 承载能力和刚度都比滚珠导轨大，适用于载荷较大的机床，对位置精度要求高 |
| 滚针导轨 | 滚针尺寸小，结构紧凑，适用于导轨尺寸受到限制的机床 |

2) 滚动导轨的预紧

预紧可以提高导轨的刚度。但预紧力应选择适当，否则会使牵引力显著增加。预紧的方法通常有以下两种。

(1) 采用过盈配合，如图 8.11(a)所示。在装配导轨时，根据滚动件的实际尺寸量出相应的尺寸 $A$，然后再刮研压板与溜板的接合面，或在其间加一垫片，改变垫片的厚度，由此形成包容尺寸 $A-\delta$($\delta$ 为过盈量)。过盈量的大小可以通过实际测量来决定。

(2) 采用调整元件实现预紧，如图 8.11(b)所示。调整的原理和方法与滑动导轨调整间隙相似。拧侧面螺钉 3，即可调整导轨体 1、2 的位置而预加负载。也可用斜镶条来调整，此时，导轨上的过盈量沿全长分布比较均匀。

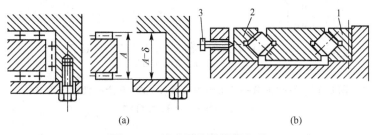

(a)　　　　　　　　(b)

图 8.11　滚动导轨的预紧方式
1、2—导轨体；3—侧面螺钉

4. 塑料导轨

塑料导轨摩擦系数小，动、静摩擦系数差很小，能防止低速爬行现象，耐磨性、抗撕伤能力强，加工性和化学稳定性好、工艺简单、成本低，有良好的自润滑性和抗振性，广泛用于数控机床等精密机械系统。塑料导轨多与铸铁导轨或淬硬钢导轨相配使用。

1) 塑料导轨的类型及特点

近年来国内、外已研制了数十种塑料基体的复合材料用于机床导轨，其中比较引人注目的为应用较广的填充 PTEE(聚四氟乙烯)软带材料，例如美国霞板(Shanban)公司的得尔赛(Turcite-B)塑料导轨软带及我国的 TSF 软带。Turcite-B 自润滑复合材料是在聚四氟乙烯中填充青铜粉，据称还加有二硫化钼、玻璃纤维和氧化物制成代状复合材料。具有优异的减磨、抗咬伤性能，不会损坏配合面，吸振性能好，低速无爬行，并可在干摩擦下工作。与其他导轨相比，有以下特点。

(1) 摩擦因数低而稳定，比铸铁导轨副低一个数量级。

(2) 动静摩擦因数相近，运动平稳性和爬行性能较铸铁导轨副好。

(3) 吸收振动，具有良好的阻尼性。优于接触刚度较低的滚动导轨和易漂浮的静压导轨。

(4) 耐磨性好，有自身润滑作用，无润滑油也能工作。灰尘磨粒的嵌入性好。

(5) 化学稳定性好，耐磨、低温，耐强酸、强碱、强氧化剂及各种有机溶剂。

(6) 维护修理方便，软带耐磨，损坏后更换容易。

(7) 经济性好，结构简单，成本低，约为滑动导轨成本的 1/20，为三层复合材料 DU 导轨成本的 1/4。

2) Turcite-B 塑料软带的工作特性

(1) 贴塑导轨的摩擦特性如图 8.12 所示，由摩擦系数—速度特性曲线可知，其动、静摩擦系数相差很小，而且摩擦系数—速度特性曲线的斜率是正斜率，并具有良好的自润滑性，所以在断油或干摩擦下也不致拉伤导轨面。

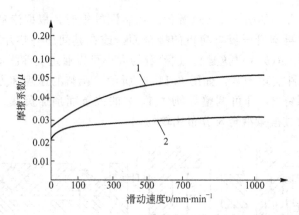

图 8.12　摩擦系数—速度特性曲线(L-AN46 全损耗系统用油)

1—干摩擦；2—30 号机油

(2) 塑导轨的 $pv$ 值是摩擦副的重要技术指标。在设计机床导轨尺寸时，应根据滑动速度 $v$ 与比压 $p$ 之值按图 8.13 所示的选取，使 $p$ 与 $v$ 的交点处于曲线的下方。如不能满足要求，应加大导轨面积、降低比压 $p$ 值以满足要求，一般导轨的比压 $p=0.1\sim0.2\text{MPa}$。

(3) 贴塑导轨的承载能力 Turcite-B 软带的变形小，在比压 $p$ 为 14MPa，温度为

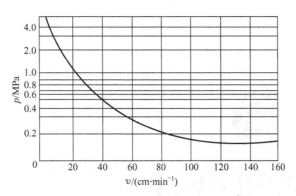

图 8.13　Turcite - B 软带特性曲线

50℃时其变形不得超过原有厚度的 5%。在机床导轨上使用时，任何情况下的变形率都应低于 1%。因此，在设计机床导轨尺寸时应注意减小导轨的比压，以获得较高的运动精度。此种软带的厚度有 0.8mm、1.6mm、3.2mm 等几种。根据承载变形情况宜选用厚度小的规格，如考虑到加工余量，一般选用厚度 1.6mm 为宜。

（4）贴塑导轨的其他性能　Turcite - B 软带的粘结剪切强度高达 7MPa；弹性模量小于金属材料，可防止振动，减少噪声；导轨副的磨损量小，若采用定时定量润滑，可进一步提高导轨的使用寿命。

# 思　考　题

1. 支承件的材料一般有哪些？各有何优缺点？
2. 如何调整滑动导轨的间隙？
3. 滚动导轨的预紧采用哪两种方法？

# 第9章
# 机械基础设计

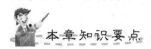本章知识要点

| 知识要点 | 掌握程度 | 相关知识 |
| --- | --- | --- |
| 机械基础 | 掌握机械基础的基本特点及主要设计步骤；<br>了解机械基础的材料 | 机械基础的作用、结构形式、基本要求以及一般设计步骤；<br>机械基础的材料及适用场合 |
| 静力学及动力学计算 | 掌握机械基础的静力学及动力学设计方法 | 地基承载力及基组偏心计算；<br>地基的刚度系数、刚度及阻尼比；<br>大块式基础的振动计算 |
| 隔振 | 了解隔振的原理与特点 | 典型隔振的原理及特点 |

导入案例

　　随着施工技术和施工手段的不断进步与发展，越来越多的机械设备陆续采用了一种新的施工方法进行设备安装——座浆垫板法，采用这种施工方法可省工省时，无需使用斜垫铁，且施工质量好，进度快，这种机械设备安装方法值得在设备安装行业中大力推广。座浆垫板法具有以下优点：①无须使用垫板进行找平找正，能节约大量安装时间。②装用垫板，有效降低安装成本。施工方便快捷，省工省时，经初步测算，综合效益可提高 20% 以上。③安装精度高，安装标高误差可控制在 2mm 以内。

　　机械基础设计是机械外部系统设计的内容之一。不同机械因其动力特性、附属设备及周围环境对限制振动的要求等条件不同。机械基础设计是一个很复杂的工程问题，涉及工程地质学、土力学、建筑施工、机械动力学等多门学科。要想把机械基础设计得技术先进、安全适用、经济合理，需要机械工程师与土建工程师的良好合作。因此，作为机械工程师应该重视机械基础的设计，并掌握机械基础设计的基本知识和原则。

# 9.1　机械基础的基本内容

　　1. 机械基础的基本概念

　　(1) 地基。地基是受机器载荷影响的那一部分地层。

　　(2) 基础。为使地基受力均匀和减小振动，在较大的固定或动力机械和地基之间都要人为地增加一中间体(图 9.1)。

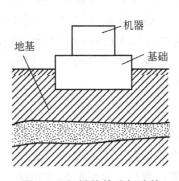

**图 9.1　机械的基础与地基**

　　(3) 基组。基组是基础、基础上的机械和附属设备以及基础上填土的总称，它是由机械—基础—地基系统构成的一个振动综合体。

　　(4) 扰力。由于制造、安装、磨损、动失衡以及工艺特性等原因，引起机械运动零部件瞬时速度变化而产生的附加动力载荷称为扰力。

　　2. 机械基础的结构型式

　　机械基础的结构型式主要有大块式、墙式和框架式 3 种，见表 9-1。

表 9-1　机械基础的结构形式

| 型式 | 图例 | 说明 | 应用 |
|---|---|---|---|
| 大块式 | | 常用钢筋混凝土做成整体，应用最广。基础刚度大、动力学计算时可视基础本身为一刚性体，即不考虑其变形 | 曲柄连杆类、旋转式、冲击式机械设备等 |
| 墙式 | | 由顶板、纵墙、横墙和底板构成的基础。它的刚度介于大块式和框架式二者之间，应保证底板、纵横墙和顶板各构件的刚度及构造连接的整体刚度，如其构造符合规范要求，则其动力学计算可视同大块式基础 | 破碎机基础多用墙式，两墙之间的空间设置运输皮带及漏斗 |
| 框架式 | | 由顶层梁板、柱和底板构成的基础。它的上部属于弹性的框架结构，因此常用于工作转速较高的机械，动力学计算时一般按多自由度空间力学模型计算 | 汽轮机、发动机等常用这种型式，柱子之间的空间可放置附属设备 |

3. 机械基础设计的基本要求

(1) 地基和基础应具有足够的刚度，避免在载荷作用下产生过大的变形或倾斜。

(2) 基础应具有足够的强度，避免在载荷作用下产生破坏和开裂。

(3) 基础在扰力作用下不应产生过大的振动，以免影响机械本身的正常工作及邻近设备的正常使用，更不允许产生危害操作者身体健康的剧烈振动。

(4) 基础应具有良好的经济性。

4. 机械基础设计的一般规定

(1) 基础设计时应取得下列资料：机械的型号、转速、功率、规格及轮廓尺寸图等；机械自重及质心位置；机械底座外廓图、辅助设备、管道位置和坑、沟、孔洞尺寸以及灌浆层厚度、地脚螺栓和预埋件的位置等；机械的扰力和扰力矩大小及其方向；基础的位置及其邻近建筑物的基础图；建筑场地的地质勘察资料及地基动力试验资料。

(2) 当基础振动产生有害影响时，应采取隔振措施。

(3) 基础不得产生有害的不均匀沉降，重要的或对沉降有严格要求的机械，并在其基础上设置永久的沉降观测点，并在设计图中注明要求，定期观测记录沉降情况。

(4) 除锻锤基础外，在机器底座下应预留二次灌浆层，其厚度应≥25mm；二次灌浆层应在设备安装就位并初调后，用微膨胀混凝土填充密实，且与混凝土基础面结合。

(5) 地脚螺栓的一般规定。

① 地脚螺栓的埋置深度以小于等于(30～40)$d$ 为宜，$d$ 为地脚螺栓直径。为缩短地脚

螺栓长度，可采用如图 9.2 所示的地脚螺栓。带弯钩或爪式地脚螺栓的埋置深度应大于等于 $20d$；带锚板和预埋套管地脚螺栓的埋置深度应大于等于 $15d$。

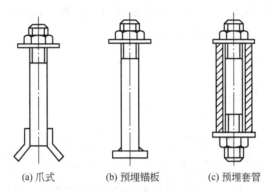

(a) 爪式　　　(b) 预埋锚板　　　(c) 预埋套管

**图 9.2　地脚螺栓简图**

② 预留螺栓孔边至基础边缘的距离应大于等于 $4d$ 或 100mm，否则应采取加强措施，如设置钢筋网或局部配筋。

③ 预埋地脚螺栓底面下的混凝土净厚度应大于等于 50mm，当为预留孔时则应大于等于 100mm。

5. 机械基础设计的一般步骤

机械基础设计的一般步骤如下。

（1）了解和分析设计任务，并收集有关设计资料。

（2）根据机械的工作特性、扰力和扰力矩状况、工艺要求及地质条件，初步确定基础的结构型式。

（3）根据机械及设备的底座尺寸，预留沟、坑、洞及地脚螺栓的位置及尺寸，机械扰力和抗力矩的大小和特性，以及现场地质资料，初步确定基础的几何尺寸和埋置深度。

（4）根据地基土壤性质和基组重力计算地基的静强度。

（5）根据初步确定的基础尺寸，计算基础的总质心位置，并力求使其与基础底面形心在同一垂直线上，其偏心率应控制在允许范围内。

（6）根据机械扰力和扰力矩的性质进行基组动力学计算，避免基组共振，并控制基础的最大振动线位移、速度或加速度不超过允许的极限值。

（7）根据基础结构型式，按现行《混凝土结构设计规范》、《钢结构设计规范》计算基础构件的强度和配置钢筋。

（8）绘制基础施工图。

# 9.2　机械基础的静力学计算

机械基础静力学计算的目的是保证地基有足够的承载能力和防止基础偏沉。当机械的扰力和扰力矩较小，相对于机械本身的重力小得多时，可不考虑其动力效应，仅作静力学计算。对扰力和扰力矩较大的机械，则除了要进行基础的静力学计算外，还须进行动力学计算。在进行静力学计算时，可将动载荷转化为相当的静载荷——当量载荷，作为一种简化的静力学计算。

在进行基础静力学计算时，载荷应采用设计值，包括基础自重、基础上的回填土重、机械和设备自重及传至基础上的其他载荷。

1. 地基承载力计算

图 9.3 所示为地基受力示意图。

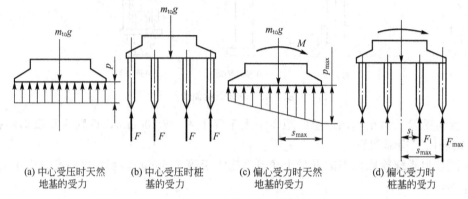

(a) 中心受压时天然　　(b) 中心受压时桩　　(c) 偏心受力时天然　　(d) 偏心受力时
　地基的受力　　　　　基的受力　　　　　地基的受力　　　　　桩基的受力

图 9.3　地基受力示意图

基础底面地基的承载力应根据其受力情况按下述公式计算。

中心受压时，按地基平均静压力设计值计算。

对天然地基

$$p = \frac{m_{to}g}{A} \leqslant \alpha_f f \qquad (9-1)$$

对桩基

$$F = \frac{m_{to}g}{n_p} \leqslant \alpha_f f_p \qquad (9-2)$$

偏心受压时，除应满足式(9-1)及式(9-2)外，还应按下列计算其最大载荷。

对天然地基

$$p_{max} = \frac{m_{to}g}{A} + \frac{M s_{max}}{I} \leqslant 1.2 \alpha_f f \qquad (9-3)$$

对桩基

$$F = \frac{m_{to}g}{n_p} + \frac{M s_{max}}{\sum s_i^2} \leqslant 1.2 \alpha_f f_p \qquad (9-4)$$

式中：

　$m_{to}$——基组总质量，t；

　$g$——重力加速度，$g = 9.81 \text{m/s}^2$；

　$A$——基础底面积，$\text{m}^2$；

　$p$——基础底面地基的平均静压力设计值，kPa；

　$f$——地基承载力设计值，kPa；

$F$——平均单桩静载荷设计值，kN；

$n_p$——桩数；

$f_p$——单桩承载力设计值，kN；

$M$——基础底面上的总力矩，kN·m；

$I$——基础底面通过其形心在力矩 $M$ 方向的截面二次矩（惯性矩），$m^4$，见表 9-4；

$s_{max}$——在平行于力矩 $M$ 方向，由基础底面形心至基础底面边缘的距离，或由桩台底面形心至最外侧桩中心的距离，m；

$s_i$——在平行于力矩 $M$ 方向，由桩台形心至第 $i$ 根桩中心的距离，m；

$p_{max}$——基础边缘处的最大静压力，kPa；

$F_{max}$——单桩上的最大静载荷，kN；

$\alpha_f$——地基承载力的动力折减因数，可按下列规定采用：对旋转式机械基础可取 $\alpha_f = 0.8$；对锻锤基础可按式（9-5）计算。

$$\alpha_f = \frac{1}{1+\beta\dfrac{\alpha}{g}} \tag{9-5}$$

式中：

$\alpha$——基础的振动加速度，$m/s^2$；

$\beta$——地基土的动沉陷影响因数，各类地基土的 $\beta$ 直见表 9-2。

其他机械基础可取 $\alpha_f = 1.0$。

表 9-2　地基土承载力标准值 $f_k$ 及动沉陷影响因数 $\beta$ 值

| 地基土类型 | 土的名称 | 地基土承载力标准值 $f_k$/kPa | 天然地基土动沉陷影响因数 $\beta$ |
|---|---|---|---|
| 一类土 | 碎石土<br>黏性土 | ＞500<br>＞250 | 1.0 |
| 二类土 | 碎石土<br>黏性土<br>粉土、砂土 | ＞300～500<br>＞180～250<br>＞250～400 | 1.3 |
| 三类土 | 碎石土<br>黏性土<br>粉土、砂土 | ＞180～300<br>＞130～180<br>＞160～250 | 2.0 |
| 四类土 | 黏性土<br>粉土、砂土 | ＞80～130<br>＞120～160 | 3.0 |

注：桩基土的动沉陷影响因数 $\beta$ 值可按桩尖土层的类别选用。

2. 基组偏心计算

为防止基础偏沉，应力求使基组总质心与基础底面形心在同一垂直线上。如存在偏心时，应控制其偏心距与平行偏心方向基础底边长之比，即偏心率 $e$ 不超过允许限值。

对汽轮机组和电机基础，$e \leqslant 3\%$。

对一般机械基础，当地基承载力标准值 $f_k \leqslant 150kPa$ 时，$e \leqslant 3\%$；当 $f_k > 150kPa$ 时，$e \leqslant 5\%$。

对金属切削机床基础，当基础倾斜与变形对机床加工精度有影响时，应进行变形验算。当变形不能满足要求时，应采取人工加固地基或增加基础刚度等措施。加工精度要求较高且重力在 50kN 以上的机床，其基础建造在柔软地基上时，对地基采取预压加固措施，预压的重力可取机床的重力及加工件最大重力之和的 1.4～2.0 倍，并按实际载荷分布情况分阶段达到预压重力，预压时间可根据地基固结情况决定。

基组总质心的位置，应根据机械、附属设备及基础(包括基础上的填土)的质量和它们的质心位置按式(9-6)计算

$$\begin{cases} x_0 = \dfrac{\sum m_i x_i}{\sum m_i} \\[2mm] y_0 = \dfrac{\sum m_i y_i}{\sum m_i} \\[2mm] z_0 = \dfrac{\sum m_i z_i}{\sum m_i} \end{cases} \tag{9-6}$$

式中：

$x_0$，$y_0$，$z_0$——基组总质心的坐标；

$x_1$，$y_i$，$z_i$——基组各单块体质心的坐标；

$m_i$——基组各单块体的质量。

基础底面的形心位置 $O'(x', y')$ 按底面几何形状计算。如图 9.4 所示，基组沿 $x$ 方向和 $y$ 方向的偏心率分别为

$$\begin{cases} e_x = \left| \dfrac{x' - x_0}{l_x} \right| \\[3mm] e_y = \left| \dfrac{y' - y_0}{l_y} \right| \end{cases} \tag{9-7}$$

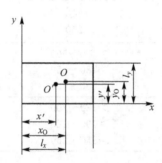

**图 9.4　基础底面形心及基组偏心**

当基础底面为对称图形时，$x' = l_x/2$，$y' = l_y/2$，所以偏心率为

$$\begin{cases} e_x = \left| 0.5 - \dfrac{x_0}{l_x} \right| \\[3mm] e_y = \left| 0.5 - \dfrac{y_0}{l_y} \right| \end{cases} \tag{9-8}$$

式中：

$l_x$、$l_y$——分别为基础底面沿 $x$ 和 $y$ 方向的长度。

对建造在柔软地基上的大型和重要机械的基础及 1t 和 1t 以上的锻锤基础，除了应满足上述基础偏心率限值要求外，还宜采用人工地基，以免发生基础偏沉或沉降过大。

# 9.3　机械基础的动力学计算

机械基础动力学计算的主要目的是计算基组在扰力作用下的响应，以控制基础的最大振动线位移、速度或加速度不超过允许值。

**1. 地基的刚度系数、刚度及阻尼比**

地基的刚度系数和阻尼比是地基的动力特征参数，影响基组振动的特性，对重要的基础，应由现场试验确定，对一般基础，当无条件进行试验并有经验时，可按下述规定确定。

**1）地基的刚度系数**

地基的刚度系数是指使地基产生单位弹性位移所需施加的压强。天然地基的抗压刚度系数 $C_z$ 可按表 9-3 选取。

表 9-3　天然地基的抗压刚度系数 $C_z$ 值　　　　　　　　　　（kN/m²）

| 地基承载力的标准值 $f_k$/kPa | 土的名称 | | |
| --- | --- | --- | --- |
| | 粘性土 | 粉土 | 砂土 |
| 300 | 66000 | 59000 | 52000 |
| 250 | 55000 | 49000 | 44000 |
| 200 | 45000 | 40000 | 36000 |
| 150 | 35000 | 31000 | 28000 |
| 100 | 25000 | 22000 | 18000 |
| 80 | 18000 | 16000 | |

注：(1) 表中所列 $C_z$ 值适用于基础底面积 $A \geqslant 20 \text{m}^2$。若 $A < 20 \text{m}^2$ 时，则表中数值应乘以 $\sqrt[3]{20/A}$。

(2) 表中所列 $C_z$ 值未考虑土的参量，因而数值偏低，其影响在基础振动计算时考虑。

天然地基的抗弯、抗剪和抗扭刚度系数可分别按式（9-9）～式（9-11）计算。

$$C_\varphi = 2.15 C_z \tag{9-9}$$

$$C_x = 0.70 C_z \tag{9-10}$$

$$C_\psi = 1.05 C_z \tag{9-11}$$

**2）地基的刚度**

地基的刚度是指使地基产生单位弹性位移（转角）所需施加的力（力矩）。

对明置基础（置于地面上无埋深的基础），其天然地基的抗压、抗弯、抗剪和抗扭刚度应分别按式（9-12）～式（9-15）计算

$$K_z = C_z A \tag{9-12}$$

$$K_\varphi = C_\varphi I_a \tag{9-13}$$

$$K_x = C_x A \tag{9-14}$$

$$K_\psi = C_\psi I_{pz} \tag{9-15}$$

式中　$C_z$、$C_\varphi$、$C_x$、$C_\psi$——分别为天然地基的抗压、抗弯、抗剪和抗扭刚度系数，kN/m³；

$A$——基础底面积，m²；

$I_a$——基础底面通过其形心轴的截面二次矩（惯性矩），m⁴，见表 9-4；

$I_{pz}$——基础底面通过其形心轴的截面二次极矩（极惯性矩），m⁴，见

表 9 - 4;

$K_z$——天然地基的抗压刚度，kN/m;

$K_\varphi$——天然地基的抗弯刚度，kN·m;

$K_x$——天然地基的抗剪刚度，kN/m;

$K_\psi$——天然地基的抗扭刚度，kN·m。

对埋置基础，当地基承载力标准值小于 350kPa，且基础四周回填土与地基土的体积质量比不小于 0.85 时，其抗压、抗弯、抗剪、抗扭刚度可分别按式(9 - 16)~式(9 - 19)计算。

$$K_z = \alpha_z C_z A \tag{9 - 16}$$

$$K_\varphi = \alpha_{x\varphi} C_\varphi I_a \tag{9 - 17}$$

$$K_x = \alpha_{x\varphi} C_x A \tag{9 - 18}$$

$$K_\psi = \alpha_{x\varphi} C_\psi I_{pz} \tag{9 - 19}$$

其中

$$\alpha_z = (1 + 0.4\delta_b)^2 \tag{9 - 20}$$

$$\alpha_{x\varphi} = (1 + 1.2\delta_b)^2 \tag{9 - 21}$$

$$\delta_b = \frac{h_t}{\sqrt{A}} \tag{9 - 22}$$

式中：

$\alpha_z$——基础埋深对地基抗压刚度的提高因数;

$\alpha_{x\varphi}$——基础埋深对地基抗剪、抗弯、抗扭刚度的提高因数;

$\delta_b$——基础埋深比，当 $\delta_b > 0.6$ 时，取 $\delta_b = 0.6$;

$h_t$——基础埋置深度，m;

$A$——基础底面积，$m^2$。

当基础与刚性地面相连时，可取地基抗弯、抗剪、抗扭刚度提高因数 $\alpha_{x\varphi} = (1.0 \sim 1.4)$，对软弱地基可取 $\alpha_{x\varphi} = 1.4$，其他地基土的刚度提高因数可适当减小。

表 9 - 4　基础底面的截面二次矩及基组转动惯量

| 图形 | 计算式 |
|---|---|
|  | 基础底面通过其形心 $O'$ 的截面二次矩（$m^4$） |
|  | 截面二次矩（惯性矩）<br><br>$x$ 方向　$I_{ax} = \dfrac{1}{12} l_x l_y^3$<br><br>$y$ 方向 $I_{ay} = \dfrac{1}{12} l_y l_x^3$<br><br>截面二次极矩（极惯性矩）<br>$z$ 方向　$I_{pz} = I_{ax} + I_{ay}$ |
|  | 基组对通过总质心 $O$ 的回转轴的转动惯量（$t·m^2$） |
|  | $x$ 方向　$J_x = \dfrac{1}{12} m_{to} (l_y^2 + l_z^2)$<br><br>$y$ 方向 $J_y = \dfrac{1}{12} m_{to} (l_x^2 + l_z^2)$<br><br>$z$ 方向 $J_z = \dfrac{1}{12} m_{to} (l_x^2 + l_y^2)$ |

注：表中 $m_{to}$ 为基组总质量(t)。$m_{to} = m_f + m_m + m_s$，$m_f$ 为基础的质量(t)；$m_m$ 为机械及附属设备的质量(t)；$m_s$ 为基础上回填土的质量(t)。

3）地基的阻尼比

地基的阻尼比是基组振动系统的阻尼系数与临界阻尼系数之比。基础阻尼比不仅与基组振型及埋深比有关，也与基组的质量比及土质有关，天然地基阻尼比可按表 9-5 中有关计算。

表 9-5　天然地基的阻尼比

| 阻尼比 | | 明置基础 | 埋置基础 |
| --- | --- | --- | --- |
| 竖向阻尼比 $\xi_z$ | 黏性土 | $\xi_z = \dfrac{0.16}{\sqrt{\bar{m}}}$ | $\xi_z = \dfrac{0.16}{\sqrt{\bar{m}}}(1+\delta_b)$ |
| | 砂土<br>粉土 | $\xi_z = \dfrac{0.11}{\sqrt{\bar{m}}}$ | $\xi_z = \dfrac{0.11}{\sqrt{\bar{m}}}(1+\delta_b)$ |
| 水平回转阻尼比<br>第 1 振型　$\xi_{x\theta1}$<br>第 2 振型　$\xi_{x\theta2}$ | | $\xi_{x\theta1}=\xi_{x\theta2}=0.5\xi_z$ | $\xi_{x\theta1}=\xi_{x\theta2}=0.5\xi_z(1+2\delta_b)$ |
| 扭转阻尼比 $\xi_\psi$ | | $\xi_\psi=0.5\xi_z$ | $\xi_\psi=0.5\xi_z(1+2\delta_b)$ |

注：（1）表中 $\bar{m}$ 为基组质量比，$\bar{m}=m_{to}/(\rho A\sqrt{A})$，其中 $m_{to}$ 为基组质量（t）；$\rho$ 为地基土的体积质量（t/m³）；$A$ 为基础底面积（m²）。

（2）表中 $\delta_b$ 为基础埋深比，$\delta_b=h_t/\sqrt{A}$，其中 $h_t$ 为基础埋置深度（m）；$A$ 为基础底面积（m²）。当 $\delta_b>0.6$ 时，取 $\delta_b=0.6$。

桩基的刚度系数、刚度、阻尼比等动力参数可由现场试验确定，试验方法应按现行国家标准《地基动力特性测试规范》的规定进行，或按《动力机器基础设计规范》的规定确定。

**2. 大块式基础的振动计算**

大块式基础的整体刚度较高，其振动可视为弹性地基上的刚体振动，在空间具有 6 个自由度，即基组沿 3 根垂直轴线的位移和绕 3 根垂直轴线的回转。图 9.5 为大块式基础的坐标系及振动分量示意图。

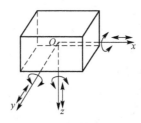

图 9.5　大块式基础的坐标系及振动分量示意图

对墙式基础，应保证底板、纵横墙和顶板各构件的刚度及构造连接的整体刚度，如其构造符合规范要求，则其动力学计算可视同大块式基础。

基组的实际振动情况很复杂，根据质—弹—阻理论体系及振型分解原理，基组的振动可以分解为 3 种相互独立的振动：①沿 $z$ 轴的竖向振动；②绕 $z$ 轴的扭转振动；③在 $xOz$ 或 $yOz$ 平面内的水平回转耦合振动。这 3 种振动可分别计算，然后叠加。

1）基组的竖向振动计算

竖向振动的计算简图如图 9.6 所示。

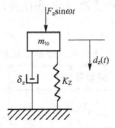

图 9.6　基组竖向振动计算简图

基组在通过其总质心 $O$ 的竖向简谐扰力 $F_z\sin\omega t$ 作用下的运动方程为

$$m_{to}\ddot{d}_z(t)+\delta_z\dot{d}_z(t)+k_zd_z(t)=F_z\sin\omega t \qquad (9-23)$$

式中：

　　$F_z$——机械竖向扰力幅值，kN；

　　$\omega$——竖向扰力的角频率，rad/s；

　　$m_{to}$——基组总质量，t；

　　$d_z(t)$——基组总质心的竖向位移，m；

　　$\delta_z$——地基竖向阻尼系数，kN·s/m；

　　$k_z$——地基的抗压刚度，kN/m。

解式(9-23)可得基组竖向振动位移为

$$d_z(t)=A_z3\sin(\omega t-\phi) \qquad (9-24)$$

其中

$$A_z=\frac{F_z}{k_z}\frac{1}{\sqrt{\left(1-\dfrac{\omega^2}{\omega_{nz}^2}\right)^2+4\xi_z^2\dfrac{\omega^2}{\omega_{nz}^2}}} \qquad (9-25)$$

$$\Phi=\arctan\frac{2\xi_z\omega_{nz}\omega}{\omega_{nz}^2-\omega^2} \qquad (9-26)$$

$$\omega_{nz}=\sqrt{\frac{k_z}{m_{to}}} \qquad (9-27)$$

式中：

　　$A_z$——基组的竖向振动位移幅值，m；

　　$\Phi$——扰力与位移间的相位差，rad；

　　$\omega_{nz}$——基组竖向振动固有角频率，rad/s；

　　$\xi_z$——地基竖向阻尼比，见表 9-5。

式(9-25)也常表示为如下形式

$$A_z=A_{zst}\eta_z \qquad (9-28)$$

$$A_{zst}=\frac{F_z}{K_z} \qquad (9-29)$$

$$\eta_z=\frac{1}{\sqrt{\left(1-\dfrac{\omega^2}{\omega_{nz}^2}\right)^2+4\xi_z^2\dfrac{\omega^2}{\omega_{nz}^2}}} \qquad (9-30)$$

式中：

　　$A_{zst}$——基组在最大扰力值时的竖向静位移，m；

$\eta_z$——影响竖向振幅的动力因数。

2）基组的水平扭转振动计算

当基组在水平面($xOy$)内作用有绕 $z$ 轴的扭转扰力矩，或在水平面内作用有不通过基组总质心 $O$ 点的水平扰力时，基组将产生绕 $z$ 轴的水平扭转振动。

图 9.7 中，基组同时受有水平扭转扰力矩 $M_\psi\sin\omega t$ 及偏心距为 $e_y$ 的水平扰力 $F_x\sin\omega t$，其扭转振动的运动方程为

$$J_z\ddot{\Psi}(t)+\delta_\Psi\dot{\Psi}(t)+K_\Psi\Psi(t)=(M_\Psi+F_xe_y)\sin\omega t \tag{9-31}$$

式中：

$M_\Psi$——机械水平扭转扰力矩幅值，kN·m；

$F_x$——机械水平扰力幅值，kN；

$e_y$——机械水平扰力沿 $y$ 轴方向的偏心距，m；

$\omega$——扰力的角频率，rad/s；

$J_z$——基组对通过其总质心的 $z$ 轴的转动惯量，t·m²，见表 9-4；

$\delta_\Psi$——基组水平扭转振动的阻尼系数，kN·m·s；

$K_\Psi$——地基的抗扭刚度，kN·m；

$\Psi(t)$——基组的水平扭转角位移，rad。

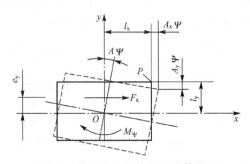

**图 9.7　基组水平扭转振动计算简图**

式(9-32)与竖向振动运动方程式(9-24)具有相同的形式，因而可采用类似的方法求解。因为扭转振动时的位移振幅值一般是指基础顶面角点 $P$ 的位移振幅值，该点的水平扭转线位移最大，可得 $P$ 点在 $x$、$y$ 两个方向的振动线位移分量为

$$A_{x\Psi}=\frac{(M_\Psi+F_xe_y)l_y}{K_\Psi\sqrt{\left(1-\dfrac{\omega^2}{\omega_{n\Psi}^2}\right)^2+4\xi_\Psi^2\dfrac{\omega^2}{\omega_{n\Psi}^2}}} \tag{9-32}$$

$$A_{y\Psi}=\frac{(M_\Psi+F_xe_y)l_x}{K_\Psi\sqrt{\left(1-\dfrac{\omega^2}{\omega_{n\Psi}^2}\right)^2+4\xi_\Psi^2\dfrac{\omega^2}{\omega_{n\Psi}^2}}} \tag{9-33}$$

$$\omega_{n\Psi}=\sqrt{\frac{K_\Psi}{J_z}} \tag{9-34}$$

式中：

$l_y$——基础顶面角点至扭转轴在 $y$ 轴方向的水平距离，m；

$l_x$——基础顶面角点至扭转轴在 $x$ 轴方向的水平距离，m；

$\omega_{n\Psi}$——基组水平扭转振动的固有角频率，rad/s；

$\xi_\psi$——地基扭转阻尼比，见表 $9-5$。

3）基组的水平回转耦合振动计算

基组在垂直平面（$xOz$ 或 $yOz$）内的回转扰力矩作用下，除产生绕水平轴的回转振动外，还将同时产生水平振动，所以其振动状态总是水平振动和回转振动的耦合振动，简称水平回转耦合振动。

基组在水平扰力作用时，往往扰力方向不会通过基组的总质心，若在垂直平面内沿 $z$ 轴方向有偏心距，则基组在产生水平振动的同时，还将产生回转振动，所以其振动状态也是水平回转耦合振动。若水平扰力对基组总质心在 $z$ 轴方向及 $x$ 或 $y$ 轴方向均有偏心距，则基组既有扭转振动，又有水平回转耦合振动，二者可单独计算，然后叠加，其中扭转振动的计算同前。

基组在偏心的竖向扰力作用下，除了产生竖向振动外，也将同时产生水平回转耦合振动，二者也可分别计算，然后叠加，其中竖向振动的计算同前。

图 9.8 所示为在垂直平面（$xOz$）内的回转扰力矩 $M_0\sin\omega t$ 与在 $z$ 轴方向有偏心距 $h_3$ 的水平扰力 $F_x\sin\omega t$ 联合作用下基组水平回转耦合振动的计算简图。

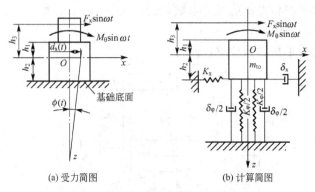

(a) 受力简图　　　　　(b) 计算简图

**图 9.8　基组水平回转耦合振动计算简图**

设基组总质心在 $x$ 方向的水平位移为 $d_x(t)$，基组在振动平面内的回转角位移为 $\varphi(t)$，相应的运动方程式为

$$m_{to}\ddot{d}_x(t)+\delta_x[\dot{d}_x(t)-\dot{\varphi}(t)h_2]+k_x[d_x(t)-\varphi(t)h_2]=F_x\sin\omega t$$

$$J_y\ddot{\varphi}(t)+[\delta_\varphi\dot{\varphi}(t)+k_\varphi\varphi(t)]-\delta_x[\dot{d}_x(t)-\dot{\varphi}(t)h_2]h_2$$

$$-k_x[d_x(t)-\varphi(t)h_2]h_2-m_{to}gh_2\varphi(t)=(M_\theta+F_xh_3)\sin\omega t \qquad (9-35)$$

式中：

$m_{to}$——基组总质量，t；

$J_y$——基组对通过其总质心 $O$ 并垂直于回转平面的水平轴的转动惯量，t·m²，见表 $9-4$；

$h_2$——基组总质心至基础底面的距离，m；

$\delta_x$——地基水平振动阻尼系数，kN·s/m；

$\delta_\varphi$——地基回转振动阻尼系数，kN·m·s；

$k_x$——地基抗剪刚度，kN/m；

$k_\varphi$——地基抗弯刚度，kN·m；

$F_x$——水平扰力幅值，kN；

$h_3$——水平扰力作用线至基组总质心在垂直方向的距离，m；

$M_\theta$——垂直平面内的回转扰力矩幅值，kN·m。

式(9-35)中的第一个方程是水平方向振动的运动方程,其等号左边第一项表示水平运动的惯性力,第二项表示水平运动和由于基础回转运动引起地基水平位移的阻尼反力,第三项表示水平运动和由于基础回转运动引起地基水平位移的弹性反力;方程式等号右边为水平扰力。

式(9-35)中的第二个方程是回转振动的运动方程,其等号左边第一项表示回转运动的惯性力矩,第二项表示回转运动引起的地基阻尼反力矩和弹性反力矩,第三项表示水平运动和回转运动引起的基础底面水平位移产生的水平阻尼反力对基组总质心的力矩,第四项表示水平运动和回转运动引起的基础底面水平位移产生的弹性反力对基组总质心的力矩,第五项表示回转运动引起基组总质心偏移产生的附加力矩(通常该附加力矩很小而可忽略不计);方程式等号右边为作用在基组上的回转扰力矩之和。

若令 $\delta_x = \delta_\varphi = 0$,$F_x = 0$ 及 $M_\theta = 0$,并略去附加力矩 $m_{to} g h_2 \varphi(t)$,即可得无阻尼的水平回转耦合自由振动的运动方程式

$$\begin{cases} m_{to} \ddot{d}_x(t) + k_x [d_x(t) - \varphi(t) h_2] = 0 \\ J_y \ddot{\varphi}(t) + k_\varphi \varphi(t) - k_x [d_x(t) - \varphi(t) h_2] = 0 \end{cases} \quad (9-36)$$

该方程组的解可取如下形式

$$\begin{cases} d_x(t) = D \sin(\omega_{n\theta} t + \delta) \\ \varphi(t) = \Phi \sin(\omega_{n\theta} t + \delta) \end{cases}$$

即

$$\begin{cases} \ddot{d}_x(t) = -D \omega_{n\theta}^2 \sin(\omega_{n\theta} t + \delta) \\ \ddot{\varphi}(t) = -\Phi \omega_{n\theta}^2 \sin(\omega_{n\theta} t + \delta) \end{cases}$$

代入式(9-36),并约去 $\sin(\omega_{n\theta} t + \delta)$,可得对幅值 $D$ 和 $\Phi$ 的齐次方程组

$$\begin{cases} (k_x - m_{to} \omega_{n\theta}^2) D - k_x h_2 \Phi = 0 \\ -k_x h_2 D + [k_\varphi + k_x h_2^2 - J_y \omega_{n\theta}^2] \Phi = 0 \end{cases}$$

使该方程组存在非零解的必要条件是其系数的行列式等于零,即

$$\begin{vmatrix} k_x - m_{to} \omega_{n\theta}^2 & -k_x h_2 \\ -k_x h_2 & k_\varphi + k_x h_2^2 - J_y \omega_{n\theta}^2 \end{vmatrix} = 0$$

从而得水平回转耦合振动固有角频率的方程式

$$\omega_{n\theta}^4 - \left[ \frac{k_x}{m_{to}} + \frac{k_x + k_x h_2^2}{J_y} \right] \omega_{n\theta}^2 + \frac{k_x k_\varphi}{m_{to} J_y} = 0 \quad (9-37)$$

令

$$\omega_{nx} = \sqrt{\frac{k_x}{m_{to}}} \quad (9-38)$$

$$\omega_{n\varphi} = \sqrt{\frac{k_\Psi + k_x h_2^2}{J_y}} \quad (9-39)$$

其中 $\omega_{nx}$ 为基组沿 x 方向水平振动固有角频率(rad/s);$\omega_{n\varphi}$ 为基组绕 y 轴回转振动固有角频率(rad/s)。

则式(9-38)可写为

$$\omega_{n\theta}^4 - (\omega_{nx}^2 + \omega_{n\varphi}^2)\omega_{n\theta}^2 + \omega_{nx}^2\frac{K_\varphi}{J_y} = 0$$

或

$$\omega_{n\theta}^4 - (\omega_{nx}^2 + \omega_{n\varphi}^2)\omega_{n\theta}^2 + \left[\omega_{nx}^2\omega_{n\varphi}^2 - \frac{m_{to}h_2^2\omega_{nx}^2}{J_y}\omega_{nx}^2\right] = 0$$

该方程的两个根为

$$\omega_{n\theta1,2}^2 = \frac{1}{2}\left[(\omega_{nx}^2 + \omega_{n\varphi}^2) \mp \sqrt{(\omega_{nx}^2 - \omega_{n\varphi}^2)^2 + \frac{4m_{to}h_2^2}{J_y}\omega_{nx}^2}\right] \tag{9-40}$$

可以证明 $\omega_{n\theta1}^2$ 及 $\omega_{n\theta2}^2$ 均为正值，且有下列关系

$$\omega_{n\theta1} < \omega_{nx} < \omega_{n\theta2}$$
$$\omega_{n\theta1} < \omega_{n\varphi} < \omega_{n\theta2}$$

$\omega_{n\theta1}$ 及 $\omega_{n\theta2}$ 分别是 $\omega_{n\theta1}^2$ 及 $\omega_{n\theta2}^2$ 的正根。工程上把 $\omega_{n\theta1}$ 及 $\omega_{n\theta2}$ 称为水平回转耦合振动的第 1 及第 2 振型的固有角频率。相应于第 1 振型和第 2 振型时基组的水平回转耦合振动振型如图 9.9 所示。

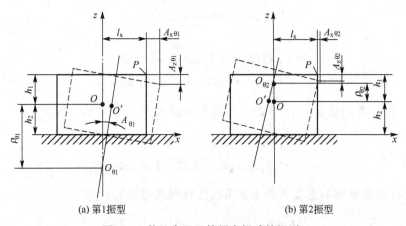

(a) 第1振型　　　　　(b) 第2振型

图 9.9　基组水平回转耦合振动的振型

第 1 振型的基组回转中心在 $O_{\theta1}$，第 2 振型的基组回转中心在 $O_{\theta2}$。$O_{\theta1}$、$O_{\theta2}$ 均在通过总质心 $O$ 的垂线上，$O_{\theta1}$ 在 $O$ 点下方，$O_{\theta2}$ 在 $O$ 点上方。它们的当量回转半径 $\rho_{\theta1}$ 及 $\rho_{\theta2}$ 可由式(9-41)算得

$$\begin{cases} \rho_{\theta1} = \dfrac{\omega_{nx}^2 h_2}{\omega_{nx}^2 - \omega_{n\theta1}^2} > 0 \\ \rho_{\theta2} = \dfrac{\omega_{nx}^2 h_2}{\omega_{n\theta2}^2 - \omega_{nx}^2} > 0 \end{cases} \tag{9-41}$$

于是，基础顶面控制点的竖向和水平向振动线位移幅值分别为

$$A_{z\theta} = (A_{\theta1} + A_{\theta2})l_x \tag{9-42}$$
$$A_{x\theta} = A_{\theta1}(\rho_{\theta1} + h_1) + A_{\theta2}(h_1 - \rho_{\theta2}) \tag{9-43}$$

其中

$$A_{\theta 1} = \frac{M_{\theta 1}}{(J_{y} + m_{to}\rho_{\theta 1}^{2})\omega_{n\theta 1}^{2}}\eta_{1} \tag{9-44}$$

$$A_{\theta 2} = \frac{M_{\theta 2}}{(J_{y} + m_{to}\rho_{\theta 2}^{2})\omega_{n\theta 2}^{2}}\eta_{2} \tag{9-45}$$

$$\eta_{1} = \frac{1}{\sqrt{\left(1 - \frac{\omega^{2}}{\omega_{n\theta 1}^{2}}\right)^{2} + 4\xi_{x\theta 1}^{2}\frac{\omega^{2}}{\omega_{n\theta 1}^{2}}}} \tag{9-46}$$

$$\eta_{2} = \frac{1}{\sqrt{\left(1 - \frac{\omega^{2}}{\omega_{n\theta 2}^{2}}\right)^{2} + 4\xi_{x\theta 2}^{2}\frac{\omega^{2}}{\omega_{n\theta 2}^{2}}}} \tag{9-47}$$

式中：

$A_{z\theta}$——水平回转耦合振动时基础顶面控制点竖向振动线位移幅值，m；

$A_{x\theta}$——水平回转耦合振动时基础顶面控制点水平振动线位移幅值，m；

$A_{\theta 1}$、$A_{\theta 2}$——分别为水平回转耦合振动时第 1 振型和第 2 振型的回转角位移幅值，rad；

$h_{1}$——基组总质心至基础顶面的距离，m；

$l_{x}$——基础顶面控制点至 $z$ 轴在 $x$ 方向的距离，m；

$m_{to}$——基组总质量，t；

$M_{\theta 1}$、$M_{\theta 2}$——绕通过水平回转耦合振动第 1 振型和第 2 振型回转中心并垂直于回转面 $xOz$ 的轴的总回转扰力矩，kN·m；

$J_{y}$——基组对回转轴的转动惯量，t·m²；

$\rho_{\theta 1}$、$\rho_{\theta 2}$——基组水平回转耦合振动第 1 振型和第 2 振型的当量回转半径，m，见式(9-41)；

$\xi_{x\theta 1}$、$\xi_{x\theta 2}$——基组水平回转耦合振动第 1 振型和第 2 振型地基阻尼比，见表 9-5；

$\omega$——机械扰力和扰力矩角频率，rad/s；

$\omega_{n\theta 1}$、$\omega_{n\theta 2}$——基组水平回转耦合振动第 1 振型和第 2 振型固有角频率，rad/s，见式(9-40)。

在计算中，应注意基组是绕 $x$ 轴回转还是绕 $y$ 轴回转的，因为两个方向的 $J_{x}$ 和 $J_{y}$，$l_{x}$ 和 $l_{y}$ 的值是不同的。

4）振动量的修正和叠加

（1）振动量的修正。根据测试结果分析，土的参振质量变化范围很大，约为基础本身质量的 0.43～2.9 倍，且与基组的质量比或基础底面积均无明显的规律性，因此振动计算时土的参振质量很难准确规定。表 9-3 中给出的天然地基抗压刚度系数 $C_{z}$ 未考虑土的参振质量的影响，由此计算得到的基组固有频率较为接近实际值，但使 $C_{z}$ 值偏低，而使计算的基础振动线位移值偏大。

因此，《动力机器基础设计规范》规定：$C_{z}$ 值按表 9-3 取值，除冲击性扰力机械和热模锻压力机基础外，计算天然地基大块式基础的振动线位移时，应将计算所得的竖向振动线位移幅值（$A_{z}$、$A_{z\theta}$）乘以 0.7，水平向振动线位移幅值（$A_{x\psi}$、$A_{y\psi}$、$A_{x\theta}$、$A_{y\theta}$）乘以 0.85。

（2）振动量的叠加。

当机械的扰力比较复杂而出现多种振动型式时，可按振型分解原理，用前述计算方法分别求得各型振动分量，再按式(9-48)～式(9-51)叠加。

$$A = \sqrt{\left(\sum_{j=1}^{n} A_j'\right)^2 + \left(\sum_{k=1}^{m} A_k''\right)^2} \tag{9-48}$$

$$v = \sqrt{\left(\sum_{j=1}^{n} \omega' A_j'\right)^2 + \left(\sum_{k=1}^{m} \omega'' A_k''\right)^2} \tag{9-49}$$

$$\omega' = 0.105n \tag{9-50}$$

$$\omega'' = 0.210n \tag{9-51}$$

式中   $A_j'$——在机械第 $j$ 个一谐扰力或扰力矩作用下，基础顶面控制点的振动线位移幅值，m；

        $A_k''$——在机械第 $k$ 个二谐扰力或扰力矩作用下，基础顶面控制点的振动线位移幅值，m；

        $A$——基础顶面控制点的总振动线位移幅值，m；

        $v$——基础顶面控制点的总振动速度幅值，m/s；

        $\omega'$——机械的一谐扰力和扰力矩角频率，rad/s；

        $\omega''$——机械的二谐扰力和扰力矩角频率，rad/s；

        $n$——机械工作转速，r/min。

应使总振动线位移及总振动速度不超过机械允许的最大值。如《动力机器基础设计规范》GB 50040—96 中规定：活塞式压缩机基础顶面控制点的最大振动线位移应小于 0.20mm，最大振动速度应小于 6.30mm/s；透平压缩机基础顶面控制点的最大振动速度应小于 5.0mm/s；对有冲击性扰力的机械如锻锤，还规定了允许的最大振动加速度。

## 9.4 机械基础的构造与材料

### 1. 机械基础的构造

大块式基础刚度和质量都较大，不容易产生过大的振动，而且计算时也比较简便，但材料消耗较大，且易出现温度或收缩裂缝；框架式基础能充分利用空间，但计算复杂，得分别计算地基变形及框架构件变形引起的基组振幅；墙式基础的平面布置，应该对称于机器主轴的纵向垂直中面。其整体刚度接近实体式，但要注意各构件相互间的连接刚度，水平框架应设在纵、横墙顶部，以保证平面内的刚度。

《动力机器基础设计规范》（CBJ 40—79）规定动力机械底座边缘至基础边缘的距离，一般不小于 100mm，在机械底座下，除了锻锤基础外，应预留不小于 25mm 的找平层或溜浆层。地脚螺栓轴线距基础的边缘，不应小于 4 倍螺栓直径；预留孔边距基础边不应小于 100mm。预埋地脚螺栓底面下的混凝土净厚度不应小于 50mm，如为预留孔则不应小于 100mm。

墙式基础悬臂平台是构造中最薄弱的地方，因此在构造上要满足图 9.10 所示的要求。纵横墙交叉的地方最好加肋，这样可增加墙体的刚度，防止发生收缩裂缝。不论墙式或框架式基础，其底板厚度的确定，原则上是要充分保证压力能够均匀地传到地基土上，因此厚度不应小于 600mm。

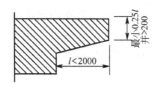

图 9.10　悬臂平台的构造要求

对大块式基础配筋一般的构造布置，每一立方米混凝土配筋量一般为 $10\sim25\mathrm{kg}$，通常在顶面与底部配置钢筋网，如图 9.11(a)所示。对于体积大于 $40\mathrm{m}^3$ 的块体基础，应沿四周、顶面、底面配置钢筋网，如图 9.11(b)所示。当基础厚度大于 $600\sim1200\mathrm{mm}$ 时，中间尚需加一层钢筋网，3 层钢筋网之间，每隔 1 米间距加一根竖向的 S 形吊筋。基础底面最大边长与高度之比不超过 5 时，上下层钢筋网的钢筋直径为 $\phi=12\sim18$，间距为$200\sim300\mathrm{mm}$，基础底面最大边长与高度之比超过 5 时，则顺着最大边长所配置的下层钢筋网钢筋的截面积可近似地按式(9-52)计算

$$A_\mathrm{t} = \frac{Wa}{200h} \qquad\qquad (9-52)$$

式中：

$A_\mathrm{t}$——下层钢筋网钢筋的截面积，$\mathrm{cm}^2$；

$W$——基组总重量，kN；

$a$——基础底面最大边长，m；

$h$——基础的高度，m。

(a)　　　　　　　　　　　　(b)

图 9.11　基础配筋图

上层所配置的钢筋网钢筋的截面积不应小于 $A_\mathrm{t}$ 值的一半。侧面钢筋网的钢筋，根据基础尺寸配置直径为 $10\sim14\mathrm{mm}$ 的钢筋。钢筋网的间距为 $200\sim300\mathrm{mm}$。钢筋保护层不小于 $50\mathrm{mm}$。

对于框架式基础，梁、板、柱各构件的配筋，应按强度和刚度的要求，按《混凝土结构设计规范》进行计算。对于墙式基础，沿墙面配置钢筋：垂直向直径为 $12\sim16\mathrm{mm}$ 双排布置；水平向直径为 $10\sim12\mathrm{mm}$ 双排布置；间距一般为 $200\sim300\mathrm{mm}$。

墙式基础上部构件，配筋与框架式的基础一样，按强度及刚度计算确定。为保证墙体与底板有可靠的连接，若底板厚度大于 $1\mathrm{m}$，则墙体的垂直钢筋应至少有一半伸至底板的底部，其余一半可在底板厚度的一半处切断。若底板厚度小于 $1\mathrm{m}$，则墙体的所有垂直钢筋都应该伸到底板的底面。凡开孔或切口尺寸大于 $600\mathrm{mm}$ 时，应沿孔或切口周围配置不小于 $\varPhi12$ 的钢筋，间距不大于 $200\mathrm{mm}$，基础底板的悬臂部分钢筋应按抗弯及抗剪强度计算。

2. 机械基础的材料

机械基础大多用混凝土或钢筋混凝土材料建造。混凝土的抗压强度很大，而抗拉和抗剪强度都很小，容易开裂，若在混凝土中设置钢筋，这样不仅可以充分利用混凝土的抗压强度，而且钢筋还可承受拉力。混凝土包住钢筋后，钢筋具有良好的保护层而不致锈蚀，

因而具有抗压强度高，耐久性良好的特性。此外钢筋混凝土可以浇注成各种形状，以满足使用的要求，并且材料来源广，结构造价低，所以应用非常广泛。

大块式基础一般采用的混凝土强度等级不宜低于 C10 的混凝土，墙式、框架式基础采用不低于 C15 号的混凝土。

基础的二次浇注材料的标号应比基础材料提高一级，当浇注厚度大于 50mm 时，采用 1:2 水泥砂浆。对于具有防水、防油、防渗等要求的基础，混凝土标号不低于 C20 号，防水泥凝土应捣制密实并加入防水剂，必要时亦可做防水层，防油时应在基础表面涂上防油材料。

机械基础内的配筋，一般采用I级或II级钢筋，不得使用冷轧钢筋，受冲击较大处的部位应尽量采用热轧变形钢筋，并避免焊接头。对体积大于 40m³ 的基础，沿基础周边配置直径较细、间距较密的钢筋网。体积小于或等于 40m³ 的基础，则一般不配筋或局部配筋。

# 9.5　机械基础的隔振简介

隔振就是在振源与需要防振的机器或仪器之间，安放一组或几组具有弹性性能的隔振装置，使得振源与地基之间或设备与地基之间的刚性连接改成弹性连接，以隔绝或减弱振动能量的传递。根据隔振目的的不同，一般分为两种不同性质的隔振。一种称为主动隔振，另一种称被动隔振，见表 9-6。

表 9-6　主动隔振与被动隔振

| 分类 | 图示 | 目的 | 适用范围 |
|---|---|---|---|
| 主动隔振 | | 隔离或减小机械设备产生的振动，通过机脚、支座传递到基础，使周围环境或邻近结构不受机器设备振动的影响 | 动力机械、回转机械、锻压机械、冲床等各种设备 |
| 被动隔振 | | 防止周围环境的振动通过支座、机脚传到需要防护的仪器设备、精密机械上 | 电子仪器、精密贵重设备等、消声室、音响要求高的楼厅建筑、车载物品运输 |

隔振主要是控制机械振动系统中的 3 个基本参数：被隔离物体质量、隔振器的刚度和阻尼。这 3 个基本参数各自的作用如下。

（1）质量在固定激振力作用下，被隔离物体质量越大，其响应的振幅越小。

（2）刚度小，隔振效果好，反之隔振效果差。刚度决定了整个系统的隔振效率，同时又关系到系统摇摆的程度。

（3）阻尼在共振区减小共振峰，抑制共振振幅；但在隔振区为系统提供了使弹簧短路的附加连接，从而提高了支承的刚度。因此对于阻尼，设计时需要仔细分析。

1. 机械基础的隔振

机械基础隔振器常用材料有橡胶、钢制弹簧、泡沫塑料、聚苯乙烯板及木材等。其中橡胶制成的隔振器因具有良好的弹性、较大的阻尼、成形简单等优点而被广泛采用，运输胶带和橡胶板也常被用于制作橡胶隔振器。钢制弹簧隔振器则因有稳定的力学性能、使用寿命长、不怕油渍污染且可做得刚度很小等特点而被普遍采用，但因其阻尼很小，当用于可能有较大的通过共振场合时，为加快振动的衰减，使基础尽快越过共振区，常与用橡胶等有较大阻尼的材料制成的隔振器联合使用。金属弹簧隔振器对低频振动的隔振效果较好，对高频振动的隔振效果较差。

隔振器有支承式和悬挂式两种布置形式。支承式隔振器的布置形式如图 9.12 所示，其中垂直支承式主要用于隔离垂直方向的振动；基础质心较高时，宜用高支点垂直支承式；扰力以水平方向为主时，宜用水平支承式。对于有冲击性扰力的锻锤等机械，其隔振器可以置于基础下方，也可以置于砧座与基础之间，后者不仅有显著的隔振效果，而且基础底面尺寸及埋深小，施工方便，具有较好的经济性。对于精密机床、数控机床等基础，可在基础四周粘贴泡沫塑料、聚苯乙烯等隔振材料，或在基础四周设置隔振沟，隔振沟的深度与基础深度相同，宽度为 100mm，沟内可充填海绵、乳胶等材料或不充填任何填料。

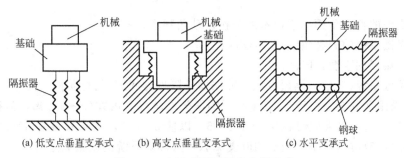

图 9.12　支承式隔振器的布置形式

悬挂式隔振器的布置形式如图 9.13 所示。根据隔振器受力不同分承拉式和承压式。悬挂式隔振器的各向水平刚度很小，对水平振动的隔振效果较好，常用于扰力频率较低的精密机械的隔振。

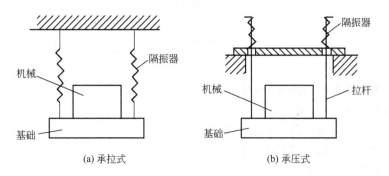

图 9.13　悬挂式隔振器的布置形式

2．隔振器的要求

隔振器应有良好的隔振效果，结构简单，性能稳定，易安装调整，经济性好。隔振器的隔振效果可用隔振系数来衡量。

对主动隔振，其振源是机械本身，若隔振前机械传给地基的动载荷最大值为 $F$，隔振

后减小为 $F'$，则隔振系数可表示为

$$\beta = \frac{F'}{F} \qquad (9-53)$$

对被动隔振，其振源由其他机械传给地基的振动，若隔振前机械的振幅为 $A$，隔振后减小为 $A'$，则隔振系数可表示为

$$\beta = \frac{A'}{A} \qquad (9-54)$$

无论是主动隔振还是被动隔振，当振源是简谐振动时，若不计阻尼的影响，隔振系数均可近似由式(9-55)计算，即

$$\beta = \left| \frac{1}{\dfrac{\omega^2}{\omega_{ni}^2} - 1} \right| \qquad (9-55)$$

$$\omega_{ni} = \sqrt{\frac{k_i}{m_i}} \qquad (9-56)$$

式中：

$\omega$——机械的扰力角频率或地基的干扰振动角频率，rad/s；

$\omega_{ni}$——隔振系统的固有角频率，rad/s；

$k_i$——隔振器的刚度，kN/m；

$m_i$——隔振系统(包括被隔振机械、隔振器及隔振器底座)的总质量，t。

显然，隔振系数 $\beta$ 应小于 1。$\beta$ 越小，隔振效果越好。由式(9-55)知，为提高隔振效果，应使 $\omega \gg \omega_{ni}$。通常应使 $\omega/\omega_{ni} = 2.5 \sim 5$，以使 $\beta < 0.2$，意味着将有 80% 以上的振动被隔离。为此，应适当减小隔振器的刚度 $k_i$ 和增大隔振系统的质量 $m_i$。

设计时可按式(9-57)~式(9-59)近似确定隔振器的刚度和隔振系统质量。

$$k_i \leqslant \frac{\omega^2 m_i}{1 + \dfrac{1}{\beta}} \qquad (9-57)$$

$$k_i \leqslant \frac{F'}{A'} \qquad (9-58)$$

$$m_i \geqslant \frac{k_i}{\omega_{ni}^2} \qquad (9-59)$$

式中：

$k_i$——要求的隔振器的刚度，kN/m；

$m_i$——隔振系统的总质量，t；

$F'$——经过隔振后传递的动载荷，kN；

$A'$——经过隔振后机械的振幅，m；

$\beta$——要求隔振系数；

$\omega$——机械的扰力角频率或地基的干扰振动角频率，rad/s；

$\omega_{ni}$——隔振系统的固有角频率。

一般情况下，常用隔振材料的阻尼比不大，设计隔振器时可不考虑阻尼的影响。但当隔振系统存在"通过共振"现象时，应设法增大隔振器的阻尼比，以减小机械在启动和停止过程中因扰力角频率通过共振区时出现的最大振幅，此时应采用如磁感应阻尼、空气阻尼、液体阻尼等隔振器。

# 思　考　题

1．常见机械基础的结构型式有哪几种？各有什么特点？

2．机械基础设计有哪些一般规定？

3．机械基础静力学计算的目的是什么？主要计算内容有哪些？

4．机械基础动力学计算的目的是什么？主要计算内容有哪些？

5．什么是地基的刚度和刚度系数？

6．简述大块式基础振动计算的主要内容。

7．设计基础地脚螺栓有何规定？

8．基础常用隔振器有哪些布置形式？各有何特点？

9．对机械基础隔振器的材料有何要求？常用哪些材料？

10．如何衡量隔振器的隔振效果？

# 附　　录

## 一、三面切书自动机机械系统方案设计

### 1. 机器的功能和设计要求

三面切书自动机是将装订成册的毛坯书通过送料（将毛坯书输送到位），压书（压住毛坯书有利于切边光整），侧面切书的上、下边，横向切书的第三边，完成自动三面切书工作。其工作简图如附图 1 所示。

此三面切书自动机的设计要求和参数如下。

（1）三面切书自动机要能适合各种标准尺寸的书本的切边。

（2）切书时要求有较大的切力。

（3）切边光整、精确。

（4）生产率为每分钟 10～12 本。

（5）整体的振动和噪声控制在规定范围内。

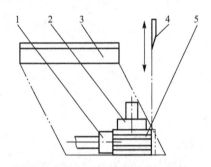

**附图 1　三面切书自动机的工作简图**

1—送料机构；2—压书机构；3—侧刀机构；4—横刀机构；5—毛坯书

### 2. 工艺动作分解和机器工作循环图

本自动切书机主要有 4 个执行机构：送料机构、压书机构、侧刀机构、横刀机构。

由生产率每分钟 10 本计算，它的一个运动循环所需时间 $T = \dfrac{60\text{s}}{10} = 6\text{s}$。三面切书自动机工作循环图如附图 2 所示。

从三面切书自动机工作循环图可以看出，为了使各机构在工作行程中"偷时间"，在各执行机构工作行程有少量重叠。

### 3. 机构选型和机械系统方案的确定

三面切书自动机工作循环图中表示出来的 4 个执行机构，可由附表 1 所列的执行机构形态矩阵来表示。

从理论上可以求得的组合方案数为

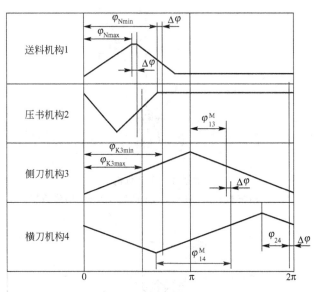

附图2　三面切书自动机工作循环图

$$N=4\times4\times3\times3=144$$

从结构简单考虑，可以选择如附图3～附图6所示的4种执行机构。根据机器工作循环图，可将各执行机构组合成三面切书自动机的机械系统方案图。

附表1　三面切书自动机执行机构形态矩阵

| 执行机构 | 可行的执行机构类型 | | | |
|---|---|---|---|---|
| 送料机构 | 圆柱凸轮机构 | 移动从动件盘形凸轮机构 | 凸轮—连杆机构 | 平面连杆机构 |
| 压书机构 | 圆柱凸轮机构 | 移动从动件盘形凸轮机构 | 凸轮—连杆机构 | 平面六杆机构 |
| 侧刀机构 | 曲柄滑块机构 | 移动从动件盘形凸轮机构 | 平面六杆机构 | |
| 横刀机构 | 曲柄滑块机构 | 空间曲柄连杆机构 | 凸轮机构 | |

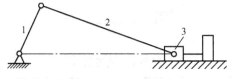

附图3　送料机构

1—曲柄；2—连杆；3—滑块（推送件）

为了得到综合最优机械系统方案，我们可以根据机械系统方案评价体系，将144种可行方案进行初步筛选，得出4～5个方案，再通过模糊综合评价确定综合最优方案，这里不再赘述。

一旦综合最优方案确定之后，就可进行机械传动系统和各执行机构尺度综合。

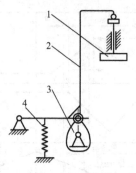

**附图 4　压书机构**

1—压书板；2—杠杆；3—凸轮；4—压书弹簧

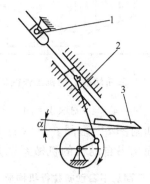

**附图 5　侧刀机构**

1—导向块；2—曲柄滑块机构；3—侧刀

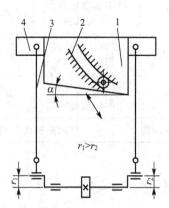

$r_1 > r_2$

**附图 6　横刀机构**

1—横切书刀；2—横刀斜导轨；3—空间曲柄连杆机构；4—横刀滑板

## 二、平版印刷机的机械系统方案设计

### 1. 机器的功能和设计要求

机器的功能是表达机器的功用。机器的设计要求是机器设计的出发点。简易平版印刷机用于中、小型印刷厂，它可以印刷各种表格、联单、账簿、商标、名片等 8 开以下的印刷品。简易平版印刷机由于具有结构简单、成本低廉、使用方便、维修容易等特点，目前仍广泛地得到应用。

平版印刷机的功能是在小型铜锌版上刷上油墨，通过铜锌平版与白纸的相互贴合而完成印刷工艺。

为了实现平版印刷工艺，平版印刷机必须完成纸张输送、油辊上添加油墨、铜锌版上刷墨、白纸与刷墨后的铜锌版贴合印刷、取出和叠好印刷品 5 个分功能。

平版印刷机的设计要求和参数如下。

（1）印刷能力——24 次/min。

（2）驱动电动机——采用 Y90S - 6；$P = 0.75\text{kW}$，$n = 910\text{r/min}$；或 Y90L - 6；$P = 1.1\text{kW}$，$n = 910\text{r/min}$。

（3）电动机安装在印刷机底部或墙板的侧面。

（4）机械运动方案应力求简单，其固定铰链点布置在规定的墙板上。

（5）印头的固定支撑位置如附图 7 所示。印头摆角 50°；油辊在刷墨过程中需占据的两个极限位置 $F_1$、$F_2$，也表示在附图 7 上。

（6）从提高印刷质量来考虑，希望印头在印刷的瞬时有一短暂的停歇。

（7）为了使油辊刷墨均匀，希望油辊在工作行程和回程中的速度尽量均匀。

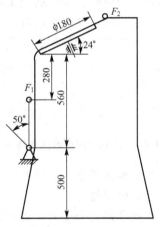

附图 7　印头固定支撑位置

2. 工作原理与工艺动作分解

为了实现平版印刷的功能，可以有两种工作方式：一是铜锌版固定，纸张由印头带动与之贴合以完成印刷工艺；二是纸张固定，铜锌版由印头带动与之贴合以完成印刷工艺。这两种不同的工作方式，它们的工艺图动作过程是有区别的。下面以前一种工作方式为例说明工艺动作分解情况。对于简易式平版印刷机，它的输纸和取出印刷品均由手工完成。因此它的工艺动作可分解如下。

（1）由间歇动作机构给油辊上墨。

（2）由油辊上下运动完成在铜锌版上的均匀刷墨。

（3）由纸张来回摆动与涂墨后的铜锌版贴合完成印刷工艺。

为了使油辊上墨均匀，先将油墨定量输送至油盘，再将油盘定期间歇转动达到不断均匀上墨。

为了使油辊均匀刷墨于铜锌版上，要求在刷墨时油辊尽可能等速运动。

为了使纸张与铜锌版贴合印刷质量提高，希望在贴合瞬间有一短暂的停留。

根据工艺动作分析，简易式平版印刷机具有 3 个执行构件——油盘、油辊和印头。它们的运动形式分别如下。

（1）油盘作间歇转动，一般采用在一个运动循环内作定向间歇转过 60°的动作。

（2）油辊沿固定导路（它主要由油盘和铜锌版组成）在一个运动循环内作一次往复运动。

（3）印头在一个运动循环内作一次往复摆动。

**3. 根据工艺动作顺序和协调要求拟定运动循环图**

拟定简易平版印刷机运动循环图的目的是确定印头、油辊、油盘 3 个执行构件动作的先后顺序、相位，以利于对各执行机构进行设计、装配和调试。

在拟定运动循环图时要确定一个主要执行机构，以它的主动件每转一周完成一个运动循环，平版印刷机是以印头的执行机构的主动件的某一零位角为横坐标的起点，纵坐标表示执行件的位移情况。在运动循环图上表示的位移曲线主要表达出运动的起止位置，而不必准确表示出各执行构件的运动规律。

附图 8 所示为简易印刷机的运动循环图。印头的摆动具有工作行程和空回行程。油辊的摆动的工作行程是在印头回程中完成的。油盘在油辊工作行程后半段开始作间歇转动一次，至油辊回程的前半段完成转动，接着油盘停顿直至第二次间歇运动开始。

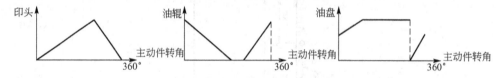

**附图 8 简易印刷机的运动循环图**

拟定运动循环图时，为了提高机器生产率，可使各执行构件的动作起讫位置在不影响相互动作协调和干扰的前提下进行重叠安排。

确定了运动循环图后，就可按此来拟定合适的运动规律，进行机构设计。必要时，可对所设计的机构进行运动分析，用分析所得的位移规律加到初步设计的运动循环图上，观察机构的运动是否协调，评估机构的运动和动力性能是否合适。若有不当之处，还可以将运动循环图作适当的修正。

**4. 机构选型**

根据 3 个执行构件——印头、油盘、油辊的动作要求一般可以选择一些常用的、合适的机构。

对于印头执行机构，一般可选择附表 2 所示的 5 种机构。设计者也可根据需要另行构思和设计其他的机构。

对于油辊执行机构，一般可选择如附表 3 所示的 3 种机构：曲柄摇杆机构加固定凸轮机构（序号 1）、摆动导杆机构加固定凸轮机构（序号 2）、六连杆机构加固定凸轮机构（序号 3）。

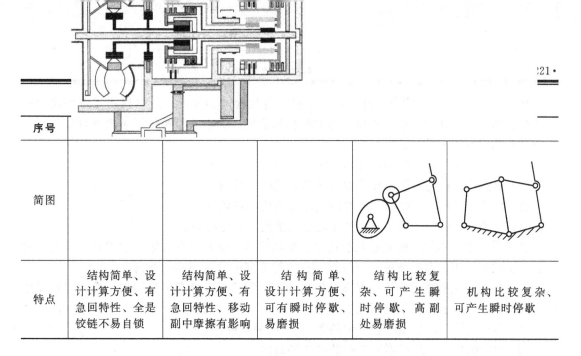

| 序号 | | | | | |
|---|---|---|---|---|---|
| 简图 | | | | | |
| 特点 | 结构简单、设计计算方便、有急回特性、全是铰链不易自锁 | 结构简单、设计计算方便、有急回特性、移动副中摩擦有影响 | 结构简单、设计计算方便、可有瞬时停歇、易磨损 | 结构比较复杂、可产生瞬时停歇、高副处易磨损 | 机构比较复杂、可产生瞬时停歇 |

附表3　油辊执行机构

| 序号 | 1 | 2 | 3 |
|---|---|---|---|
| 简图 | | | |
| 特点 | 结构简单、设计方便、但油辊刷墨速度不一定均匀 | 结构简单、设计方便、油辊刷墨速度难以均匀 | 结构比较复杂、设计也较难、但可设法使油辊刷墨速度尽量均匀 |

对于油盘间歇运动机构，可以选择如附表4所示的4种机构。在特殊情况下还可以采用利用连杆曲线的圆弧段或直线段来实现间歇运动。对于速度较低的平版印刷机一般可采用棘轮机构或槽轮机构。

附表4　油盘执行机构

| 序号 | 1 | 2 | 3 | 4 |
|---|---|---|---|---|
| 机构名称 | 棘轮机构 | 槽轮机构 | 不完全齿轮机构 | 凸轮式间歇运动机构 |
| 特点 | 结构简单，适用于低速，但需附加曲柄摇杆机构 | 结构简单，适用于低速，槽轮转角大小不能调节 | 结构比前两种机构复杂，具有瞬心线附加杆可减小冲击 | 凸轮形状复杂，制造较难，可用于高速场合 |

5. 机构方案的选择与评定

从上述印头执行机构、油辊执行机构以及油盘间歇运动机构可以选择的种类数目考虑，在一般情况下，根据数学上排列组合原理，平版印刷机的机构系统方案数目为

$$N = 5 \times 3 \times 4 = 60$$

从 60 种机构系统方案中，根据给定条件、各机构的相容性、要求机构尽可能简单等来选择方案。如果印头不要求有瞬时停歇的保压阶段、油辊刷墨速度不考虑速度均匀，其机构系统方案有以下几种。

(1) 曲柄摇杆机构—曲柄摇杆加固定凸轮机构—棘轮机构。

(2) 曲柄摇杆机构—摆动导杆加固定凸轮机构—棘轮机构。

(3) 摆动导杆机构—曲柄摇杆加固定凸轮机构—棘轮机构。

(4) 摆动导杆机构—摆动导杆加固定凸轮机构—棘轮机构。

这 4 种方案，再加上间歇运动机构改为槽轮机构，也有 4 种方案，加起来一共有 8 种方案。从结构简单、摩擦情况良好考虑，在 8 种方案中可选用第一方案。

如果要求印头有瞬时停歇的保压阶段、油墨刷墨速度要考虑尽量均匀，在目前机器速度不高的情况下，各执行机构可选择如下。

(1) 印头机构——采用附表 2 中的第 4、5 两种机构。

(2) 油辊机构——采用附表 3 中的第 3 种机构。

(3) 油盘机构——采用附表 4 中的第 1、2 种机构。

因此，此时机构系统方案有 4 种，可以采用机构系统方案的评价方法来评价选优。

6. 机构系统的速比和变速机构

根据本例给定的条件，平版印刷机选用的驱动电动机的转速为 $n = 910\text{r/min}$，而印刷能力为 24 次/min(也即平版印刷机的主轴转速为 24r/min )。因此，必须采用减速机构，其减速比为

$$i = \frac{n}{n_1} = \frac{910}{24} = 37.916 \approx 38$$

可采用一级带减速传动、二级齿轮传动，它们的传动比分别为

(1) 带传动：传动比为 3。

(2) 第一级圆柱直齿轮传动：传动比为 3.411，$z_1 = 17$，$z_2 = 58$。

(3) 第二级圆柱直齿轮传动：传动比为 3.705，$z'_2 = 17$，$z_3 = 63$。

7. 画出机构系统方案简图(机械运动示意图)

根据上述确定的最简单的机构系统方案，画出机械运动示意图，如附图 9 所示。其中包括由驱动电动机开始的机械传动系统，3 个执行机构组成的机械运动示意图。

8. 对机构系统和执行机构的尺度设计

其内容包括如下方面。

(1) 对带传动进行初步设计计算。

(2) 对第一对齿轮传动进行强度计算和几何尺寸计算，确定模数和有关尺寸。

(3) 对第二对齿轮传动进行强度计算和几何尺寸计算，确定模数和有关尺寸。

(4) 对印头执行机构—曲柄摇杆机构按摆角大小、行程速比系数等进行设计计算，必要时可进行机构运动分析后作改进设计。

(5) 对油辊执行机构—曲柄摇杆机构按油辊摆动角度及机械运动循环图上的相关角关系进行设计计算，由于油辊执行机构由曲柄摇杆机构加固定凸轮机构组成，油辊的绝对运

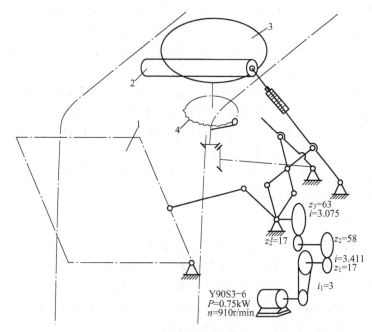

附图9 驱动电动机、传动机构示意图

1—印头；2—油辊；3—油盘；4—棘轮

动求解是比较复杂的。上述组合机构相当于凸轮不是等速转动的移动从动件盘形凸轮机构。

（6）对油盘间歇运动机构—棘轮机构及其附加的曲柄摇杆机构的设计计算。

### 三、冲压式蜂窝煤成形机的机械系统方案设计

冲压式蜂窝煤成形机的机械系统设计主要步骤和过程如下。

**1. 冲压式蜂窝煤成形机的功能和设计要求**

1）功能

冲压式蜂窝煤成形机是我国城镇蜂窝煤（通常又称为煤饼）生产厂的主要生产设备，这种设备由于具有结构合理、质量可靠、成形性能好、经久耐用、维修方便等优点而被广泛采用。

冲压式蜂窝煤成形机的功能是将粉饼加入转盘的模筒内，经冲头冲压成蜂窝煤。

为了实现蜂窝煤冲压成形，冲压式蜂窝煤成形机必须完成以下5个动作。

（1）粉煤加料。

（2）冲头将蜂窝煤压制成形。

（3）清除冲头和出煤盘内积屑的扫屑运动。

（4）将在模筒内冲压后的蜂窝煤脱模。

（5）将冲压成形的蜂窝煤输出。

2）设计要求和原始数据

（1）蜂窝煤成形机的生产能力：30 次/min。

（2）附图 10 表示了冲头、脱模盘、扫屑刷、模筒转盘的相互位置情况。实际上冲头

与脱模盘都与上下移动的滑梁连成一体，当滑梁下冲时，冲头将粉煤冲压成蜂窝煤，脱模盘将已压成的蜂窝煤脱模。在滑梁上升过程中，扫屑刷将刷除冲头和脱模盘上粘着的粉煤。模筒转盘上均布了模筒，转盘的间歇运动使加料后的模筒进入冲压位置，成形后的模筒进入脱模位置，空的模筒进入加料位置。

（3）为了改善蜂窝煤冲压成形的质量，希望冲压机构在冲压后有一段保压时间。

（4）由于同时冲两只煤饼时的冲头压力较大，最大可达 50kN，其压力变化近似认为在冲程的一半进入冲压，压力呈线性变化，由零值至最大值。因此希望冲压机构具有增力功能，以减小机器的速度波动，减小原动机的功率。

（5）驱动电动机目前采用 Y180L‑8，其功率 $P=11kW$，转速 $n=730r/min$。

（6）机械运动方案应力求简单。

2. 工作原理和工艺动作分解

根据上述分析，冲压式蜂窝煤成形机要求完成的工艺动作有以下 6 个。

（1）加料：这一动作可利用粉煤重力打开料斗自动加料。

（2）冲压成形：要求冲头上下往复移动，在冲头行程的后 1/2 进行冲压成形。

（3）脱模：要求脱模盘上下往复移动，将已冲压成形的煤饼压下去而脱离模筒。一般可以将它与冲头一起固结在上下往复移动的滑梁上。

（4）扫屑：要求在冲头、脱模盘向上移动过程中用扫屑刷将粉煤扫除。

（5）模筒转模间歇转动：完成冲压、脱模、加料 3 个工位的转换。

（6）输送：将成形的煤饼脱模后落在输送带上，以便装箱待用。

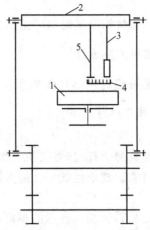

**附图 10　冲头、脱模盘、扫屑刷、模筒转盘位置示意图**
1—模筒转盘；2—滑梁；3—冲头；4—扫屑刷；5—脱模盘送出成品

以上 6 个动作中，加料和输送的动作比较简单，暂时不予考虑，冲压和脱模可以用一个机构来完成。因此冲压式蜂窝煤成形机运动方案设计要重点考虑冲压和脱模机构、扫屑机构和模筒转盘的间歇转动机构这 3 个机构的选型和设计问题。

3. 根据工艺动作顺序和协调要求拟定运动循环图

对于冲压式蜂窝煤成形机运动循环图主要是确定冲压和脱模盘、扫屑刷、模筒转盘 3个执行构件的先后顺序、相位，以利于对各执行机构的设计、装配和调试。

冲压式蜂窝煤成形机的冲压机构为主机构，以它的主动件的零位角为横坐标的起点，纵坐标表示各执行构件的位移起迄位置。

附图 11 表示冲压式蜂窝煤成形机 3 个执行机构的运动循环图。冲头和脱模盘都由工作行程和回程两部分组成。模筒转盘的工作行程在冲头的回程后半段和工作行程的前半段完成。使间歇转动在冲压以前完成。扫屑刷要求在冲头回程后半段至工作行程前半段完成扫屑动作。

4. 执行机构的选型

根据冲头和脱模盘、模筒转盘、扫屑刷这 3 个执行构件动作要求和结构特点，可以选择表 5 所示的常用的机构，这一表格又可称为执行机构的形态学矩阵。

附表 5　三执行机构的形态学矩阵

| 冲头和脱模盘机构 | 对心曲柄滑块机构 | 偏置曲柄滑块机构 | 六杆冲压机构 |
| --- | --- | --- | --- |
| 扫雪刷机构 | 附加滑块摇杆机构 | 固定移动凸轮移动从动件机构 | |
| 模筒转盘间歇运动机构 | 槽轮机构 | 不完全齿轮机构 | 凸轮式间歇移动机构 |

附图 12(a)表示附加滑块摇杆机构，利用滑梁的上下移动使摇杆 OB 上的扫屑刷摆动扫除冲头和脱模盘底上的粉煤屑。图 12(b)表示固定移动凸轮利用滑梁上下移动使带有扫屑刷的移动从动件顶出而扫除冲头和脱模盘底的粉煤屑。

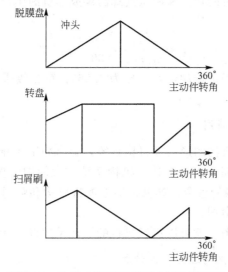

附图 11　冲压式蜂窝煤成形机运动循环图

5. 机构系统方案的选择和评定

根据附表 5 所示的 3 个执行机构形态学矩阵，可以求出冲压式蜂窝煤成形机的机构系统方案数为

$$N = 3 \times 2 \times 3 = 18$$

现在，我们可以按给定的条件、各机构的相容性和尽量使机构简单等要求来选择方案。由此可选定两个结构比较简单的方案。

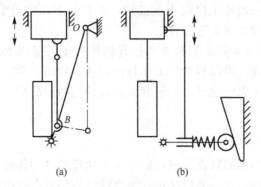

(a)　　　　　　　　　　　　　(b)

附图 12　两种机构运动形式比较

方案 I：冲压机构为对心曲柄滑块机构，模筒转盘机构为槽轮机构，扫屑机构为固定凸轮移动从动件机构。

方案 II：冲压机构为偏置曲柄滑块机构，模筒转盘机构为不完全齿轮机构，扫屑机构为附加滑块摇杆机构。

两个方案我们可以用模糊综合评价方法来进行评估选优，这里从略。最后选择方案 I 为冲压式蜂窝煤成形机的机构系统方案。

6. 机构系统的速比和变速机构

根据选定的驱动电动机的转速和冲压式蜂窝煤成形机的生产能力，它们的机构系统的总速比为

$$i_{总} = \frac{n_{电动机}}{n_{执行主轴}} = \frac{730}{30} = 24.33$$

机构系统的第一级采用带传动，其速比为 4.866；第二级采用直齿圆柱齿轮传动，其传动比为 5。

7. 画出机构系统方案简图

按已选定的 3 个执行机构的形式及机构系统，画出冲压式蜂窝煤成形机的机构系统示意图。其中 3 个执行机构部分也可以称为机构系统方案简图。如附图 13 所示，其中包括了机构系统、3 个执行机构的组合。如果再加上加料机构和输送机构，那就可以完整地表示整台机器的机构系统方案图。

有了机构系统方案简图，就可以进行机构的运动尺度设计计算和机器的总体设计。

8. 对机构系统和执行机构进行尺度计算

为了实现具体的运动要求，必须对带传动、齿轮传动、曲柄滑块机构（冲压机构）、槽轮机构（模筒转盘间歇运动机构）和扫屑凸轮机构进行运动学计算，必要时还要进行动力学计算。

1）带传动计算

（1）确定计算功率 $P_c$。　　　　　　　　$P_c = K_A P$

取 $K_A = 1.4$，则 $P_c = 1.4 \times 11 = 15.4 \text{kW}$

（2）由 $P_c$ 及主动轮转速 $n_1$ 选择带的型号，由有关线图选择 V 带型号为 C 型 V 带。

（3）确定带轮节圆直径 $d_1$ 和 $d_2$。取 $d_1 = 200 \text{mm}$，则

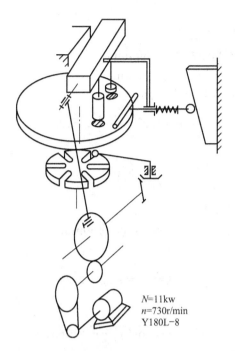

N=11kw
n=730r/min
Y180L-8

**附图 13　冲压式蜂窝煤成形机运动系统方案示意图**

$$d_2 = 4.866 \times d_1 = 973.2 \text{mm}$$

（4）确定中心距 $a_0$。

（5）确定 V 带根数 $z$。

$$z \geqslant \frac{P_c}{[P_0]} = \frac{15.4}{3.8} = 4$$

2）齿轮传动计算

取 $z_1 = 22$，$z_2 = i \times 22 = 5 \times 22 = 110$。按钢制齿轮进行强度计算，其模数 $m =$ 5mm。则

$$d_1 = z_1 m = 110 \text{mm}$$
$$d_2 = z_2 m = 550 \text{mm}$$

其余尺寸，按有关表格算出。

3）曲柄滑块机构计算

已知冲压式蜂窝煤成形机的滑梁行程 $s = 300 \text{mm}$，连杆系数 $\lambda = \dfrac{R}{L} = 0.157$，则曲柄半径为

$$R = \frac{1}{2} s = 150 \text{mm}$$

连杆长度 $L = \dfrac{R}{\lambda} = 955.14 \text{mm}$

因此，不难求出曲柄滑块机构中滑梁（滑块）的速度和加速度的变化。

对它的力分析也是比较容易的，为简化起见，不计各构件重量，按冲压力变化作为滑块上的受力。

4) 槽轮机构计算

(1) 槽数 $z$。按工位数要求选定为 6。

(2) 中心距 $a$。按结构情况确定 $a=300\text{mm}$。

(3) 圆销半径 $r$。按结构情况确定 $r=30\text{mm}$。

(4) 槽轮每次转位时主动件的转角 $2\alpha$。

$$2\alpha=180°\left(1-\frac{2}{z}\right)=120°$$

(5) 槽间角 $2\beta$。

$$2\beta=\frac{360°}{z}=60°$$

(6) 主动件圆销中心半径 $R_1$。

$$R_1=a\sin\beta=150\text{mm}$$

(7) $R_1$ 与 $a$ 的比值。

$$\lambda=\frac{R_1}{a}=\sin\beta=0.5$$

(8) 槽轮外圆半径 $R_2$。

$$R_2=\sqrt{(a\cos\beta)^2+r^2}=262\text{mm}$$

(9) 槽轮槽深 $h$。

$$h\geqslant a(\lambda+\cos\beta-1)+r$$
$$h\geqslant79.8\text{mm}\quad 取\ h=80\text{mm}$$

固定凸轮采用斜面形状，其上下方向的长度应大于滑梁的行程 $s$，其左右方向的高度应能使扫屑刷活动范围扫除粉煤。具体按结构情况来设计。

9. 冲压式蜂窝煤成形机的飞轮设计

飞轮设计对于冲压式机械——三相交流电动机组成的机组可以采用精确算法，为了简便，我们采用了飞轮的近似算法，其公式为

$$J_M=\frac{[A]}{[\delta]\omega_m^2}$$

附图 14 表示为冲压式蜂窝煤成形机冲压力近似变化规律。假定驱动力为常值。则可求出 $P_d=6520\text{N}$。最大盈亏功 $[A]$ 为

$$[A]=\frac{1}{2}\times(50000-6250)\times\frac{7}{8}\times\frac{\pi}{2}\times0.15\text{N}\cdot\text{m}=4509.9\text{N}\cdot\text{m}$$

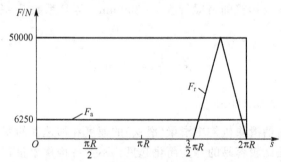

附图 14　蜂窝煤成形机冲压力变化曲线

同时，取 $[\delta]=0.15$，为了减小飞轮尺寸，将飞轮安装在小齿轮轴上，则 $\omega_m = 150 \times \frac{2\pi}{60}$，因此有

$$J_M = \frac{4509.9}{0.15 \times \left(150 \times \frac{2\pi}{60}\right)^2} = 121.853 (\mathrm{kg \cdot m^2})$$

加了飞轮之后，由于飞轮能储存能量，可使冲压式蜂窝煤成形机所需电动机功率减小，其电动机功率约为

$$N = P_d v = 6250 \times \frac{2\pi \times 0.15 \times 30}{60} = 2945.243 (\mathrm{W}) = 2.945 (\mathrm{kW})$$

目前采用的电动机的功率为 11kW，显然没有考虑附加飞轮，而是从克服短时冲压力较大的需要出发。

**四、粒状巧克力糖果包装机机械系统方案设计**

1. 机器的功能和设计要求

粒状巧克力糖果包装机的加工对象是呈圆台形粒状的巧克力糖，如附图 15 所示。包装后成品形状如附图 16 所示。

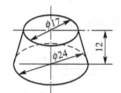

附图 15　巧克力糖形状

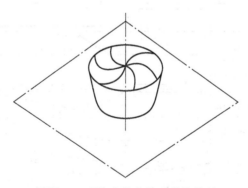

附图 16　巧克力糖包装后成品外形

对此粒状巧克力糖包装机的要求如下。
(1) 生产率约为 120 粒/min。自动机的生产率为 70~130 粒/min。
(2) 要求巧克力糖包装后外形美观、挺括，金色铝箔纸无明显损伤、撕裂、褶皱。
(3) 机械结构简单，工作可靠、稳定、操作方便、安全、维修容易，造价低。
根据巧克力糖包装工艺过程，确定自动机由下列执行机构组成。
(1) 送糖机构。

（2）供纸机构。

（3）接糖和顶糖机构。

（4）抄纸机构。

（5）拨糖机构。

（6）钳糖机械手的开合机构。

（7）转盘步进传动机构。

2. 粒状巧克力糖果包装机的工作循环图

按包装工艺动作过程，可分解成 9 个动作。

（1）机械手转位。

（2）送糖盘转位。

（3）送纸动作。

（4）剪纸动作。

（5）抄纸动作。

（6）接糖动作。

（7）顶糖动作。

（8）拨糖动作。

（9）机械手开合动作。

粒状巧克力糖果包装机的工作循环图如附图 17 所示，横坐标为转位主动件转角，纵坐标为输出件位移或转角。

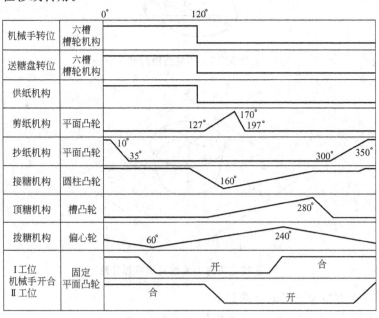

附图 17　粒状巧克力糖包装机的工作循环图

3. 粒状巧克力糖果包装机执行机构形态矩阵

根据它的工作循环图及各个执行动作的要求，可以列出它的执行机构形态矩阵，见附表 6。

在确定各执行机构可行的类型时，主要依据是机构手册、实际工作经验、结构简单等。

附表 6　粒状巧克力糖果包装机的机构形态矩阵

| 动作 | 执行机构类型 |
| --- | --- |
| 机械手转位 | 槽轮机构、圆柱凸轮分度机构 |
| 送糖盘转位 | 槽轮机构、圆柱凸轮分度机构 |
| 送纸动作 | 滚轮机构 |
| 剪纸动作 | 平面凸轮机构、平面连杆机构 |
| 抄纸动作 | 平面凸轮机构、凸轮连杆组合机构 |
| 接糖动作 | 平面凸轮机构、圆柱凸轮机构 |
| 顶糖动作 | 平面槽凸轮机构 |
| 拨糖动作 | 平面凸轮机构、平面连杆机构 |
| 机械手开合动作 | 固定平面凸轮机构 |

由粒状巧克力糖果包装机的机构形态矩阵求解，理论上可求得的组合方案数为

$$N = 2 \times 2 \times 1 \times 2 \times 2 \times 2 \times 1 \times 2 \times 1 = 64$$

通过评价、决策，确定综合最优的方案。

4. 粒状巧克力糖果包装机的总体布置和典型机构

（1）巧克力糖果包装机总体布置。巧克力糖果包装机总体布置应按工艺动作过程、尺寸紧凑和有利于人的操作进行，如附图 18 所示。

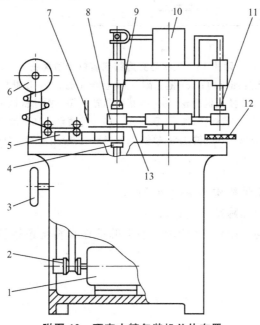

附图 18　巧克力糖包装机总体布置

1—电动机；2—带式无级变速机构；3—盘车手轮；4—顶糖机构；5—送糖部件；
6—供纸部件；7—剪纸刀；8—钳糖机械手；9—接糖杆；10—凸轮箱；11—拨糖机构；
12—输送带；13—包装纸

（2）巧克力糖果包装机的传动系统。巧克力糖果包装机的传动系统是将电动机转速通过减速并传递到各个执行机构的驱动构件，使之完成机器的工作循环，具体如附图19所示。

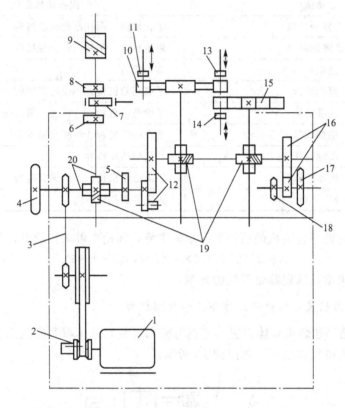

**附图19 粒状巧克力糖包装机传动系统**

1—电动机；2—带式无级变速机构；3—链轮副；4—盘车手轮；5—顶糖杆凸轮；6—剪纸刀凸轮；
7—拨糖杆凸轮；8—抄纸板凸轮；9—接糖杆凸轮；10—钳糖机械手；11—拨糖杆；
12—槽轮机构；13—接糖杆；14—顶糖杆；15—送糖盘；16—齿轮副；17—供纸
部件链轮；18—输送带链轮；19—螺旋齿轮副；20—分配轴

（3）机械手及进、出糖机构如附图20所示。

（4）顶糖、接糖机构如附图21所示。

（5）抄纸和拨糖机构如附图22所示。抄纸的动作是将金色铝箔纸折叠成附图16所示的形状。

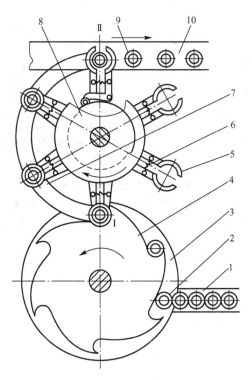

**附图 20　机械手及进、出糖机构**

1—输料带；2—巧克力糖；3—托盘；4—送糖盘；5—钳糖机械手；6—弹簧；

7—托板；8—机械手开合凸轮；9—成品；10—输送带；Ⅰ—进料工位；Ⅱ—出料工位

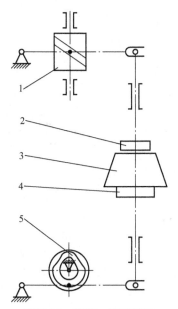

**附图 21　顶糖、接糖机构**

1—圆柱凸轮机构；2—接糖杆；3—糖块；

4—顶糖杆；5—平面槽凸轮机构

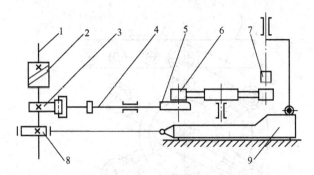

**附图 22　抄纸和拨糖机构**

1—分配轴；2—接糖杆圆柱凸轮；3—抄纸凸轮；4—弹簧；5—抄纸板；

6—钳糖机械手；7—拨糖杆；8—偏心轮；9—板凸轮

# 参 考 文 献

[1] 黄纯颖. 设计方法学 [M]. 北京：机械工业出版社，1992.

[2] 汪应洛. 系统工程 [M]. 2 版. 北京：高等教育出版社，1999.

[3] 黄靖远，龚剑霞. 机械设计学 [M]. 2 版. 北京：高等教育出版社，1998.

[4] 戴庆辉. 先进制造系统 [M]. 北京：机械工业出版社，2007.

[5] 刘莹，艾红. 创新设计思维与技巧 [M]. 北京：机械工业出版社，2004.

[6] [日] 寺野寿郎. 机械系统设计 [M]. 姜文炳，译. 北京：机械工业出版社，1971.

[7] 赵松年，张奇鹏. 机电一体化机械系统设计 [M]. 上海：同济大学出版社，1990.

[8] 徐元昌. 机电系统设计 [M]. 北京：机械工业出版社，2004.

[9] 高敏，谢庆森. 工业艺术造型设计 [M]. 北京：机械工业出版社，1992.

[10] 黄洪钟. 模糊设计 [M]. 北京：机械工业出版社，1999.

[11] 徐灏. 机械设计手册 [M]. 2 版. 北京：机械工业出版社，2000.

[12] 机械设计手册编委会. 机械设计手册 [M]. 3 版. 北京：机械工业出版社，2004.

[13] 赵韩，黄康，陈科. 机械系统设计 [M]. 北京：高等教育出版社，2005.

[14] 朱龙根，黄雨华. 机械系统设计 [M]. 北京：机械工业出版社，1992.

[15] 吴良臣. 机械系统设计 [M]. 徐州：中国矿业大学出版社，1996.

[16] 胡胜海. 机械系统设计 [M]. 哈尔滨：哈尔滨工程大学出版社，1997.

[17] 刘跃南. 机械系统设计 [M]. 北京：机械工业出版社，1997.

[18] 赵松年，李恩光，黄耀志. 现代机械创新产品分析与设计 [M]. 北京：机械工业出版社，2000.

[19] 张建民. 机电一体化系统设计 [M]. 3 版. 北京：高等教育出版社，2007.

[20] 魏俊民，周砚江. 机电一体化设计 [M]. 北京：中国纺织出版社，1997.

[21] 张君安. 机电一体化设计 [M]. 北京：兵器工业出版社，1997.

[22] 谢存禧，邵明. 机电一体化生产系统设计 [M]. 北京：机械工业出版社，1999.

[23] 姜培刚，盖玉先. 机电一体化设计 [M]. 北京：机械工业出版社，2003.

[24] 张立勋，孟庆鑫，张今瑜. 机电一体化 [M]. 2 版. 哈尔滨：哈尔滨工程大学出版社，2004.

[25] 李瑞琴. 机电一体化系统创新设计 [M]. 北京：科学出版社，2005.

[26] 吴翔. 产品系统设计 [M]. 北京：中国轻工业出版社，2000.

[27] 简召全，冯明，朱崇贤. 工业设计方法学 [M]. 修订版. 北京：北京理工大学出版社，2000.

[28] 侯珍秀. 机械系统设计 [M]. 哈尔滨：哈尔滨工业大学出版社，2000.

[29] 杨家军. 机械系统创新设计 [M]. 武汉：华中理工大学出版社，2000.

[30] 朱龙根. 机械系统设计 [M]. 2 版. 北京：机械工业出版社，2001.

[31] 邹慧君. 机械系统设计原理 [M]. 北京：科学出版社，2003.

[32] 赵松年. 机电一体化设计 [M]. 北京：机械工业出版社，2004.

[33] 朱明铨，张树生. 虚拟制造系统与实现 [M]. 西安：西北工业大学出版社，2001.

[34] 盛晓敏，邓朝晖. 先进制造技术 [M]. 北京：机械工业出版社，2000.

[35] 邹慧君. 机械系统概念设计 [M]. 北京：机械工业出版社，2002.

[36] 冯培恩，刘瑾. 专家系统 [M]. 北京：机械工业出版社，1993.

[37] 刘之生，黄纯颖. 反求工程技术 [M]. 北京：机械工业出版社，1992.

[38] 查建中. 智能工程 [M]. 北京：机械工业出版社，1992.

[39] 杨汝清. 工程系统设计与运作 [M]. 上海：上海交通大学出版社，2004.

[40] 邓星钟，周祖德. 机电传动控制 [M]. 武汉：华中理工大学出版社，1997.

[41] 杨文斌. 机械结构设计准则及实例 [M]. 北京：机械工业出版社，1997.

[42] 谢里阳. 现代机械设计方法 [M]. 北京：机械工业出版社，2005.

[43] 王凤岐. 现代设计方法 [M]. 天津：天津大学出版社，2004.

[44] 杨汝清. 现代机械设计—系统与结构 [M]. 上海：上海科学技术文献出版社，2000.

[45] 钟志华，周彦伟. 现代设计方法学 [M]. 武汉：武汉理工大学出版社，2001.

[46] 吴良臣. 现代设计理论与方法 [M]. 徐州：中国矿业大学出版社，1997.

[47] 董仲远，蒋克铸. 设计方法学 [M]. 北京：高等教育出版社，1992.

[48] 何建民. 创造名牌产品的理论与方法 [M]. 上海：华东理工大学出版社，2002.

[49] 王玉新. 数字化设计 [M]. 北京：机械工业出版社，2003.

[50] 胡树华. 产品创新管理—产品研发设计的功能成本分析 [M]. 北京：科学出版社，2000.

[51] 刘助柏，梁辰. 知识创新学 [M]. 北京：机械工业出版社，2002.

[52] 李妍姝. 产品创新 [M]. 北京：中国纺织出版社，2004.

[53] 李亦文. 产品设计原理 [M]. 北京：化学工业出版社，2003.

[54] 谢黎明. 机械工程与技术创新 [M]. 北京：化学工业出版社，2005.

[55] 杨叔子，杨克冲. 机械工程控制基础 [M]. 4 版. 武汉：华中科技大学出版社，2002.

[56] 刘金环，任玉田. 机械工测试技术 [M]. 北京：北京理工大学出版社，1990.

[57] 郭伏，钱省三. 人因工程学 [M]. 北京：机械工业出版社，2006.

[58] 定志成，于惠力，陈世家. 工业造型设计 [M]. 哈尔滨：哈尔滨工业大学出版社，1995

[59] 吴慧中，陈定方，万耀青. 机械设计专家系统研究与实践 [M]. 北京：中国铁道出版社，1994.

[60] 周济. 机械设计专家系统概论 [M]. 武汉：华中理工大学出版社，1989.

[61] 周济，查建中，肖人彬. 智能设计 [M]. 北京：高等教育出版社，1997.

[62] 林志航. 产品设计与制造质量工程 [M]. 北京：机械工业出版社，2006.

[63] 温诗铸，黎明. 机械学发展战略研究 [M]. 北京：清华大学出版社，2003.

[64] 柴邦衡，陈卫. 设计控制 [M]. 北京：机械工业出版社，2001.

[65] 许喜华. 计算机辅助工业设计 [M]. 北京：机械工业出版社，2001.

[66] 廖林清. 现代设计法 [M]. 重庆：重庆大学出版社，2000.

[67] 王久华. 新产品设计与管理技术 [M]. 北京：国防工业出版社，1990.

[68] 潘兆庆. 现代设计方案概论 [M]. 北京：机械工业出版社，1992.

[69] [美]Karl T. ULrich, StevenD. Eppinger. 产品设计与开发 [M]. 6 版. 詹涵菁，译. 北京：高等教育出版社，2005.

# 北京大学出版社教材书目

❖ 欢迎访问教学服务网站 www.pup6.com，免费查阅已出版教材的电子书(PDF 版)、电子课件和相关教学资源。

❖ 欢迎征订投稿。联系方式：010-62750667，童编辑，13426433315@163.com，pup_6@163.com，欢迎联系。

| 序号 | 书　名 | 标准书号 | 主　编 | 定价 | 出版日期 |
|---|---|---|---|---|---|
| 1 | 机械设计 | 978-7-5038-4448-5 | 郑　江，许　瑛 | 33 | 2007.8 |
| 2 | 机械设计(第 2 版) | 978-7-301-28560-2 | 吕　宏，王　慧 | 47 | 2018.8 |
| 3 | 机械设计 | 978-7-301-17599-6 | 门艳忠 | 40 | 2010.8 |
| 4 | 机械设计 | 978-7-301-21139-7 | 王贤民，霍仕武 | 49 | 2014.1 |
| 5 | 机械设计 | 978-7-301-21742-9 | 师素娟，张秀花 | 48 | 2012.12 |
| 6 | 机械原理 | 978-7-301-11488-9 | 常治斌，张京辉 | 29 | 2008.6 |
| 7 | 机械原理 | 978-7-301-15425-0 | 王跃进 | 26 | 2013.9 |
| 8 | 机械原理 | 978-7-301-19088-3 | 郭宏亮，孙志宏 | 36 | 2011.6 |
| 9 | 机械原理 | 978-7-301-19429-4 | 杨松华 | 34 | 2011.8 |
| 10 | 机械设计基础 | 978-7-5038-4444-2 | 曲玉峰，关晓平 | 27 | 2008.1 |
| 11 | 机械设计基础 | 978-7-301-22011-5 | 苗淑杰，刘喜平 | 49 | 2015.8 |
| 12 | 机械设计基础 | 978-7-301-22957-6 | 朱　玉 | 38 | 2014.12 |
| 13 | 机械设计课程设计 | 978-7-301-12357-7 | 许　瑛 | 35 | 2012.7 |
| 14 | 机械设计课程设计(第 2 版) | 978-7-301-27844-4 | 王　慧，吕　宏 | 42 | 2016.12 |
| 15 | 机械设计辅导与习题解答 | 978-7-301-23291-0 | 王　慧，吕　宏 | 26 | 2013.12 |
| 16 | 机械原理、机械设计学习指导与综合强化 | 978-7-301-23195-1 | 张占国 | 63 | 2014.1 |
| 17 | 机电一体化课程设计指导书 | 978-7-301-19736-3 | 王金娥　罗生梅 | 35 | 2013.5 |
| 18 | 机械工程专业毕业设计指导书 | 978-7-301-18805-7 | 张黎骅，吕小荣 | 22 | 2015.4 |
| 19 | 机械创新设计 | 978-7-301-12403-1 | 丛晓霞 | 32 | 2012.8 |
| 20 | 机械系统设计 | 978-7-301-20847-2 | 孙月华 | 39 | 2012.7 |
| 21 | 机械设计基础实验及机构创新设计 | 978-7-301-20653-9 | 邹旻 | 28 | 2014.1 |
| 22 | TRIZ 理论机械创新设计工程训练教程 | 978-7-301-18945-0 | 蒯苏苏，马履中 | 45 | 2011.6 |
| 23 | TRIZ 理论及应用 | 978-7-301-19390-7 | 刘训涛，曹　贺等 | 35 | 2013.7 |
| 24 | 创新的方法——TRIZ 理论概述 | 978-7-301-19453-9 | 沈萌红 | 28 | 2011.9 |
| 25 | 机械工程基础 | 978-7-301-21853-2 | 潘玉良，周建军 | 34 | 2013.2 |
| 26 | 机械工程实训 | 978-7-301-26114-9 | 侯书林，张　炜等 | 52 | 2015.10 |
| 27 | 机械 CAD 基础 | 978-7-301-20023-0 | 徐云杰 | 34 | 2012.2 |
| 28 | AutoCAD 工程制图 | 978-7-5038-4446-9 | 杨巧绒，张克义 | 20 | 2011.4 |
| 29 | AutoCAD 工程制图 | 978-7-301-21419-0 | 刘善淑，胡爱萍 | 38 | 2015.2 |
| 30 | 工程制图 | 978-7-5038-4442-6 | 戴立玲，杨世平 | 27 | 2012.2 |
| 31 | 工程制图 | 978-7-301-19428-7 | 孙晓娟，徐丽娟 | 30 | 2012.5 |
| 32 | 工程制图习题集 | 978-7-5038-4443-4 | 杨世平，戴立玲 | 20 | 2008.1 |
| 33 | 机械制图(机类) | 978-7-301-12171-9 | 张绍群，孙晓娟 | 32 | 2009.1 |
| 34 | 机械制图习题集(机类) | 978-7-301-12172-6 | 张绍群，王慧敏 | 29 | 2007.8 |
| 35 | 机械制图(第 2 版) | 978-7-301-19332-7 | 孙晓娟，王慧敏 | 38 | 2014.1 |
| 36 | 机械制图 | 978-7-301-21480-0 | 李凤云，张　凯等 | 36 | 2013.1 |
| 37 | 机械制图习题集(第 2 版) | 978-7-301-19370-7 | 孙晓娟，王慧敏 | 22 | 2011.8 |
| 38 | 机械制图 | 978-7-301-21138-0 | 张　艳，杨晨升 | 37 | 2012.8 |
| 39 | 机械制图习题集 | 978-7-301-21339-1 | 张　艳，杨晨升 | 24 | 2012.10 |
| 40 | 机械制图 | 978-7-301-22896-8 | 臧福伦，杨晓冬等 | 60 | 2013.8 |
| 41 | 机械制图与 AutoCAD 基础教程 | 978-7-301-13122-0 | 张爱梅 | 35 | 2013.1 |
| 42 | 机械制图与 AutoCAD 基础教程习题集 | 978-7-301-13120-6 | 鲁　杰，张爱梅 | 22 | 2013.1 |
| 43 | AutoCAD 2008 工程绘图 | 978-7-301-14478-7 | 赵润平，宗荣珍 | 35 | 2009.1 |
| 44 | AutoCAD 实例绘图教程 | 978-7-301-20764-2 | 李庆华，刘晓杰 | 32 | 2012.6 |
| 45 | 工程制图案例教程 | 978-7-301-15369-7 | 宗荣珍 | 28 | 2009.6 |
| 46 | 工程制图案例教程习题集 | 978-7-301-15285-0 | 宗荣珍 | 24 | 2009.6 |
| 47 | 理论力学(第 2 版) | 978-7-301-23125-8 | 盛冬发，刘　军 | 49 | 2016.9 |
| 48 | 理论力学 | 978-7-301-29087-3 | 刘　军，阎海鹏 | 45 | 2018.1 |
| 49 | 材料力学 | 978-7-301-14462-6 | 陈忠安，王　静 | 30 | 2013.4 |
| 50 | 工程力学(上册) | 978-7-301-11487-2 | 毕勤胜，李纪刚 | 29 | 2008.6 |
| 51 | 工程力学(下册) | 978-7-301-11565-7 | 毕勤胜，李纪刚 | 28 | 2008.6 |
| 52 | 液压传动(第 2 版) | 978-7-301-19507-9 | 王守城，容一鸣 | 38 | 2013.7 |
| 53 | 液压与气压传动 | 978-7-301-13179-4 | 王守城，容一鸣 | 32 | 2013.7 |

| 序号 | 书 名 | 标准书号 | 主 编 | 定价 | 出版日期 |
|---|---|---|---|---|---|
| 54 | 液压与液力传动 | 978-7-301-17579-8 | 周长城等 | 34 | 2011.11 |
| 55 | 液压传动与控制实用技术 | 978-7-301-15647-6 | 刘 忠 | 36 | 2009.8 |
| 56 | 金工实习指导教程 | 978-7-301-21885-3 | 周哲波 | 30 | 2014.1 |
| 57 | 工程训练(第4版) | 978-7-301-28272-4 | 郭永环，姜银方 | 42 | 2017.6 |
| 58 | 机械制造基础实习教程(第2版) | 978-7-301-28946-4 | 邱 兵，杨明金 | 45 | 2017.12 |
| 59 | 公差与测量技术 | 978-7-301-15455-7 | 孔晓玲 | 25 | 2012.9 |
| 60 | 互换性与测量技术基础(第3版) | 978-7-301-25770-8 | 王长春等 | 35 | 2015.6 |
| 61 | 互换性与技术测量 | 978-7-301-20848-9 | 周哲波 | 35 | 2012.6 |
| 62 | 机械制造技术基础 | 978-7-301-14474-9 | 张 鹏，孙有亮 | 28 | 2011.6 |
| 63 | 机械制造技术基础 | 978-7-301-16284-2 | 侯书林 张建国 | 32 | 2012.8 |
| 64 | 机械制造技术基础(第2版) | 978-7-301-28420-9 | 李菊丽，郭华锋 | 49 | 2017.6 |
| 65 | 先进制造技术基础 | 978-7-301-15499-1 | 冯宪章 | 30 | 2011.11 |
| 66 | 先进制造技术 | 978-7-301-22283-6 | 朱 林，杨春杰 | 30 | 2013.4 |
| 67 | 先进制造技术 | 978-7-301-20914-1 | 刘 璇，冯 凭 | 28 | 2012.8 |
| 68 | 先进制造与工程仿真技术 | 978-7-301-22541-7 | 李 彬 | 35 | 2013.5 |
| 69 | 机械精度设计与测量技术 | 978-7-301-13580-8 | 于 峰 | 25 | 2013.7 |
| 70 | 机械制造工艺学 | 978-7-301-13758-1 | 郭艳玲，李彦蓉 | 30 | 2008.8 |
| 71 | 机械制造工艺学(第2版) | 978-7-301-23726-7 | 陈红霞 | 45 | 2014.1 |
| 72 | 机械制造工艺学 | 978-7-301-19903-9 | 周哲波，姜志明 | 49 | 2012.1 |
| 73 | 机械制造基础(上)——工程材料及热加工工艺基础(第2版) | 978-7-301-18474-5 | 侯书林，朱 海 | 40 | 2013.2 |
| 74 | 制造之用 | 978-7-301-23527-0 | 王中任 | 30 | 2013.12 |
| 75 | 机械制造基础(下)——机械加工工艺基础(第2版) | 978-7-301-18638-1 | 侯书林，朱 海 | 32 | 2012.5 |
| 76 | 金属材料及工艺 | 978-7-301-19522-2 | 于文强 | 44 | 2013.2 |
| 77 | 金属工艺学 | 978-7-301-21082-6 | 侯书林，于文强 | 32 | 2012.8 |
| 78 | 工程材料及其成形技术基础(第2版) | 978-7-301-22367-3 | 申荣华 | 58 | 2016.1 |
| 79 | 工程材料及其成形技术基础学习指导与习题详解(第2版) | 978-7-301-26300-6 | 申荣华 | 28 | 2015.9 |
| 80 | 机械工程材料及成形基础 | 978-7-301-15433-5 | 侯俊英，王兴源 | 30 | 2012.5 |
| 81 | 机械工程材料(第2版) | 978-7-301-22552-3 | 戈晓岚，招玉春 | 36 | 2013.6 |
| 82 | 机械工程材料 | 978-7-301-18522-3 | 张铁军 | 36 | 2012.5 |
| 83 | 工程材料与机械制造基础 | 978-7-301-15899-9 | 苏子林 | 32 | 2011.5 |
| 84 | 控制工程基础 | 978-7-301-12169-6 | 杨振中，韩致信 | 29 | 2007.8 |
| 85 | 机械制造装备设计 | 978-7-301-23869-1 | 宋士刚，黄 华 | 40 | 2014.12 |
| 86 | 机械工程控制基础 | 978-7-301-12354-6 | 韩致信 | 25 | 2008.1 |
| 87 | 机电工程专业英语(第2版) | 978-7-301-16518-8 | 朱 林 | 24 | 2013.7 |
| 88 | 机械制造专业英语 | 978-7-301-21319-3 | 王中任 | 28 | 2014.12 |
| 89 | 机械工程专业英语 | 978-7-301-23173-9 | 余兴波，姜 波等 | 30 | 2013.9 |
| 90 | 机床电气控制技术 | 978-7-5038-4433-7 | 张万奎 | 26 | 2007.9 |
| 91 | 机床数控技术(第2版) | 978-7-301-16519-5 | 杜国臣，王士军 | 35 | 2014.1 |
| 92 | 自动化制造系统 | 978-7-301-21026-0 | 辛宗生，魏国丰 | 37 | 2014.1 |
| 93 | 数控机床与编程 | 978-7-301-15900-2 | 张洪江，侯书林 | 25 | 2012.10 |
| 94 | 数控铣床编程与操作 | 978-7-301-21347-6 | 王志斌 | 35 | 2012.10 |
| 95 | 数控技术 | 978-7-301-21144-1 | 吴瑞明 | 28 | 2012.9 |
| 96 | 数控技术 | 978-7-301-22073-3 | 唐友亮 佘 勃 | 45 | 2014.1 |
| 97 | 数控技术(双语教学版) | 978-7-301-27920-5 | 吴瑞明 | 36 | 2017.3 |
| 98 | 数控技术与编程 | 978-7-301-26028-9 | 程广振 卢建湘 | 36 | 2015.8 |
| 99 | 数控技术及应用 | 978-7-301-23262-0 | 刘 军 | 49 | 2013.10 |
| 100 | 数控加工技术 | 978-7-5038-4450-7 | 王 彪，张 兰 | 29 | 2011.7 |
| 101 | 数控加工与编程技术 | 978-7-301-18475-2 | 李体仁 | 34 | 2012.5 |
| 102 | 数控编程与加工实习教程 | 978-7-301-17387-9 | 张春雨，于 雷 | 37 | 2011.9 |
| 103 | 数控加工技术及实训 | 978-7-301-19508-6 | 姜永成，夏广岚 | 33 | 2011.9 |
| 104 | 数控编程与操作 | 978-7-301-20903-5 | 李英平 | 26 | 2012.8 |
| 105 | 数控技术及其应用 | 978-7-301-27034-9 | 贾伟杰 | 46 | 2016.4 |
| 106 | 数控原理及控制系统 | 978-7-301-28834-4 | 周庆贵，陈书法 | 36 | 2017.9 |
| 107 | 现代数控机床调试与维护 | 978-7-301-18033-4 | 邓三鹏等 | 32 | 2010.11 |
| 108 | 金属切削原理与刀具 | 978-7-5038-4447-7 | 陈锡渠，彭晓南 | 29 | 2012.5 |
| 109 | 金属切削机床(第2版) | 978-7-301-25202-4 | 夏广岚，姜永成 | 42 | 2015.1 |
| 110 | 典型零件工艺设计 | 978-7-301-21013-0 | 白海清 | 34 | 2012.8 |
| 111 | 模具设计与制造(第2版) | 978-7-301-24801-0 | 田光辉，林红旗 | 56 | 2016.1 |
| 112 | 工程机械检测与维修 | 978-7-301-21185-4 | 卢彦群 | 45 | 2012.9 |
| 113 | 工程机械电气与电子控制 | 978-7-301-26868-1 | 钱宏琦 | 54 | 2016.3 |

| 序号 | 书　名 | 标准书号 | 主　编 | 定价 | 出版日期 |
|---|---|---|---|---|---|
| 114 | 工程机械设计 | 978-7-301-27334-0 | 陈海虹，唐绪文 | 49 | 2016.8 |
| 115 | 特种加工(第2版) | 978-7-301-27285-5 | 刘志东 | 54 | 2017.3 |
| 116 | 精密与特种加工技术 | 978-7-301-12167-2 | 袁根福，祝锡晶 | 29 | 2011.12 |
| 117 | 逆向建模技术与产品创新设计 | 978-7-301-15670-4 | 张学昌 | 28 | 2013.1 |
| 118 | CAD/CAM 技术基础 | 978-7-301-17742-6 | 刘　军 | 28 | 2012.5 |
| 119 | CAD/CAM 技术案例教程 | 978-7-301-17732-7 | 汤修映 | 42 | 2010.9 |
| 120 | Pro/ENGINEER Wildfire 2.0 实用教程 | 978-7-5038-4437-X | 黄卫东，任国栋 | 32 | 2007.7 |
| 121 | Pro/ENGINEER Wildfire 3.0 实例教程 | 978-7-301-12359-1 | 张选民 | 45 | 2008.2 |
| 122 | Pro/ENGINEER Wildfire 3.0 曲面设计实例教程 | 978-7-301-13182-4 | 张选民 | 45 | 2008.2 |
| 123 | Pro/ENGINEER Wildfire 5.0 实用教程 | 978-7-301-16841-7 | 黄卫东，郝用兴 | 43 | 2014.1 |
| 124 | Pro/ENGINEER Wildfire 5.0 实例教程 | 978-7-301-20133-6 | 张选民，徐超辉 | 52 | 2012.2 |
| 125 | SolidWorks 三维建模及实例教程 | 978-7-301-15149-5 | 上官林建 | 30 | 2012.8 |
| 126 | SolidWorks 2016 基础教程与上机指导 | 978-7-301-28291-1 | 刘萍华 | 54 | 2018.1 |
| 127 | UG NX 9.0 计算机辅助设计与制造实用教程 (第2版) | 978-7-301-26029-6 | 张黎骅，吕小荣 | 36 | 2015.8 |
| 128 | CATIA 实例应用教程 | 978-7-301-23037-4 | 于志新 | 45 | 2013.8 |
| 129 | Cimatron E9.0 产品设计与数控自动编程技术 | 978-7-301-17802-7 | 孙树峰 | 36 | 2010.9 |
| 130 | Mastercam 数控加工案例教程 | 978-7-301-19315-0 | 刘　文，姜永梅 | 45 | 2011.8 |
| 131 | 应用创造学 | 978-7-301-17533-0 | 王成军，沈豫浙 | 26 | 2012.5 |
| 132 | 机电产品学 | 978-7-301-15579-0 | 张亮峰等 | 24 | 2015.4 |
| 133 | 品质工程学基础 | 978-7-301-16745-8 | 丁　燕 | 30 | 2011.5 |
| 134 | 设计心理学 | 978-7-301-11567-1 | 张成忠 | 48 | 2011.6 |
| 135 | 计算机辅助设计与制造 | 978-7-5038-4439-6 | 仲梁维，张国全 | 29 | 2007.9 |
| 136 | 产品造型计算机辅助设计 | 978-7-5038-4474-4 | 张慧姝，刘永翔 | 27 | 2006.8 |
| 137 | 产品设计原理 | 978-7-301-12355-3 | 刘美华 | 30 | 2008.2 |
| 138 | 产品设计表现技法 | 978-7-301-15434-2 | 张慧姝 | 42 | 2012.5 |
| 139 | CorelDRAW X5 经典案例教程解析 | 978-7-301-21950-8 | 杜秋磊 | 40 | 2013.1 |
| 140 | 产品创意设计 | 978-7-301-17977-2 | 虞世鸣 | 38 | 2012.5 |
| 141 | 工业产品造型设计 | 978-7-301-18313-7 | 袁涛 | 39 | 2011.1 |
| 142 | 化工工艺学 | 978-7-301-15283-6 | 邓建强 | 42 | 2013.7 |
| 143 | 构成设计 | 978-7-301-21466-4 | 袁涛 | 58 | 2013.1 |
| 144 | 设计色彩 | 978-7-301-24246-9 | 姜晓微 | 52 | 2014.6 |
| 145 | 过程装备机械基础(第2版) | 978-301-22627-8 | 于新奇 | 38 | 2013.7 |
| 146 | 过程装备测试技术 | 978-7-301-17290-2 | 王毅 | 45 | 2010.6 |
| 147 | 过程控制装置及系统设计 | 978-7-301-17635-1 | 张早校 | 30 | 2010.8 |
| 148 | 质量管理与工程 | 978-7-301-15643-8 | 陈宝江 | 34 | 2009.8 |
| 149 | 质量管理统计技术 | 978-7-301-16465-5 | 周友苏，杨　飒 | 30 | 2010.1 |
| 150 | 人因工程 | 978-7-301-19291-7 | 马如宏 | 39 | 2011.8 |
| 151 | 工程系统概论——系统论在工程技术中的应用 | 978-7-301-17142-4 | 黄志坚 | 32 | 2010.6 |
| 152 | 测试技术基础(第2版) | 978-7-301-16530-0 | 江征风 | 30 | 2014.1 |
| 153 | 测试技术实验教程 | 978-7-301-13489-4 | 封士彩 | 22 | 2008.8 |
| 154 | 测控系统原理设计 | 978-7-301-24399-2 | 齐永奇 | 39 | 2014.7 |
| 155 | 测试技术学习指导与习题详解 | 978-7-301-14457-2 | 封士彩 | 34 | 2009.3 |
| 156 | 可编程控制器原理与应用(第2版) | 978-7-301-16922-3 | 赵　燕，周新建 | 33 | 2011.11 |
| 157 | 工程光学(第2版) | 978-7-301-28978-5 | 王红敏 | 41 | 2018.1 |
| 158 | 精密机械设计 | 978-7-301-16947-6 | 田　明，冯进良等 | 38 | 2011.9 |
| 159 | 传感器原理及应用 | 978-7-301-16503-4 | 赵　燕 | 35 | 2014.1 |
| 160 | 测控技术与仪器专业导论(第2版) | 978-7-301-24223-0 | 陈毅静 | 36 | 2014.6 |
| 161 | 现代测试技术 | 978-7-301-19316-7 | 陈科山，王　燕 | 43 | 2011.8 |
| 162 | 风力发电原理 | 978-7-301-19631-1 | 吴双群，赵丹平 | 33 | 2011.10 |
| 163 | 风力机空气动力学 | 978-7-301-19555-0 | 吴双群 | 32 | 2011.10 |
| 164 | 风力机设计理论及方法 | 978-7-301-20006-3 | 赵丹平 | 32 | 2012.1 |
| 165 | 计算机辅助工程 | 978-7-301-22977-4 | 许承东 | 38 | 2013.8 |
| 166 | 现代船舶建造技术 | 978-7-301-23703-8 | 初冠南，孙清洁 | 33 | 2014.1 |
| 167 | 机床数控技术(第3版) | 978-7-301-24452-4 | 杜国臣 | 43 | 2016.8 |
| 168 | 工业设计概论(双语) | 978-7-301-27933-5 | 窦金花 | 35 | 2017.3 |
| 169 | 产品创新设计与制造教程 | 978-7-301-27921-2 | 赵　波 | 31 | 2017.3 |

如您需要免费纸质样书用于教学，欢迎登陆第六事业部门户网(www.pup6.com)填表申请，并欢迎在线登记选题以到北京大学出版社来出版您的大作，也可下载相关表格填写后发到我们的邮箱，我们将及时与您取得联系并做好全方位的服务。